U0123514

Seadove

Seadove

【圖解】

肉類聖經

一本有關
所有肉類的
小百科

趙慶新/著

選對肉，做好肉，一本肉食主義者的美食聖經

豬肉類、牛肉類、羊肉類、雞肉類、鴨鵝肉類、其他肉類，蛋類，乳製品，以及熟食類

食材攻略、營養成分表、刀工講解、飲食禁忌及烹飪技巧、選購方法、製作步驟、營養分析、魔法的飲食搭配、保健小常識、針對症狀、膳食指南

國家圖書館出版品預行編目資料

圖解：肉類聖經 ／ 趙慶新作-- 一版，
-- 臺北市 ： 海鴿文化，2014.10
面 ； 公分. －－（文瀾圖鑑；24）
ISBN 978-986-5951-96-2（平裝）

1. 肉類食物 2. 營養 3. 健康飲食

411.3 103018163

書　　名　圖解：肉類聖經

作　　者： 趙慶新
美術構成： 騾賴耙工作室
封面設計： 斐類設計工作室
發 行 人： 羅清維
企畫執行： 林義傑
責任行政： 陳淑貞

出　　版： 海鴿文化出版圖書有限公司
出版登記： 行政院新聞局局版北市業字第780號
發 行 部： 台北市信義區林口街54-4號1樓
電　　話： 02-27273008
傳　　真： 02-27270603
信　　箱： seadove.book@msa.hinet.net

總 經 銷： 創智文化有限公司
住　　址： 新北市土城區忠承路89號6樓
電　　話： 02-22683489
傳　　真： 02-22696560
網　　址： www.booknews.com.tw

香港總經銷： 時代文化有限公司
住　　址： 香港九龍旺角塘尾道64號龍駒企業大廈7樓A室
電　　話： （852）3165-1105
傳　　真： （852）2381-9888

出版日期： 2014年10月01日　一版一刷
定　　價： 350元
郵政劃撥： 18989626　戶名：海鴿文化出版圖書有限公司

前言

吃肉要健康
做肉要營養

中華的飲食文化源遠流長，中華美食更是在全世界享有一定的美譽，肉類食品無疑是其重要的組成部分。除非有特殊的飲食習慣和宗教信仰，否則肉類在餐桌上一定是不可缺少的美味佳肴。雖然現在很多養生專家提倡以多食五穀和水果來養生，可是肉類食品卻在華人平衡膳食中占有不可替代的地位。

本書介紹的肉類包括豬肉類、牛肉類、羊肉類、雞肉類、鴨肉類以及其他肉類。肉類中富含蛋白質、脂肪、維生素A、維生素D、維生素E、維生素B_1、維生素B_2、維生素B_6、鐵、鋅、鉀、磷、鎂等營養素，而這些營養素都是維持人體日常活動必需的物質。

蛋白質：肉類中的蛋白質含量高達10%～20%，是肉類較高的營養價值所在。由於肉類來源於動物肌肉組織，與人體的肌肉組織很相似，因此所含的蛋白質是易被人體消化吸收的優質蛋白質。此外，其富含穀物和豆類缺少的賴氨酸和蛋氨酸，可以與主食有很好的營養互補效果。含蛋白質較多的肉類包括：豬肉、牛肉、羊肉、雞肉等。

脂肪：肉類中的脂肪以飽和脂肪酸爲主，主要爲棕櫚酸和硬脂酸，含量約占40%～60%，肉類之所以味道鮮美正是因爲含有較高含量的脂肪。飽和脂肪酸可以爲人體提供熱量，具有驅寒保暖的功效。但過量攝入飽和脂肪酸會引起血清膽固醇含量升高，誘發動脈硬化、高脂血症、高血壓等心腦血管疾病，因此世界衛生組織建議：每日膳食中飽和脂肪酸提供的熱量，不可高於膳食總熱量的10%。脂肪不可多食，同樣不可不食，並非所有的肉類都含有較高含量的脂肪。瘦肉中含脂肪較少，肥肉含脂肪較多。

含脂肪較多的肉類包括：動物內臟、五花肉等。

維生素：肉類除不含維生素C，基本含有人體需要的主要維生素，且含量非常豐富。肉類含有的維生素多爲脂溶性維生素，例如維生素A、維生素D、維生素E、維生素B_1、維生素B_2、維生素B_6、維生素B_{12}等。富含維生素A的食物包括：豬肝、牛肝、雞肝等動物肝臟。富含維生素D的食物包括：動物肝臟、蛋黃和瘦肉等。富含維生素E的食物包括：瘦肉、乳類和蛋類等。富含維生素B群的食物包括：瘦肉、動物肝臟、動物腎臟、乳製品、蛋黃等。

礦物質：肉類中含有豐富的礦物質，例如微量元素鐵、鋅、銅、硒等，因此肉類被稱爲「礦物質的寶庫」。肉類中含量最高的礦物質當屬血紅素鐵，相比於植物性食物中的非血紅素鐵，具有吸收率高、不易受到干擾因素影響的特點。血紅素鐵可以促進人體發育、抗疲勞，並能預防和改善缺鐵性貧血，改善膚色，使皮膚變得紅潤有光澤。除此之外，肉類中的鐵還可促進機體對植物中鐵的吸收。肉類中的鋅可降低膽固醇，加速創口癒合，能有效改善食欲不振、動脈硬化等症狀。除鐵和鋅之外，肉類同樣富含銅、硒等礦物質。富含鐵的食物包括：動物血、動物肝臟、瘦肉等。富含鋅的食物包括：動物肝臟、蛋類等。

膳食纖維：肉類、乳類及蛋類不含膳食纖維，因

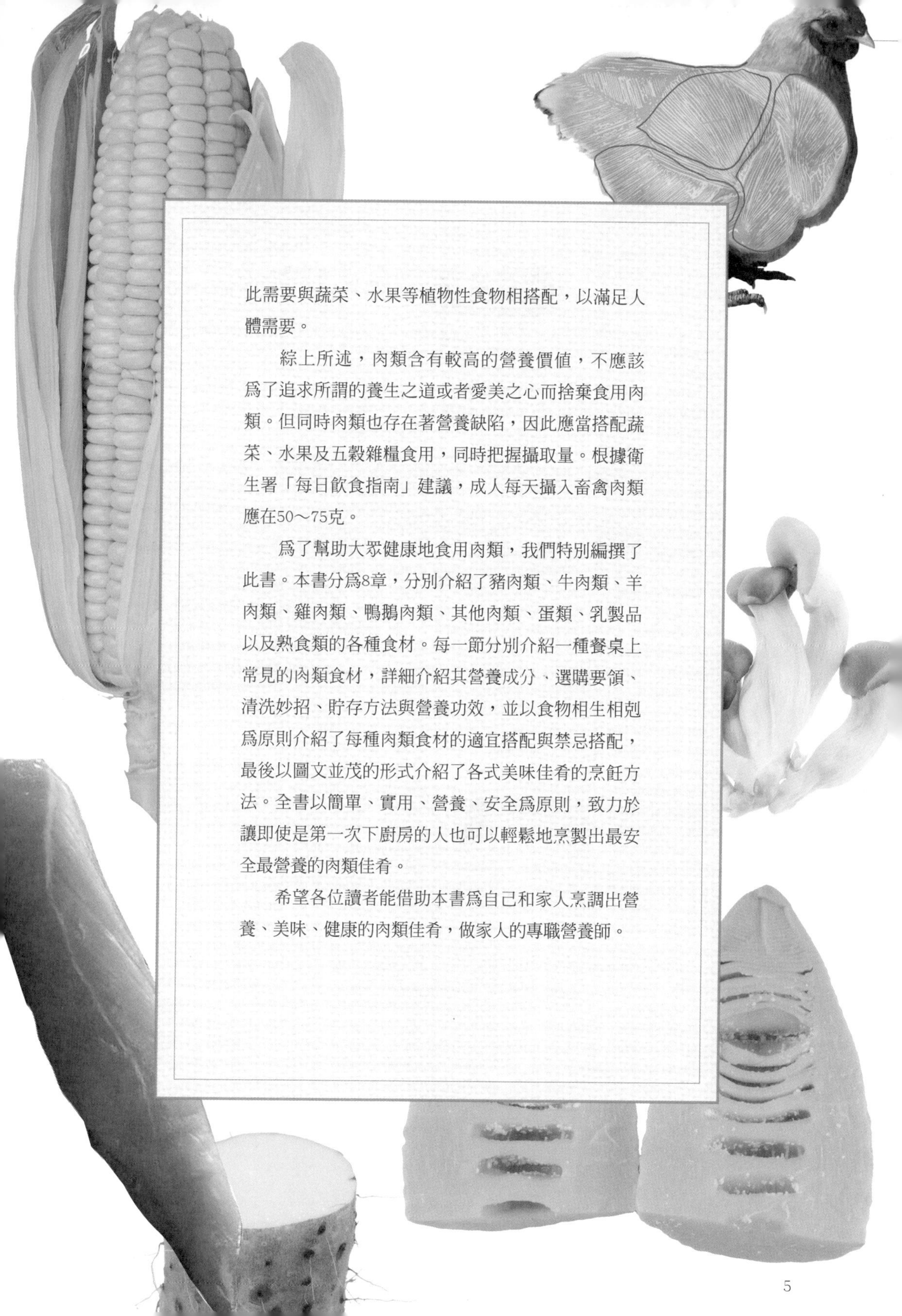

此需要與蔬菜、水果等植物性食物相搭配，以滿足人體需要。

綜上所述，肉類含有較高的營養價值，不應該爲了追求所謂的養生之道或者愛美之心而捨棄食用肉類。但同時肉類也存在著營養缺陷，因此應當搭配蔬菜、水果及五穀雜糧食用，同時把握攝取量。根據衛生署「每日飲食指南」建議，成人每天攝入畜禽肉類應在50～75克。

爲了幫助大眾健康地食用肉類，我們特別編撰了此書。本書分爲8章，分別介紹了豬肉類、牛肉類、羊肉類、雞肉類、鴨鵝肉類、其他肉類、蛋類、乳製品以及熟食類的各種食材。每一節分別介紹一種餐桌上常見的肉類食材，詳細介紹其營養成分、選購要領、清洗妙招、貯存方法與營養功效，並以食物相生相剋爲原則介紹了每種肉類食材的適宜搭配與禁忌搭配，最後以圖文並茂的形式介紹了各式美味佳肴的烹飪方法。全書以簡單、實用、營養、安全爲原則，致力於讓即使是第一次下廚房的人也可以輕鬆地烹製出最安全最營養的肉類佳肴。

希望各位讀者能借助本書爲自己和家人烹調出營養、美味、健康的肉類佳肴，做家人的專職營養師。

閱讀導航

食材全攻略

總述肉類食材的特點，對其營養功效進行全面解讀。

營養成分表

介紹食材的水分、蛋白質和脂肪含量。

肉類名稱

對肉類的常見名稱進行定位，便於您對肉類進行了解。

飲食禁忌及烹飪技巧

介紹肉類的飲食禁忌、保存方法、清洗方法及烹飪妙招。

選購方法

介紹每種食材的選購方法，讓您與新鮮食材零距離接觸。

膳食指南

營養協會推薦的膳食指南，讓您吃出營養和健康。

針對症狀

將每種食材可以改善的症狀一一列出。

圖解：肉類聖經

豬蹄

petitoes

香嫩豬蹄，媲美於熊掌的美味佳肴

豬蹄中的脂肪含量較一般豬肉來說少很多，且含有非常豐富的膠原蛋白，具有增加肌膚彈性、促進生長發育、延緩衰老的功效，非常適合愛美女性、青少年以及老年人食用。又因豬蹄口感香滑富有彈性，因此人們將之稱爲「媲美於熊掌的美味佳肴」。豬蹄常被做成滷味，可謂一道不錯的下酒菜，由於其突出的滋補功效，也常常被做成湯品來食用。

營養成分表（g/100g可食部分）：豬蹄；水分 58.2；蛋白質 22.6；脂肪

飲食禁忌

慢性肝炎、膽囊炎、膽結石等症患者最好不要食用豬蹄。

保存方法

不烹飪的豬蹄最好裝在保鮮袋中放入冰箱冷凍保存，烹飪時可以用微波爐解凍，或是直接用開水煮。

一看顏色，新鮮豬蹄的顏色接近肉色，不要挑選過白或過黑的。

二聞味道，新鮮豬蹄有肉的味道，經化學物質處理或變質的豬蹄有刺激性味道或臭味。

三挑有筋的，這種豬蹄膠原蛋白豐富，且富有口感。

膠原蛋白——令肌膚持久保持水潤亮澤

膠原蛋白是一種由生物大分子組成的膠類物質，是構成人體肌腱、韌帶及結締組織最主要的蛋白質成分，占人體蛋白質含量的三分之一。

膠原蛋白的三大功效：

1.美容養顏。膠原蛋白可以促進皮膚細胞吸收和貯存水分，從而防止皮膚乾澀起皺。

2.加速新陳代謝，延緩衰老，適合重病恢復期的老人。

3.催乳作用，非常適合哺乳期的女性食用。

針對症狀

骨質疏鬆 ▶ 咖哩黃豆燉豬蹄 P

發育遲緩　皮膚粗糙　指甲乾燥　乳汁不足　四肢疲乏　神經衰弱

54

刀工講解

示範食材的刀工步驟，從此切肉變輕鬆。

第一章 豬肉類

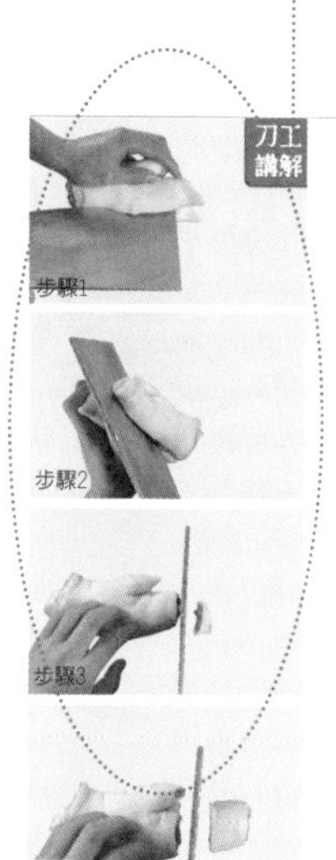

美食高清圖片

本書共收錄了上千幅高解析圖片，精美生動，極具收藏價值。

咖哩黃豆燉豬蹄

操作步驟

步驟1
將豬蹄橫切開

步驟2
將豬蹄一分為二

步驟3
剁去豬蹄尖

步驟4
將豬蹄切成段

材料：

豬蹄1隻，泡發黃豆1碗，咖哩、鹽、雞精各適量。

做法：

1.豬蹄剁塊洗淨。
2.炒鍋中倒適量清水，放入豬蹄，煮開，去浮沫。
3.加入黃豆和薑片，燉1小時。
4.用筷子戳一下豬蹄，若能戳破皮肉則表示熟爛。
5.加入咖哩、鹽，加蓋燉10分鐘，大火煮至湯汁濃稠，最後調入少許雞精即可。

製作步驟

講解美味肉食的材料及做法，讓您第一次做肉就 OK！

豬蹄加黃豆，加倍強壯骨骼

黃豆中富含豐富的鈣質，因此具有強壯骨骼的功效，經常食用有助於防治骨質疏鬆；而豬蹄對於緩解四肢疲乏、腿部抽筋和麻木等症有著顯著的效果。豬蹄與黃豆搭配食用，強壯骨骼的功效便會大大增強，可促進青少年的生長發育、減緩中老年人骨質疏鬆的速度，對於腿腳軟弱無力者同樣有幫助。

此外，咖哩黃豆燉豬蹄還適於哺乳期女性食用。哺乳期女性如果鈣攝取不足，極易出現腰腿痠痛、腿腳抽筋等症狀。牛奶、蝦皮、海帶、紫菜、黑木耳、黑芝麻、雞蛋等食物的鈣含量也非常豐富，有強壯骨骼的功效。

營養分析

對美味肉食的營養進行剖析。

改善乳汁不足的關鍵

產後女性若出現乳汁不足，就可以多食用促進乳汁分泌的食物，如含有優質蛋白質的瘦肉、魚、蛋、奶類食物。

此外，由於產婦容易出現腰痠腿痛、肌肉痙攣等現象，可以多食用富含鈣、鉀的海帶等食物。而豬蹄與海帶搭配食用更是有催乳與補鈣的雙重功效。

魔法的飲食搭配

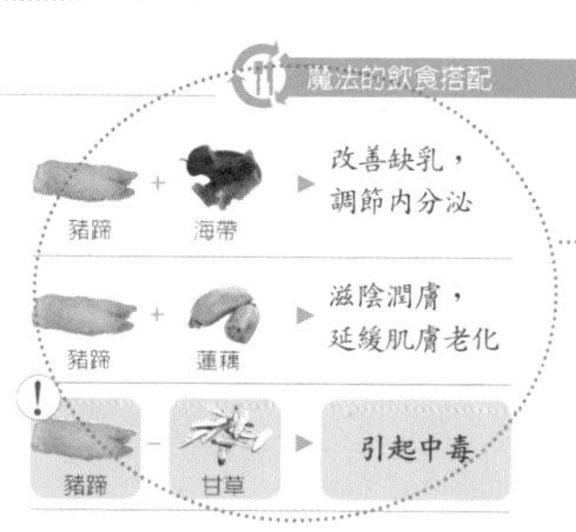

55

魔法的飲食搭配

介紹肉類與其他食物的正確搭配及禁忌搭配。

保健小常識

詳細介紹常見病症及特殊人群的保健常識，為您提供專業的飲食指南。

一 豬肉類

pock

——補虛強身、滋陰潤燥、豐肌澤膚

二 牛肉類

beef

——補中益氣、滋養脾胃、強健筋骨

三 羊肉類 mutton

——溫補氣血、開胃健力、通乳治帶

四 雞肉類 chicken

——溫中益氣、補虛填精、增強體力

五 鴨鵝肉類

duck & goose meat

——滋養肺胃、健脾利水、止咳化痰

六 其他肉類

other meat

——食物多樣化，營養均衡才是佳

七 蛋類&乳製品

eggs & milk

——食物中最理想的優質蛋白質

八 熟食類

cooked food

——風味獨特，刺激食慾

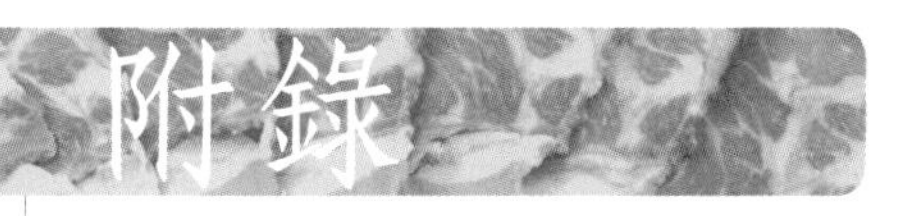

附錄

applendix

豬肉 pork

性味：甘、鹹、微寒、無毒
歸經：入脾、腎
每日最佳食用量：75克

滋陰潤燥，豐澤肌膚

豬肉是人們日常生活中最經常食用的肉類，是餐桌上重要的動物性食品之一。豬肉骨細筋少肉多，纖維細軟，結締組織少，肌肉組織中含有較多的肌間脂肪，因此，經過烹調加工後肉味特別鮮美。食用豬肉是人體獲得脂肪和熱量的重要途徑之一，它可以爲人們提供足夠的營養。

選購豬肉5觀法

❶健康豬肉呈鮮紅色或淡紅色，切面有光澤而無血液，肉質嫩軟，脂肪呈白色，肉皮平整光滑，呈白色或淡紅色；❷死豬肉的切面有黑紅色的血液滲出，脂肪呈紅色，肉皮呈現青紫色或藍紫色；❸老豬肉肌肉纖維粗，皮層較厚，瘦肉多；❹變質肉肌肉暗紅，刀切面濕潤，彈性基本消失，氣味異常；❺灌水肉透過保鮮膜，可以看到裏面有灰白色半透明的冰和紅色的血冰。

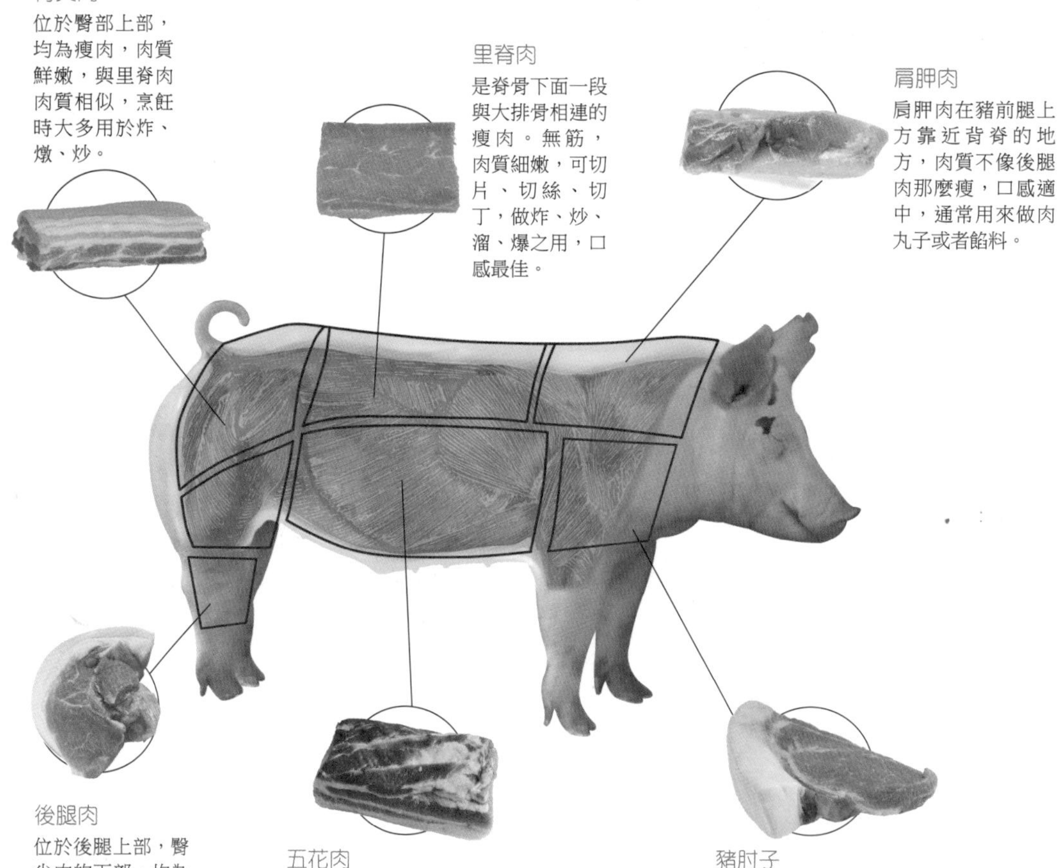

臀尖肉

位於臀部上部，均為瘦肉，肉質鮮嫩，與里脊肉肉質相似，烹飪時大多用於炸、燉、炒。

里脊肉

是脊骨下面一段與大排骨相連的瘦肉。無筋，肉質細嫩，可切片、切絲、切丁，做炸、炒、溜、爆之用，口感最佳。

肩胛肉

肩胛肉在豬前腿上方靠近背脊的地方，肉質不像後腿肉那麼瘦，口感適中，通常用來做肉丸子或者餡料。

後腿肉

位於後腿上部，臀尖肉的下部，均為瘦肉，但肉質稍老，纖維較長，烹飪時多作為白切肉或回鍋肉用。

五花肉

肥瘦相間，肉嫩多汁，適於紅燒、白燉和粉蒸肉等用。五花肉一直是一些代表性中菜的主料，如東坡肉、回鍋肉、滷肉飯、粉蒸肉等等。

豬肘子

豬肘子是整隻豬腳中肉最多的部位，鮮嫩多汁，最常見的吃法是蹄膀滷筍絲，外皮的口感非常好，肉質嫩，更適合做紅燒肉。

豬內臟是治療人體某些疾病的美味佳肴

從營養學的角度來看，豬內臟含有豐富的蛋白質、維生素等多種營養素。豬的臟器與人體的臟器在形態、組織、功能上十分相似，所以所含的某些成分對人體大有益處。但是，現代醫學研究顯示，選擇豬內臟作爲食補的食材時，一定要考慮這些內臟對人體的不利影響，所以，一定要控制動物內臟的攝入量。

每100克豬肉的營養成分

蛋白質	13.2克
脂肪	37克
碳水化合物	2.4克
膽固醇	80毫克
維生素B_1	0.22毫克
維生素E	0.35毫克
鐵	1.6毫克
鉀	204毫克
磷	162毫克

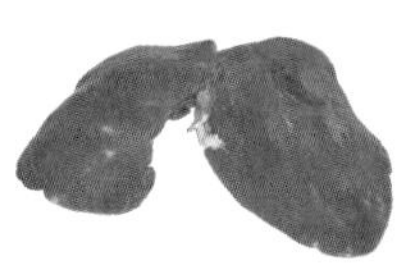

豬肝 ➲P.44
補肝明目

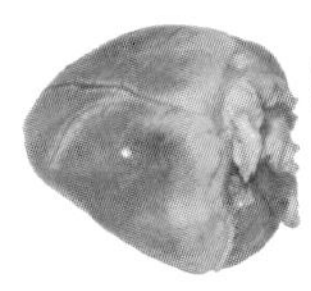

豬心 ➲P.51
安神定驚

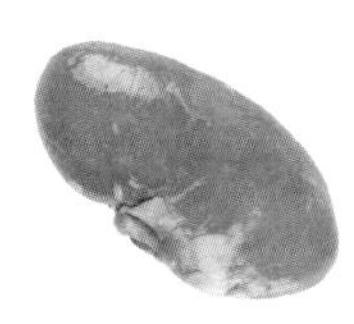

豬腰 ➲P.42
補腎益精

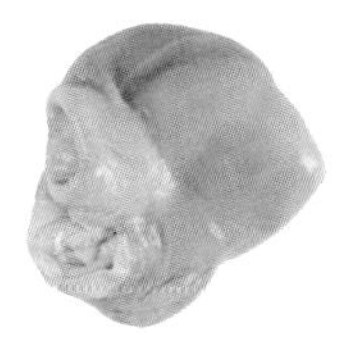

豬肚 ➲P.41
健脾益胃

豬大腸 ➲P.48
潤腸通便

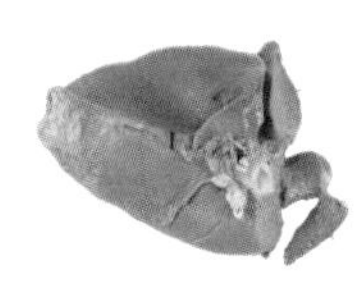

豬肺 ➲P.57
補肺止咳

品種簡介

大花白豬

產於廣東省珠江三角洲一帶，以佛山地區為中心產區。其體型中等，毛色為黑白花，頭部和臀部有大塊黑斑，腹部、四肢為白色。

杜洛克豬

原產於美國。毛色棕紅，大小適中、較清秀，嘴筒短直，結構勻稱緊湊，背腰略呈拱形，腹線平直，四肢粗壯，肌肉發達，屬瘦肉型肉用品種。

蘭德瑞斯豬

醃肉型豬種。通稱長白豬。體軀特長，耳大前垂，腹線平直，後軀發達，被毛白色。皮薄，瘦肉多。每胎產仔平均十一頭左右。

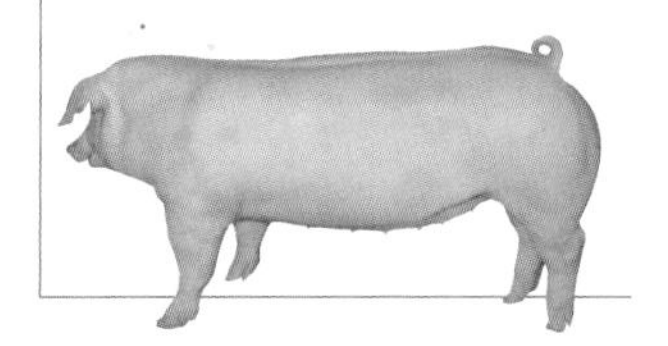

小耳花豬

廣東茂名市的地方品種，因耳朵比一般豬小，通體黑白相間而得名。頭短、耳短、頸短、身短、腳短，奔跑速度快。

漢普夏豬

原產英國南部，背部長肌和後軀肌肉發達，瘦肉率高。顏面長而挺直，耳直立，後軀豐滿，軀體長、背膘薄。被毛黑色，有一白色環帶為特徵。

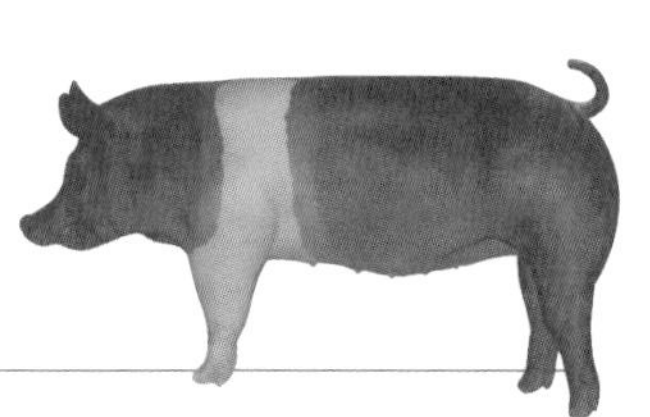

牛肉

beef

性味：味甘，性平
歸經：入脾、胃
每日最佳食用量：80g

滋養脾胃，寒冬補益佳品

牛肉不僅是國人經常食用的肉類食品之一，也是西方人經常食用的肉類食物。牛肉蛋白質含量豐富，胺基酸組成更符合人體需要。經常食用牛肉，可增強機體抵抗力，尤適於術後、病後之人恢復體力。中醫認爲，牛肉有補中益氣、滋養脾胃、強健筋骨、化痰息風、止渴止涎的功效。

選購牛肉3觀法

❶聞：新鮮牛肉氣味正常，不新鮮的肉則有臭味。

❷摸：新鮮肉具有彈性，按壓後凹陷立即恢復，不新鮮的牛肉彈性差或者根本沒有彈性；新鮮肉表面微乾或微濕潤，無黏手感，不新鮮的肉切面濕潤黏手，而灌水肉外表則呈水濕樣。

❸看：肌肉皮無紅點為新鮮肉；從肉色看，新鮮肉具有光澤；從脂肪看，新鮮肉的脂肪潔白或呈淡黃色，次品肉的脂肪則無光澤。

每100克牛肉的營養成分

蛋白質	19.9克
脂肪	4.2克
碳水化合物	2克
膽固醇	84毫克
維生素B_1	0.04毫克
鋅	4.73毫克
鐵	3.3毫克
鈣	23毫克
鉀	216毫克
磷	168毫克

牛肉富含肌氨酸

牛肉中的肌氨酸含量比任何其他食品都高，這使它對增長肌肉、增強力量特別有效。在進行訓練的頭幾秒鐘裏，肌氨酸是肌肉燃料之源，它可以有效補充三磷酸腺苷，從而使訓練能堅持得更久。

牛肉含肉毒鹼

雞肉、魚肉中肉毒鹼和肌氨酸的含量很低，牛肉中卻含量很高。肉毒鹼主要用於支持脂肪的新陳代謝，產生支鏈胺基酸，是對健美運動員增長肌肉有重要作用的一種胺基酸。

牛肉含丙氨酸

丙氨酸的作用是使飲食的蛋白質分解出糖分。如果你對碳水化合物的攝取量不足，丙氨酸能夠供給肌肉所需的能量。

牛肉含鐵

鐵是造血必需的礦物質。與雞、魚、火雞中少得可憐的鐵含量形成對比的是，牛肉中富含鐵質。

牛肉含鉀和蛋白質

鉀是大多數運動員飲食中比較缺少的礦物質。牛肉中富含蛋白質：113.4克瘦里脊就可產生22克一流的蛋白質，從而影響肌肉的生長。

牛肉是亞油酸的低脂肪來源

牛肉中脂肪含量很低，但卻富含共軛亞油酸，這些潛在的抗氧化劑可以有效對抗舉重等運動中造成的組織損傷。另外，亞油酸還可以作為抗氧化劑保持肌肉塊。

牛肉含鋅、鎂

鋅是另外一種有助於合成蛋白質、促進肌肉生長的抗氧化劑。鋅與麩氨酸、維生素B_6共同作用，能增強免疫力。鎂則支持蛋白質的合成、增強肌肉力量，更重要的是可提高胰島素合成代謝的效率。

▶燻肉

燻肉製作時先將鍋中注水，之後加入八角、花椒、茴香、桂皮、丁香、砂仁、醬油等調料，燒開後將切成大塊的牛肉或豬肉加入其中，大約需煮兩至四小時，成肉色、香、味俱佳，深得大眾喜愛。

營養豐富，容易吸收，可補充皮膚養分，還可美容

▶滷肉

「滷」是傳統的烹製技法。製作時，先將糖炒好後，加入高湯和調配好的調味包，煮開後即成滷汁；將肉投入滷汁中，所得的肉即成滷肉。滷肉肉質適口，味感豐富。香氣宜人，潤而不膩，除了有醇厚的五香味感外，還有特別的香氣。

增強食欲，營養豐富，開胃健脾，消食化滯

▶肉丸

肉丸，是由六成肥肉和四成瘦肉加上蔥、薑、雞蛋等配料剁成肉泥後捏成丸子，可清蒸可紅燒，肥而不膩。色澤雪白，清香味醇，肉質鮮嫩。肉丸是餐桌上的一道家常菜，魚丸、肉丸混合上席，更是成雙、有餘的吉兆。

▶牛肉乾

牛肉享有「肉中驕子」之美譽。而牛肉乾保持了牛肉耐咀嚼的風味，久存不變質。相傳早在成吉思汗建立蒙古帝國時，蒙古騎兵只攜帶著十幾斤的牛肉乾出征，在作戰中，蒙古騎兵就是依靠牛肉乾和水來作為能量來源的。

滋補脾胃，補中益氣，化痰息風，強健筋骨，止渴止涎

羊肉
mutton

性味：味甘，性溫
歸經：入脾、腎
每日最佳食用量：250克

補虛勞，祛寒冷

羊肉鮮嫩，味美可口，是亞洲人的傳統食物。羊肉堪稱補益身體之佳品。既能禦風寒，又可補身體，對風寒咳嗽、虛寒哮喘、小腹冷痛、腎虧、腰膝痠軟、面黃肌瘦、病後體虛等一切虛狀均有補益作用，尤適於冬季食用，有「冬令補品」之稱，深受人們喜愛。羊肉的吃法更是多樣，蒸、煮、燒、炒、烤、涮……都可以烹調出美味佳肴。

選購羊肉3觀法

❶看：新鮮羊肉肉色鮮紅均勻，有光澤，不混濁，脂肪的顏色泛白；劣質羊肉無光澤。

❷摸：新鮮羊肉的肉細而緊密，表面微乾或微濕潤，摸起來有彈性，不黏手；劣質羊肉切面濕潤黏手。

❸聞：新鮮羊肉有少許的膻味，劣質羊肉有酸味、刺激性或腥臭的異味。

每100克羊肉的營養成分

蛋白質	19克
脂肪	14.1克
膽固醇	92毫克
維生素B_1	0.05毫克
維生素E	0.26毫克
鋅	3.22毫克
鐵	2.3毫克
鉀	232毫克
磷	146毫克
鎂	20毫克

維護性功能
羊肉具有補腎壯陽的功效，這源於其富含的鋅。鋅是促進性器官發育並使其保持正常功能所必不可少的營養物質，適量補充羊肉可改善陽痿、早洩等症。

改善貧血
人體如果缺乏維生素B_{12}就會引起紅血球生存時間縮短、數量減少，從而導致貧血，羊肉含有的維生素B_{12}可以改善此症。此外，羊肉所含的鐵對缺鐵性貧血患者亦十分有益。

預防骨質疏鬆
羊肉富含的維生素D能促進人體對鈣和磷的吸收，具有促進骨骼生長的功效，從而預防骨質疏鬆。

預防癌症
羊肉所含的脂肪酸在預防癌症方面有一定幫助，尤其對預防皮膚癌、結腸癌和乳腺癌功效明顯。

調養慢性胃炎
羊肉含有豐富的蛋白質，其中的胺基酸含量種類齊全，對於保護胃功能、促進消化都有很好的作用，可以調養慢性胃炎。

▶附子蒸羊肉

溫腎壯陽+驅寒除濕

材料：

附子30克，鮮羊肉1000克，蔥、薑、料酒、蔥段、肉清湯、食鹽、熟豬油、胡椒粉各適量。

做法：

1.將羊肉洗淨，放入鍋中，加適量清水將其煮至七分熟，撈出。

2.取一個大碗依次放入羊肉、附子、薑片、料酒、熟豬油、蔥段、肉清湯、胡椒粉、食鹽。

3.再放入沸水鍋中隔水蒸熟即可。

▶鎖陽羊肉湯

補腎養精+延緩衰老

材料：

羊肉半斤、鎖陽3錢、生薑3片、香菇5朵。

做法：

1.將羊肉洗淨切塊，放入沸水中汆燙一下，撈出，備用；香菇洗淨，切絲；鎖陽、生薑洗淨備用。

2.將所有的材料放入鍋中，加適量水。

3.大火煮沸後，再用小火慢慢燉煮至軟爛，大約50分鐘左右，起鍋前加入適當的調味料即可。

▶當歸蓯蓉燉羊肉

改善腎虧+治療陽痿

材料：

當歸2錢、肉蓯蓉3錢、淮山5錢、桂枝1錢、黑棗6顆、核桃3錢、羊肉半斤、薑3片、米酒少許。

做法：

1.先將羊肉洗淨，在沸水中汆燙一下，去除血水和羊騷味。

2.將所有藥材放入鍋中，羊肉置於藥材上方，再加入少量米酒及適量水（水量蓋過材料即可）。

3.用大火煮沸後，再轉小火燉約40分鐘即可。

雞肉 chicken

性味：性溫，味甘
歸經：入脾、胃、肝
每日最佳食用量：100克

溫中益氣，滋陰潤膚

雞肉既是營養的食品，又是治病的良藥。雞肉可炒、煮湯或涼拌。作爲藥物，它味甘、性溫，入脾、胃經。可溫中益氣、補虛塡精、健脾胃、活血脈，用途十分廣泛。雞肉高蛋白、低脂肪的配比，符合現代人健康的需求。

選購雞肉③ 觀法

❶新鮮雞肉的雞皮有光澤；表面微乾或微濕潤，不黏手；富有彈性，肉質結實，排列緊密，指壓後凹陷能立即恢復；具有鮮雞肉的正常氣味。

❷次鮮雞肉的雞皮色澤較暗；表面略微乾燥、黏手；彈性較差，指壓後凹陷恢復較慢，且不能恢復到原狀；雞的腹腔內可以嗅到輕度異樣的氣味。

❸劣質雞肉的雞皮沒有光澤，雞頭和雞脖有褐色沉澱；表面乾燥、黏手；沒有彈性，指壓後凹陷無法恢復，並留下清楚印記；雞的腹腔內可以嗅到臭味。

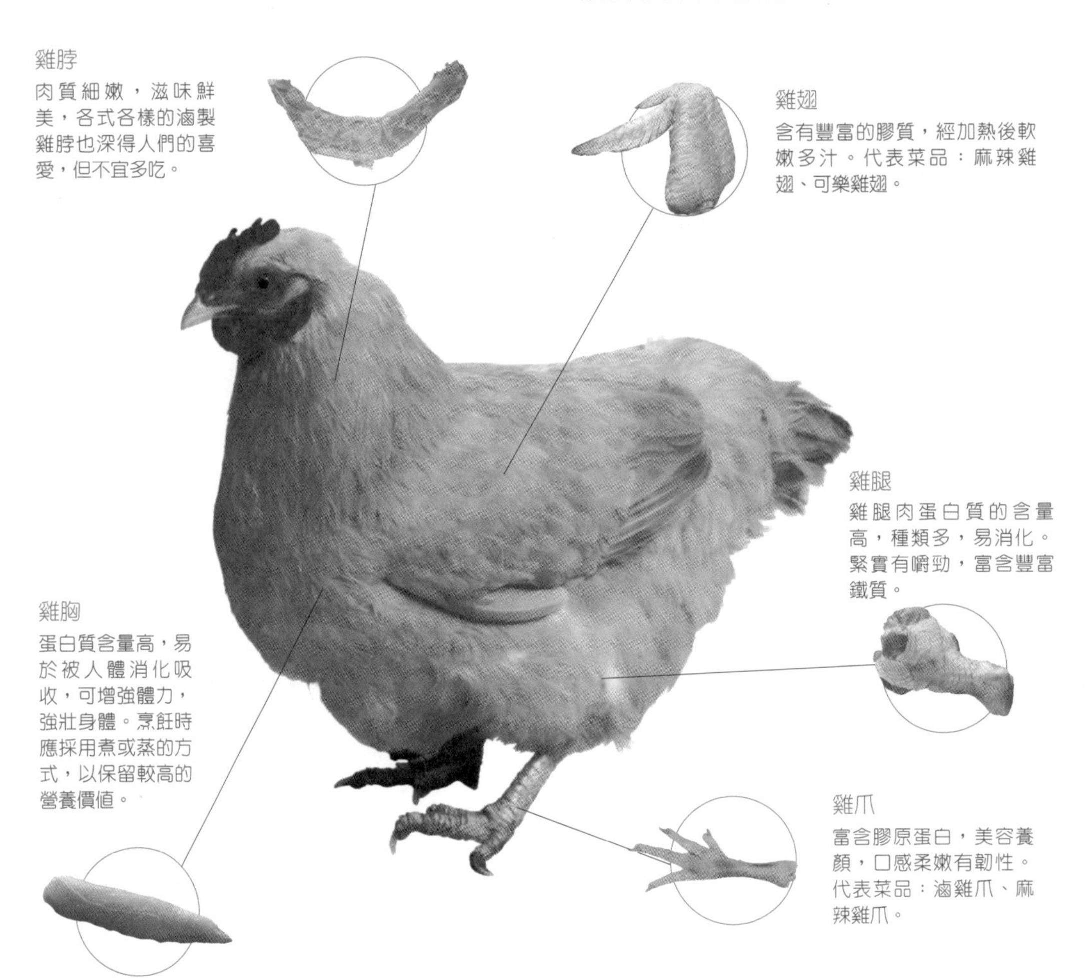

雞脖
肉質細嫩，滋味鮮美，各式各樣的滷製雞脖也深得人們的喜愛，但不宜多吃。
雞翅
含有豐富的膠質，經加熱後軟嫩多汁。代表菜品：麻辣雞翅、可樂雞翅。
雞腿
雞腿肉蛋白質的含量高，種類多，易消化。緊實有嚼勁，富含豐富鐵質。
雞胸
蛋白質含量高，易於被人體消化吸收，可增強體力，強壯身體。烹飪時應採用煮或蒸的方式，以保留較高的營養價值。
雞爪
富含膠原蛋白，美容養顏，口感柔嫩有韌性。代表菜品：滷雞爪、麻辣雞爪。

經常食用雞肉可增強機體免疫力

中醫理論認爲，雞肉可溫中益氣、補精填髓、益五臟、補虛損，可治療因身體虛弱而引起的乏力、頭暈等症狀，用途十分廣泛。雞肉的營養價值要高於紅肉，它含有大量的牛磺酸，而牛磺酸可以增強人的消化能力，有一定的抗氧化作用和解毒作用。可改善心腦功能、促進兒童智力發育。

每100克雞肉的營養成分

蛋白質	19.3克
碳水化合物	1.3克
脂肪	9.4克
膽固醇	106毫克
維生素A	48微克
維生素E	0.67毫克
鋅	1.09毫克
鉀	251毫克
磷	156毫克

烹飪指導

將宰好的雞放在鹽、胡椒和啤酒的混合液中浸一小時會祛除雞肉的腥味；燉雞時，先用醋爆炒雞塊，然後再燉製，可使雞塊味道鮮美，色澤紅潤，而且還能快速軟爛；燉雞時不要放花椒、茴香等調料，否則會影響雞肉本身的特有香味；燉雞湯時，需在雞湯燉好降溫後，加適量鹽調味即可，否則會影響雞肉的口感。

◀ 溫薑雞湯

材料：

母雞1隻、薑6克、鹽3克、黃酒10克、蔥10克

製作方法：

①雞去毛後，從脊背處剖開，除去內臟，清洗後待用；

②砂鍋加清水放於火上，將雞在內脊骨處切幾刀（保持骨斷皮連），背面向上放入砂鍋內，加入蔥、薑、黃酒，燒開後撈去浮沫，蓋好鍋蓋，改用小火燜燉一個半小時左右，將雞翻個身，雞腹向上，加入鹽，繼續燉至雞肉軟爛即成。

品種簡介

烏骨雞

烏骨雞源自於中國江西省的泰和縣武山。它的營養價值遠勝於普通雞，口感細嫩，有較明顯的食療作用，有「名貴食療珍禽」之稱。可補虛勞、養身體。

三黃雞

三黃雞不同於家養雞，多為大自然放養雞。體型小，肉質細嫩，味道鮮美，營養豐富，產蛋量高。因其羽毛、爪、喙均為黃色，故名「三黃雞」。

鴨肉 duck

性味：性涼，味甘、鹹
歸經：入脾、胃、肺、腎
適宜人群：體內有熱、上火者

大補虛勞，消毒清熱

鴨肉爲餐桌上的上品，也是人們進補的良品。鴨肉的營養價值與雞肉相當。在中醫看來，鴨肉有滋陰、養胃、補腎、止熱痢、止咳化痰等作用。體質虛弱、食欲不振和水腫的人食之更爲有益。鴨是肺結核病人的「良方」，一般認爲，藥用以老鴨爲佳。老鴨與豬肉一起煮食，補氣肥體；與雞肉一起煮食，則治血虛頭暈。虛性發熱、腫瘤患者，也以吃鴨爲宜。用鴨絨製成的「鴨絨服」、「鴨絨被」更是人們喜愛的冬令用品。

每100克鴨肉的營養成分

成分	含量
蛋白質	15.5克
脂肪	19.7克
碳水化合物	0.2克
膽固醇	94毫克
維生素A	52微克
維生素E	0.27毫克
鐵	2.2毫克
鋅	1.33毫克
鉀	191毫克
磷	122毫克

食療特長

鴨肉與海帶共燉食，可降低血壓，軟化血管；鴨肉與竹筍共燉食，可治痔瘡下血。肥鴨還治老年性肺結核、糖尿病、慢性支氣管炎、脾虛水腫、大便燥結、浮腫等症。

烤鴨的吃法講究

講究季節

冬、春、秋三季的烤鴨肉質肥嫩，風味更佳。

講究片法

片鴨講究片片有皮帶肉，薄而不碎。

講究佐料

吃烤鴨主要搭配兩種佐料：甜麵醬、蒜泥加醬油。

講究佐食

吃烤鴨常用佐食有兩種，一為荷葉餅；一為空心芝麻燒餅。

鴨頭
味道獨特，但不宜多食。代表美食：乾鍋鴨頭、滷鴨頭。
鴨翅
肌肉較多，肉質緊密，滷鴨翅、紅燒鴨翅都是廣受歡迎的美食。
鴨脖
正宗烤鴨脖和滷鴨脖麻、辣、鮮、香俱全，味香入骨。
鴨掌
皮厚、無肉、筋多，是高蛋白、低脂肪、低糖的減肥佳品。

特色美食

北京烤鴨

北京烤鴨是北京著名菜式，色澤紅潤，肉質細嫩，味道醇厚，肥而不膩，馳名中外。

南京鹽水鴨

鹽水鴨是南京著名的特產。此鴨皮白肉嫩、肥而不膩、香鮮味美。

鵝肉

goose meat

性味：性平，味甘
歸經：入脾、肺
適宜人群：身體虛弱、氣血不足者

理想的高蛋白、低脂肪的健康食品

鵝肉含有人體所必需的各種胺基酸，脂肪含量較低，含大量的不飽和脂肪酸，對人體健康極爲有利。鵝肉脂肪的熔點亦很低，質地柔軟，容易被人體消化吸收。鵝肉有益陰補氣、暖胃生津之效，是食療之上品。經常口渴、乏力、氣短、食欲不振者，常食鵝肉，可補充營養，又可控制病情，尤適在冬季進補。鵝肉鮮嫩鬆香不膩，以煲湯居多，其中香滷鵝、腐乳燉鵝等，都是「秋冬養陰」的良菜佳肴。

每100克鵝肉的營養成分

成分	含量
蛋白質	17.9克
脂肪	19.9克
膽固醇	74毫克
維生素A	42微克
維生素E	0.22毫克
鉀	232毫克
磷	144毫克
鎂	18毫克
鐵	3.8毫克
鋅	1.36毫克

選購鵝肉2觀法

❶觀：新鮮鵝肉富有光澤，肉色呈粉紅色，肌肉切面光滑平整，肉質飽滿，翼下肉厚、尾部肉多而柔軟。

❷摸：新鮮鵝肉富有彈性，表面無黏液，不要挑選血水滲出太多的鵝肉。

鵝肉為發物，溫熱內蘊者、皮膚瘡毒者、瘙癢症者，應忌食。

鵝血中含有抗癌因子，能強化人體的免疫功能，進而達到防癌的目的。

食用宜忌

鵝肉不可與柿子、鴨梨同食；與雞蛋同食損傷脾胃。經常食用鵝肉有助治療和預防咳嗽病症，尤其對治療感冒和急慢性氣管炎、老年水腫等有一定療效。

特色美食

深井燒鵝

——廣式傳統肉食

燒鵝是廣州傳統肉食，經醃製後烘烤即成。色澤金紅，味美可口。

鵝肉補中湯

——溫腎壯陽+驅寒除濕

將各30克的黃耆、黨參、山藥、紅棗裝入鵝腹，以線縫合，用小火煨燉，加食鹽調味。取出藥物，飲湯吃肉。

Method

肉類烹調技巧全公開

炒&炸的技巧

先處理需要熱炒的肉類

如果想讓起鍋以後肉類的口感和味道更好，可以先用澱粉或者雞蛋清對肉類進行醃漬，先過一次油後再入鍋炒，這樣處理後的炒肉吃起來口感滑嫩。

要讓菜好吃，就要先了解炒菜的程序

在熱炒時，可以先把蔥、薑、蒜等辛香料放入鍋中爆香，等這些香辛料散發出香氣後，再放入主要的食材。一般來說，肉類在切好後應該先醃一會兒，然後過油至七成熟，最後再入鍋快炒。

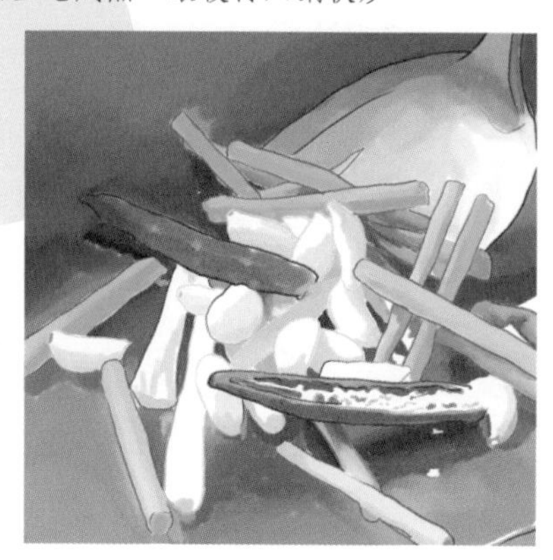

蒸&烤的技巧

先醃再蒸才能入味

在所有肉類料理中，「醃」幾乎是最重要的步驟，蒸也一樣。尤其是當肉類被均勻地裹上調味醃料之後，在蒸的時候，調味醬汁就會隨同水蒸氣一起進入肉中，從而讓肉質軟嫩並且入味。

用竹製蒸籠蒸出來的味道最好

一般的家庭大多使用金屬蒸籠，在下層放水，上層放料理，既方便又好用。有的為了更省事，甚至直接放入電鍋中蒸，這也是可以的。不過，如果想要料理更美味，就需要使用竹製的蒸籠；竹製蒸籠的好處是能夠吸收水蒸氣而不會往下滴漏，更不會破壞料理的原味，還獨具「竹」的自然清香。

滷&煮的技巧

先關火，再用餘溫把肉燜熟

要把雞肉煮得香嫩是有訣竅的。在煮的過程中，首先要把雞肉放進冷水中直到水沸，煮15分鐘後再蓋上鍋蓋，然後關火燜約30分鐘，利用鍋具與湯汁的餘溫把雞肉燜熟，這樣雞肉吃起來才會口感軟嫩。

泡水後的口感更佳

肉類在汆燙以後要立即泡水，因為肉質在加熱之後會擴張，如果立即泡入冷水之中，就能夠使肉質收縮，從而讓肉緊實，這樣吃起來才會有嚼勁。

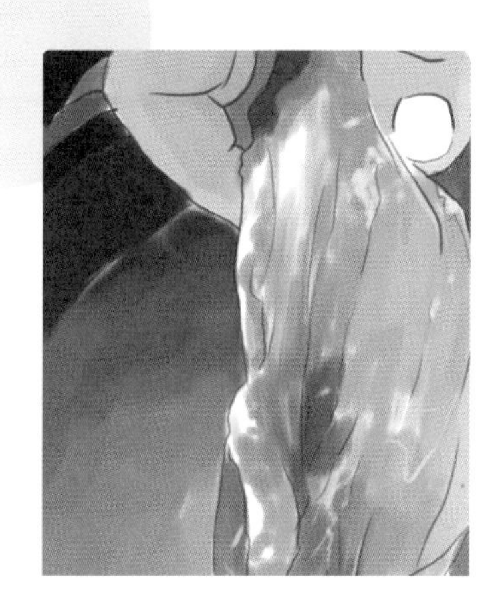

拌&淋的技巧

食材要切薄才容易入味

在涼拌料理中的食材，因為烹調的時間很短，所以要先將涼拌肉類與食材切成薄片或者切成絲，這樣在汆燙時才會很快熟。用來調味的辛香料，比如大蒜、薑、紅辣椒等，也需要切成碎末或者薄片，才能幫助食材充分吸收調味汁。

先燙再切

類似豬腳這樣的食材要先煮熟，然後撈起來放涼後再切片。如果食物還很熱就馬上切片，很容易破壞其形狀。

Method

肉食 肉條‧肉末‧肉餡‧肉醬，這樣做最放心…

肉條…

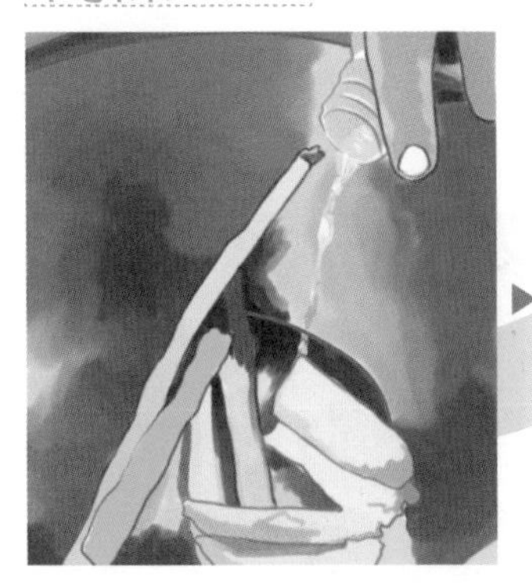

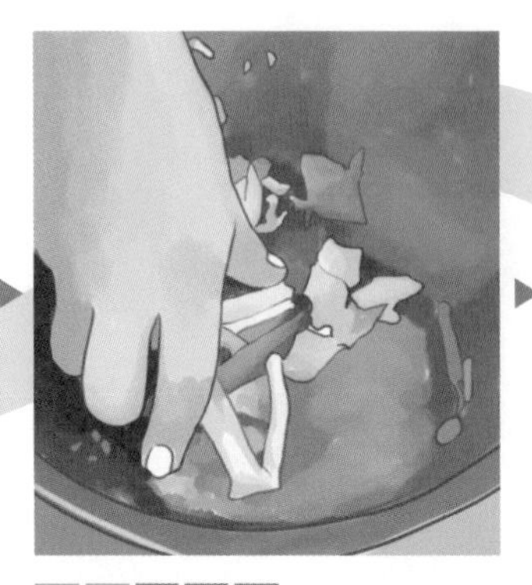

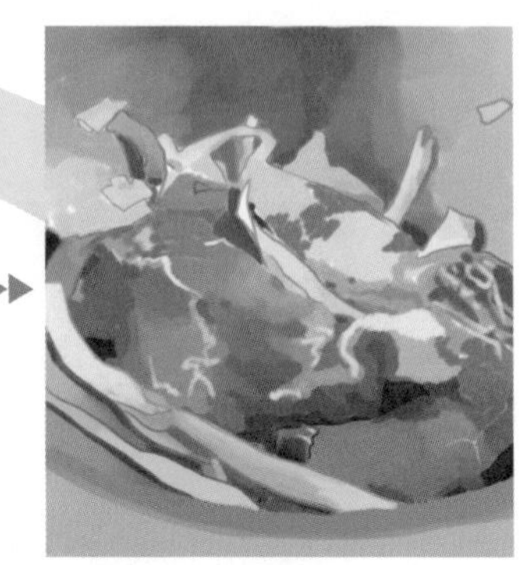

「材料」

肉塊500克、薑片50克、蔥段1枝、米酒3大匙、鹽1大匙

「做法」

1.把肉塊切成寬約3公分的肉條備用。

2.把薑片、蔥段、米酒、鹽攪拌均勻後，和切好的肉條拌勻，醃1小時左右。

3.把醃好的肉條放入電鍋中蒸熟放涼即可。

處理小訣竅

妙招1 如何選肉

用來製作肉條的豬肉既可以是瘦肉、五花肉，也可以是前腿肉和後腿肉，可以根據個人喜好進行選擇。喜歡吃瘦肉的人可以選擇里脊這樣的精瘦肉；喜歡吃肥肉的人可以選擇五花肉。

妙招2 保存&解凍方法

處理好的熟肉條可以透過冷藏或者冷凍進行保存：如果冷藏的話，可以放1週左右；如果冷凍的話，可放3個月左右。如果要冷凍，那麼最好把肉條分開包裝，在需要使用時，最好在前一晚先放入冰箱冷藏室，隔天自然解凍，或者利用微波爐來解凍之後就可以直接做料理。

肉末…

只需要把絞肉略微炒一下就可以了。添加在各種蔬菜中，立刻變成又好吃又好看的佳肴，所以當然要列入必學的肉類前製食材嘍！

「材料」

絞肉500克、沙拉油1大匙、醬油30毫升、紹興酒1大匙、糖1/2茶匙、澱粉2大匙

「做法」

1.把絞肉和所有的調味料混合拌勻，醃製15分鐘左右。

2.待鍋燒熱後，倒入沙拉油燒熱，然後放入醃好的絞肉，用大火快炒至肉熟，等到肉沒有水分即可起鍋。

處理小訣竅

妙招1 如何選肉

肉末是用絞肉做成的，所以最好挑選前腿肉；後腿肉太瘦，做成絞肉的話吃起來口感不會太好。

妙招2 一定要先醃

肉末一定要先醃過後再炒，這樣味道才會香。

妙招3 保存&解凍方法

可以利用冷藏或者冷凍進行保存：冷藏的話可以放1週左右、冷凍的話可以放3個月左右。如果要冷凍，最好按照每次食用的分量分開包裝，在需要使用時，最好在前一晚先放入冰箱的冷藏室，隔天自然解凍，或者利用微波爐進行解凍就可以直接做料理了。

肉餡…

肉餡經常被用來做成肉丸、肉羹，是一種非常方便的簡易加工食材，而且可以用各種不同的容器裝盛，保存起來也非常方便！

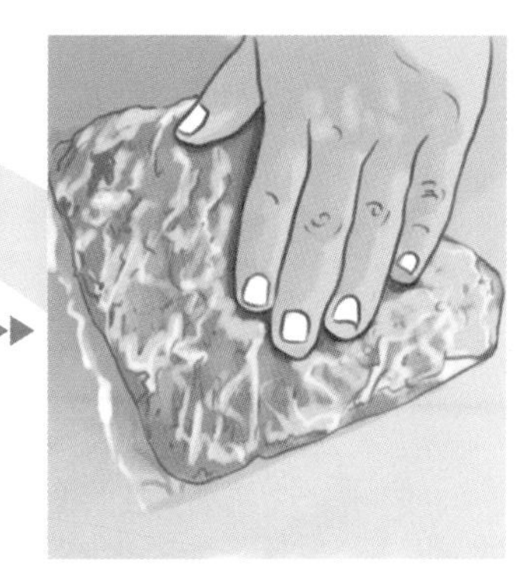

「材料」

瘦肉400克、豬背肥肉100克、澱粉1茶匙、鹽1/2茶匙、糖1/4茶匙、胡椒粉1/4茶匙、香油少許

「做法」

1.把冰過的瘦肉和肥肉切成小塊後放入絞肉機中，攪打2分鐘左右，直到肉呈膠泥狀後取出來。

2.在肉餡中添加食鹽，用力摔打大約20次，再加入其餘的調味料攪拌均勻，然後用小袋分裝，並放入冰箱冷凍保存。

處理小訣竅

妙招1 如何搭配肉類

要使肉餡好吃，就必須將瘦肉和肥肉搭配得恰到好處。一般來說，瘦肉和肥肉的比例大約是4：1，可以根據個人喜好適當增減。

妙招2 保存&解凍方法

保存的時候，可以按照每次食用的分量分成小份，一一放入塑膠袋中，然後壓扁，再放入冷凍室，不過必須在1個月內吃完。要吃的時候，可以先拿出來自然解凍，或者用微波爐解凍就可以了。

肉醬…

肉醬可以用來拌麵、拌菜，也可以入菜，和肉餡一樣容易裝盛和保存，既方便又好用。自己動手做，既安全又放心，趕緊學學吧！

「材料」

絞肉500克、水1000毫升、紅蔥酥50克、沙拉油1大匙、醬油50毫升、米酒30毫升、糖1大匙

「做法」

1.待鍋燒熱後，倒入沙拉油燒熱，然後放入絞肉，用中火炒至肉色變白。

2.把水、紅蔥酥和所有調味料都放進鍋中，中火轉小火慢慢燉煮，直到湯汁略微收乾到和肉醬一樣多就可以了。

處理小訣竅

妙招1 如何選肉

如果用絞肉來製作肉醬，最好選擇前腿肉，這樣肉醬做出來後，既不會太瘦，又不會太肥，肥瘦適中。

妙招2 香氣一定要足

做肉醬很簡單，最重要是要先把紅蔥酥炒香，然後用小火慢慢煮1個小時左右。

妙招3 保存&解凍方法

保存的時候，可以按照每次食用的分量分成小份，一一放入塑膠袋，然後壓扁，再放入冷凍室，並且必須在1個月內吃完。要吃的時候，提前拿出來自然解凍，或者用微波爐解凍後就可以了。

Method

烹飪出美味肉食的七大關鍵點

Point1 提前去除腥味

一直用水沖肉，既可以去除腥膻味，又能夠使口感更好。也可以利用汆燙除去腥味和血水，還能去除肉中多餘的脂肪。在汆燙時，可以在鍋中放入蔥段、薑片或者米酒，這樣去腥的效果會更好。但是需要注意的是，汆燙的時間不能太長，因為在後面可能還需要加熱。如果汆燙的時間太長，食材的口感就會變老，並喪失了原味和營養。

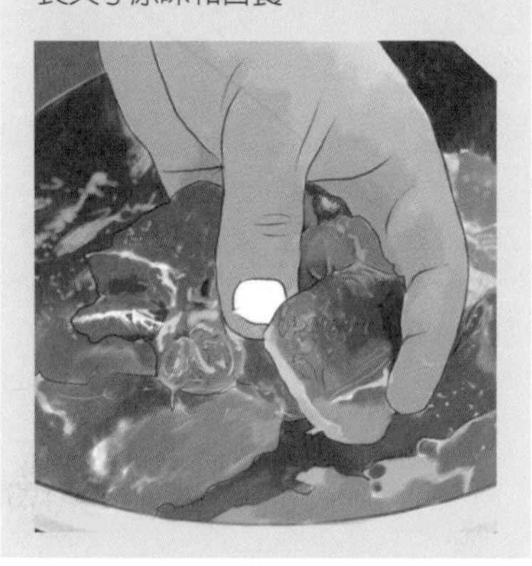

Point2 油炸後的口感更好

食材在油炸前，一定要先擦去多餘的水分。如果食材上面還有裹粉，在入鍋前也要輕輕抖掉多餘的裹粉。另外，在油炸的時候，也需要根據食物的特性對油溫進行調節，如果油溫過低，食物就容易成為泥糊狀；如果油溫過高，食物的外層就會呈現出焦黑狀，而裏面卻還沒有熟透。另外，在食材下鍋時，油溫會稍微降低10℃～15℃左右。如果在油鍋中一次性放入太多食材，就會使油溫驟然下降。所以，往油鍋中放食材時，最好能夠分批放入，再讓同一批食材同時起鍋，這樣才能夠控制成品的油炸程度。但是，如果油炸品裹了粉，就需要分別放入油鍋中，以免黏在一起。為了確保油溫穩定，鍋中的食物最好不要超過油表面積的1/3。

Point3 肉類要先醃

在醃料中除了調味料，還可以放紅蘿蔔、芹菜、香菜、洋蔥、紅蔥頭、紅辣椒等輔料，要先將它們加水打汁再添加到醃料中。把肉醃過後再烹飪，可以保持肉質的鮮嫩。另外，有些醃料中需要加入澱粉，這樣能夠鎖住肉汁。肉類也可以先切成塊或者片，這樣除了能讓醃漬時更容易入味，更能節省烹調的時間。

蔬菜汁的製作方法：紅辣椒1條、薑50克、芹菜30克、洋蔥80克、紅蘿蔔30克、蒜80克、香菜20克、紅蔥頭50克、水1000毫升，把上述材料放入果汁機中攪打成汁，然後濾去殘渣即可。

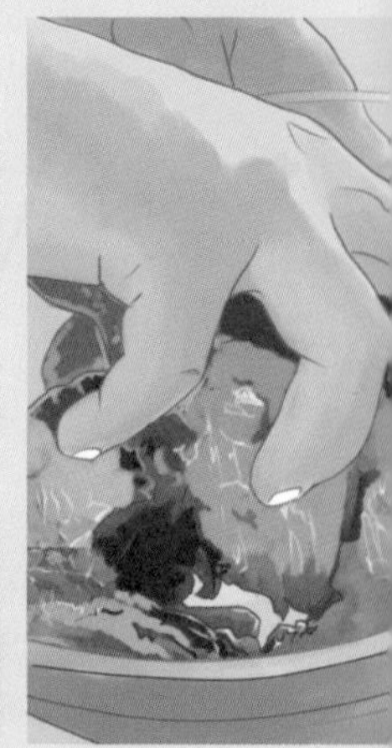

Point4 大火快炒

餐廳、熱炒店中炒出來的菜之所以比家裏炒得好吃，原因在於「鍋要熱、火要大」。鍋要熱，才能夠讓食材的表面迅速變熟，這樣一來，在翻炒的過程中，食材就不易黏鍋，也不會因為沾黏顯得破碎。火要大，才能夠讓食物盡快熟透。快炒不像燒煮那樣需要花時間煮入味，炒熟的速度越快，越能夠保持食材的新鮮和口感，尤其是海鮮和葉菜，這樣才能避免菜的口感又老又乾。家中的火不可能像餐廳中的火力那麼強，所以只能利用技巧進行彌補，例如，一次不要放入過多食材，避免食材在鍋中不能均勻受熱，這樣才不會延長爆炒的時間；另外，食材一定要切小、切薄，這樣才能加快炒熟的速度，炒出來的菜的口感才會和餐廳中的一樣！

Point5 製作雞湯

【材料】

湯鍋1個（6升左右的容量）、雞骨架2副（約300克）、洋蔥1個（約200克）、3塊薑片、胡蘿蔔1根（約200克）、水4500毫升

【作法】

1.先把雞骨架汆燙洗淨，把洋蔥和胡蘿蔔洗乾淨後切成塊備用。

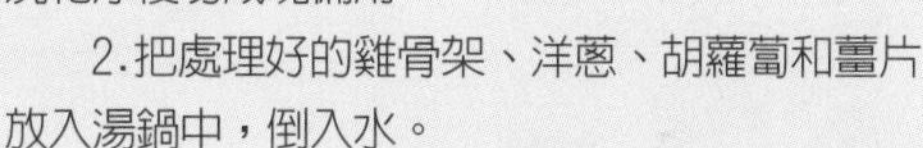

2.把處理好的雞骨架、洋蔥、胡蘿蔔和薑片放入湯鍋中，倒入水。

3.大火將湯鍋中的水燒沸，然後改文火繼續煮1個小時左右，過濾後剩下的就是濃濃的雞湯。

【備注】

用瓦斯爐煮高湯是家庭中最常見的方法。但是，在煮的時候千萬不要蓋上蓋子，而且要用小火慢慢熬煮高湯，要讓湯汁一直保持在微微沸騰的狀態。如果蓋上了蓋熬煮，那麼湯汁就容易混濁，不清澈。

Point6 料理要收汁

如果做紅燒肉類或者快炒類的菜肴，那麼在烹調上最忌諱的就是在煮出來或者炒出來的菜肴中，有太多的湯汁。所以，要記住，在烹飪的時候，要盡量把鍋中的湯汁熇乾，這樣才能使做出來的菜入味好吃。

Point7 用小火慢慢煮

對於比較大塊的肉類，如果是煮湯、紅燒或者清燉，都可以用小火慢慢地燉，這樣做出來的菜肴才會美味可口。肉下鍋後，先用大火把水燒沸，再把鍋蓋上蓋子，轉小火繼續慢慢滷煮。滷製時間越長肉越能入味，所以，千萬不要因為著急而用大火煮，否則的話，時間一長，食材中的水分都會全部流失，肉吃起來的口感也會又老又澀。所以，在煮的時候，只需要用小火，水只要保持在微微沸騰的狀態就可以了。

豬肉類 pork

補虛強身、滋陰潤燥、豐肌澤膚

五花肉口感香滑，入口即化，柔嫩多汁，久煮不柴。

豬里脊是豬肉中最細膩的瘦肉，低熱量、高蛋白。

豬排骨肉較厚，帶有白色軟骨，吃起來香滑多汁、脆嫩可口。

豬肘子富含膠原蛋白，具有滋潤肌膚、美白養顏的功效。

豬肚具有健脾益胃的功效，適合身體瘦弱者食用。

豬腰具有補腎益氣、固精壯陽的功效。

豬肝中富含維生素A，科學食用可維持視力健康，預防眼疾。

豬血營養豐富，易於消化，具有極強的清腸排毒功效。

豬大腸具有潤腸通便、止血潤燥等功效，可治療痔瘡、便秘。

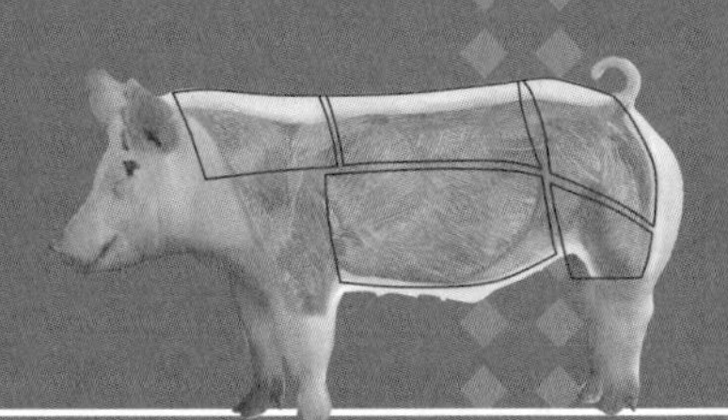

Method

豬肉 豬肉各部位適合的烹飪法

五花肉

五花肉可以挑選厚一點的，最好是靠近頭部的，而且前半段的口感是最好的，通常用來切塊紅燒或者滷煮，或者切成薄片快炒。

豬肋排

肋排也稱五花排，是豬的背部整排平行的肋骨，肉質厚實，適合整排燒烤。可以將背部肋骨沿著骨頭切塊，用來燒烤或者燜燒。

里脊肉

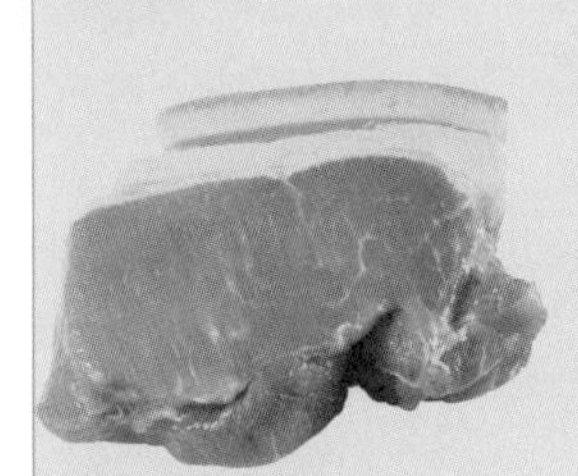

里脊肉就是腰椎旁邊的帶骨里脊肉，適合油炸、炒、燒。

豬小排

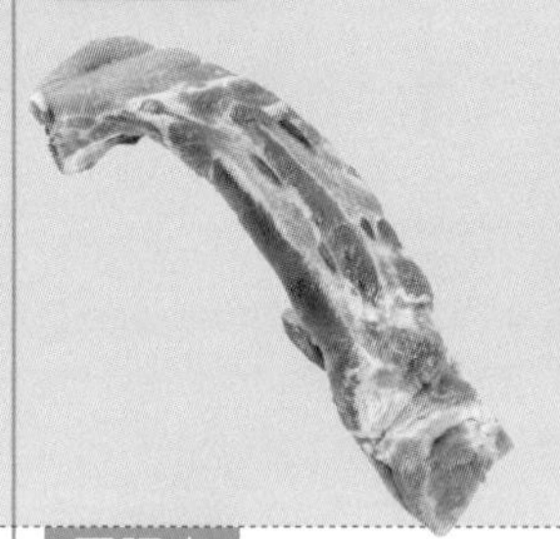

小排骨就是連著白色軟骨旁邊的肉，可以用來炒、燒、蒸。

梅花肉

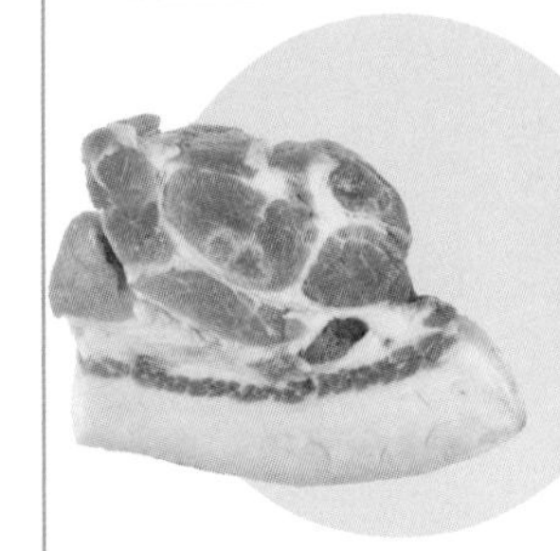

可以挑選油花分布均勻的肉塊，因為油脂較多，所以通常用來炸或者燒烤，這樣吃起來的口感才好，甚至吃起來還有脆度。

肩胛肉

肩胛肉適合炒、炸、煎、燒等烹飪方式，代表菜色為辣椒炒肉絲、叉燒肉、肉丸子、芹菜肉絲水餃等。

豬肘子

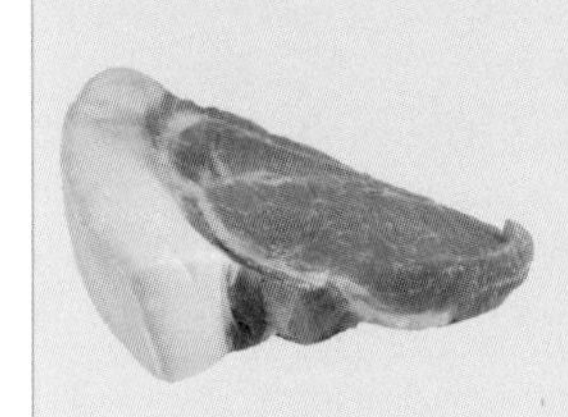

肘子肉有醬、燒、滷、燜等烹飪方式，代表菜色為醬豬肘、紅燒肘子、東坡肘子、黃豆燜豬肘等。

豬　腿

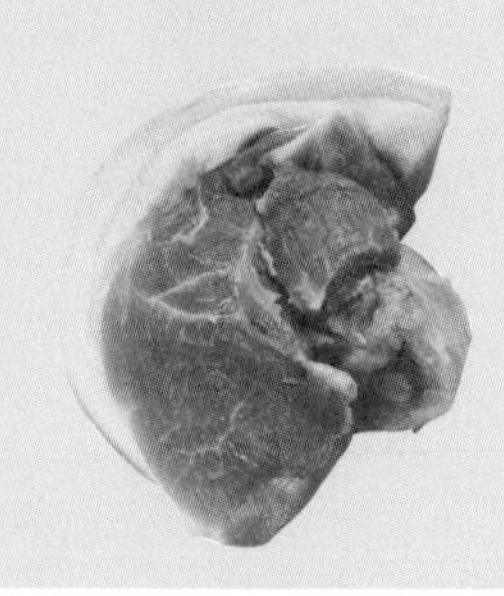

後腿上部呈扇形的豬腿肉又稱為蝴蝶肉，質嫩，適合炒、溜等烹飪方式，代表菜色為芹菜炒肉絲、香乾肉絲等。

Method

豬肉六大烹飪方式的秘訣

炸…先大火後小火

先用小火炸再用大火炸，口感才酥脆。在油炸時，先用小火炸3分鐘左右，使排骨能充分吸收油分的熱量而熟透。接著小火轉大火炸1分鐘左右，這樣能將排骨中的油分迅速逼出來。因為肉中沒有油，排骨咬下去才會酥脆爽口、不油不膩。

滷…浸泡時間要充分

先滷後浸味道才會好。調味料的分量一定要淹過排骨，先用大火滷滾之後，改用小火燜滷20分鐘左右。接著熄火，將排骨在滷汁中至少浸泡3個小時，這樣滷汁的味道才會完全被排骨吸收，而排骨也不會過於熟爛。

蒸…竹製蒸籠最佳

使用竹製蒸籠最好。因為竹子透氣，蒸籠裏可以保持比較穩定的溫度，食物能夠均勻受熱，不會出現外面太熟，裏面還夾生的情況。同時還能在菜食中增添竹子的自然香氣，增進食欲。

烤…肥瘦搭配最好吃

有油分的排骨最好吃。尤其是中肋排肉和肩胛肉，讓肉中的油脂在180°C～200°C的烤箱中融化後釋放出來，從而在菜的表面形成一層保護膜，能夠讓肉塊裏的湯汁保留下來，不會流失，這樣在出爐的時候才能夠保持肉質的油嫩和彈性。

炒…炸過後再炒

利用先炸後炒的方式，排骨在炸過之後，能鎖住醃料和肉汁的原味，這樣在炒的過程中，湯汁或者醃料就不容易流失。炒的時間要短，才能保證排骨的好滋味。

醃…放入冰箱最入味

放在冰箱中醃最入味。先把排骨放入醃料中，然後包上保鮮膜，再放入冰箱中冷藏幾個小時，這樣醃出來的效果是最好的。因為冰箱會吸收排骨中的水分，排骨就會盡量多地吸收醬汁補充水分，所以才會更入味。

五花肉

streaky pork

消除疲勞的美味五花肉

五花肉位於豬的腹部，豬的腹部脂肪含量很高，同時又夾帶著肌肉組織，因此便形成了肥瘦相間的五花肉。一層薄的豬皮、一層薄的豬油、一層瘦肉、再一層豬油，最後再加上一層瘦肉，這就是所謂的五花肉。由於五花肉中的油脂部分烹飪後口感香滑，入口即化，而瘦肉部分柔嫩多汁、久煮不柴，深受人們喜歡。五花肉除了美味的口感外，還有消除疲勞、穩定精神、美膚等多種營養功效。

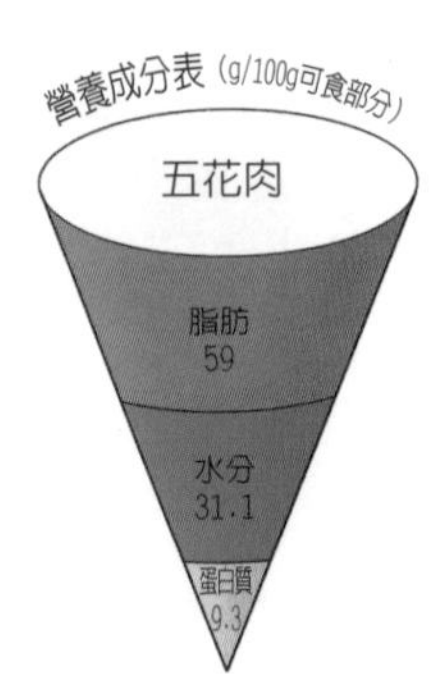

飲食禁忌

患有高血脂症、高血壓等心血管疾病的人群盡量少食用五花肉。

保存方法

最好3天內吃完，或者將生豬肉切成塊，分裝入保鮮袋中，放入冰箱冷凍室保存，但也最好一個月內吃完。

顏色鮮紅：優質五花肉顏色鮮紅、色澤明亮，有天然的肉味。

肥瘦適當：優質五花肉瘦肉和脂肪層層相間，油脂分布均勻。

富有彈性：用手指輕輕按壓，優質五花肉富有彈性，手感不會過乾或過油。

肩胛肉　豬里脊　臀尖肉　豬前肘　豬五花　豬後肘　豬腿　豬腿

維生素B_1——消除疲勞的營養素

豬肉中維生素B_1的含量約為牛肉的10倍，這是豬肉重要的營養特性之一。維生素B_1可以幫助分解從米飯中獲取的醣類，還能維持腦中樞神經和手腳末梢神經的功能。因此，食用豬肉對於容易疲勞、注意力不集中、情緒不穩定、手腳冰涼等症狀具有顯著的改善功效。

五花肉富含的脂肪不僅可以提供能量、保護臟器，同時還會促進維生素A、維生素D等脂溶性維生素的吸收，一旦缺乏，人體會出現易飢餓、智力減退、體力不足等症狀。

針對症狀

易疲勞 ▶ 蜜汁肉 P33
精力渙散 ▶ 海帶燒肉P34
腰痛 ▶ 南瓜蒸肉 P34
易飢餓 ▶ 豬肉燉粉條 P34

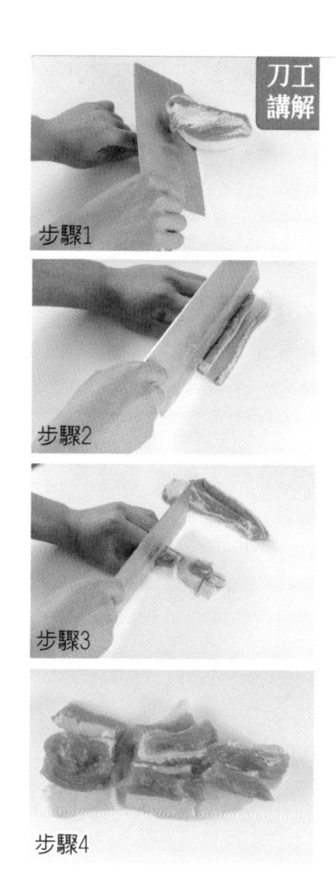

操作步驟

步驟1
將肉的皮去掉
步驟2
將肉切成條狀
步驟3
將肉條切成塊狀
步驟4
完成

蜜汁肉

材料：

五花肉600克，大蒜6瓣，植物油2匙，醬油、料酒、白糖各適量。

做法：

1.五花肉切塊，沸水汆燙後清洗；
2.鍋中倒植物油燒熱，放五花肉，小火翻炒，瀝除油，放入大蒜翻炒。
3.鍋中加醬油、料酒、白糖和500毫升清水，大火煮沸，改小火煮半小時以上，湯汁熵乾即可。

豬肉加大蒜，輕鬆去疲勞

豐富的維生素 B_1 是豬肉的營養特性，而且被稱為「消除疲勞的營養素」。如果維生素 B_1 不足，就無法順利分解醣類，體內便容易堆積乳酸等疲勞物質，從而導致注意力無法集中，整天昏昏沉沉，也會呈現出心理方面的不良症狀。大蒜中富含的蒜素可以大大促進人體對維生素 B_1 的吸收。因此，豬肉和大蒜配合製作的蜜汁肉對於消除疲勞效果顯著。除此之外，洋蔥、大蔥、韭菜等都富含蒜素，是烹飪豬肉時不錯的搭配，都可以發揮與大蒜相同的功效。

肉類在飲食中的死對頭

多攝入膳食纖維，安心享用五花肉

五花肉富含脂肪，愛美女性通常敬而遠之，但如果食用方法正確便能大大減少人體對於脂肪的吸收。經研究，豬肉經過長時間燉煮後，脂肪含量會降低30%～50%。此外，將豬肉與膳食纖維含量豐富的蔬菜一起烹飪也是不錯的選擇，如菠菜、馬鈴薯、胡蘿蔔等根莖類蔬菜。膳食纖維可促進腸胃蠕動，具有幫助清除體內垃圾的功效。

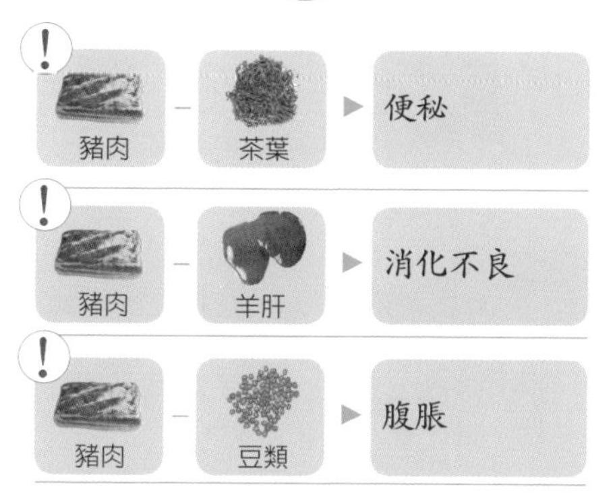

美食

海帶燒肉

有效緩解精神渙散

五花肉　　海帶

膳食功效

海帶富含的膳食纖維可將五花肉中的脂肪帶出體外，二者同食還能緩解注意力不集中、精神渙散等症。

材料：

五花肉500克，海帶200克，油、薑、蔥、八角、醬油、鹽、料酒、糖各適量。

做法：

1.五花肉洗淨切塊；海帶用開水煮開，切成菱形。
2.炒鍋放油燒熱，放糖炒至金黃，五花肉塊、薑末、蔥段、八角放入鍋中翻炒。
3.五花肉表面上好糖色後將海帶、醬油、鹽、料酒放入翻炒。
4.鍋中加適量清水，轉成小火，燒至肉和海帶入味即可。

南瓜蒸肉

強健脊椎，消除腰痛

五花肉　　南瓜

膳食功效

南瓜富含的維生素C有助於生成膠原蛋白，五花肉可緩解肌肉痠痛，二者搭配可強健脊椎、消除腰痛。

材料：

南瓜1個（約1000克），五花肉400克，黃酒、醬油、甜麵醬、雞精、糖、蔥、薑、蒜各適量。

做法：

1.南瓜洗淨去皮，在瓜蒂處切下一個小蓋子，挖去瓜瓤。
2.五花肉洗淨切片，放入碗中，加入黃酒、醬油、甜麵醬、雞精、糖、蔥、薑、蒜，攪拌均勻。
3.將拌好的五花肉裝入南瓜中，蓋好蓋子，放在大火上蒸2小時即可。

豬肉燉粉條

促進消化，補充體力

五花肉　　白菜

膳食功效

經燉煮後的白菜有助消化，適合腸胃不佳者食用。二者搭配可促進消化，補充體力，抗疲勞。

材料：

五花肉、白菜各200克，粉條1000克，油、花椒、八角、桂皮、醬油、鹽各適量。

做法：

1.五花肉洗淨切塊；白菜洗淨切條；粉條溫水泡軟。
2.五花肉放入壓力鍋中燉30分鐘。
3.白菜放碗中，加醬油、鹽醃製；鍋燒熱，放油，將醃好的白菜倒入翻炒。
4.粉條、花椒、八角、桂皮和適量水倒入壓力鍋中，再倒入白菜，燉至五花肉入味即可。

豬里脊

ricky

低熱量、高蛋白的嫩瘦肉

豬脊椎骨內側的條狀嫩肉稱爲豬里脊，其肉質較嫩，是豬肉中最細膩的瘦肉，筋腱少且口感嫩滑易於消化，是家庭餐桌上最常見的食材，深受人們喜歡。與五花肉相比，里脊肉脂肪含量少，優質蛋白質含量高，因此具有低熱量、高蛋白的特性。除此之外，里脊肉中富含維生素B_2、血紅素、鐵等營養物質，對於貧血、氣喘、眩暈、肌肉疲勞、畏寒、神經緊張等症狀都有改善作用。

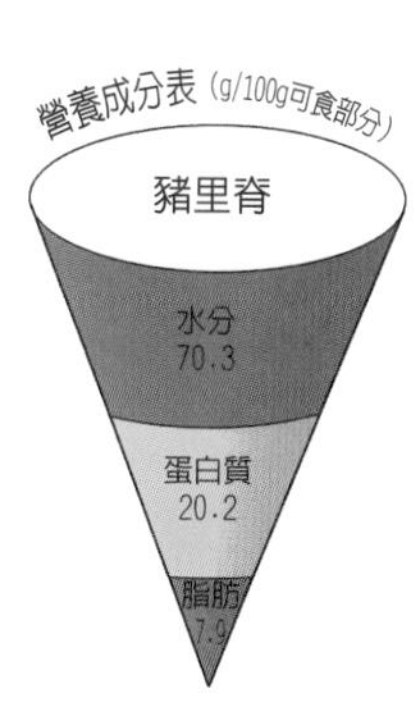

飲食禁忌

肥胖、血脂較高者不宜多食。

處理妙招

清洗乾淨，放入沸水中汆燙去血水，再沖洗乾淨。豬里脊肉質嫩，筋腱少，切肉時最好順著肉的紋理切。

無異味：優質豬里脊有天然的肉味，無異味及腥臭味。

有彈性：優質豬里脊按壓有彈性，無淤血和液體流出。

淡紅色：優質豬里脊呈淡紅色，切面有光澤。

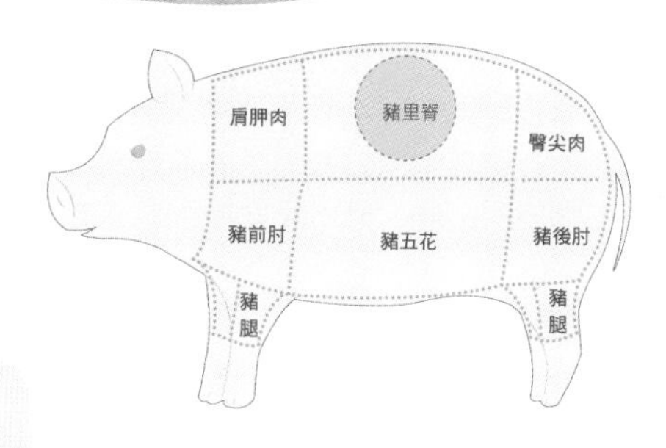

豬里脊中蛋白質含量高達20.9%，屬於完全蛋白質，包括人體必需的各種胺基酸。由於比例最接近人體需要，因此極易被人體吸收。

此外，豬肉還富含鐵、磷、鉀等。鐵是血紅蛋白的所需成分，具有預防貧血、促進血液循環、保持氣色紅潤的功效。一旦攝入不足，便會出現缺氧、眩暈等貧血症狀。磷是製造骨骼和牙齒的主要成分，能讓神經和肌肉功能保持正常；鉀能維持細胞內外的滲透壓，還能抑制因鈉引起的血壓升高。

針對症狀

症狀	食譜
貧　血	▶ 里脊蛋棗湯 P36
肌肉疲勞	▶ 肉絲炒菠菜P37
神經緊張	▶ 蓮子百合煲肉P37
消化不良	▶ 陳皮絲里脊肉P37

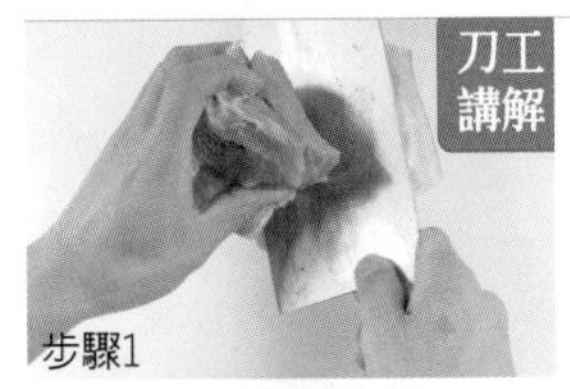

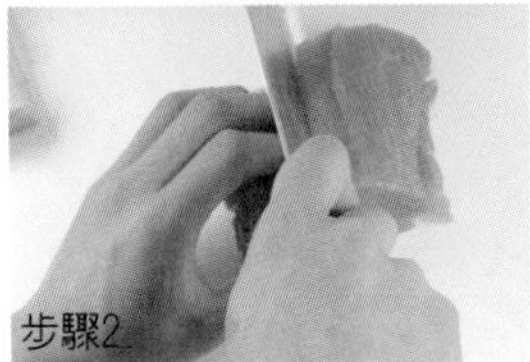

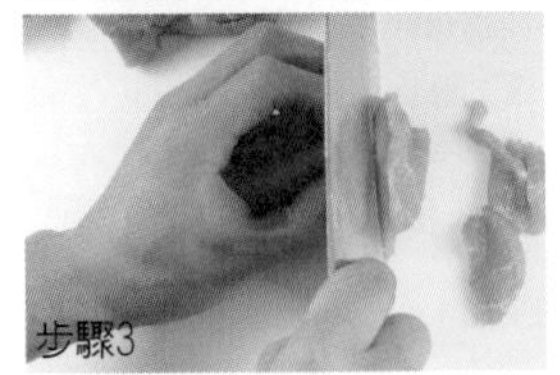

美食

里脊蛋棗湯

操作步驟

步驟1
切去豬皮

步驟2
分割成肉塊

步驟3
將肉塊切成片

步驟4
完成

材料：

豬里脊60克，紅棗30克，雞蛋1-2顆，薑、鹽各適量。

做法：

1.將豬里脊洗淨，切片；
2.鍋內放入適量清水和薑絲、紅棗，煮沸數次；
3.放入豬里脊塊煮熟；
4.將雞蛋打在碗內，均勻打散，倒入鍋中，待開鍋後加鹽調味即可。

豬里脊加紅棗，有效防治貧血

豬肉中的維生素 B_1 可以促進醣類的代謝，所含的礦物質鐵可以將肺中的氧氣運往全身，對於貧血都有一定的功效；紅棗中富含鐵，它對防治女性貧血有很重要的作用，其效果通常是藥物所不能比的，因此豬肉和紅棗搭配製成的里脊棗蛋湯防治貧血的功效顯著。

此外，由於紅棗中含有豐富的醣類和維生素 C 以及環磷酸腺苷等，能減輕各種化學藥物對肝臟的損害，並有促進蛋白合成，增加血清總蛋白含量的功效，因此這道菜還具有護肝作用，並可輔助治療慢性肝炎和早期肝硬化。

肉類在飲食中的死對頭

多食豬肝、菠菜，告別貧血

貧血是指血液中紅血球的數量或紅血球中血紅蛋白的含量不足，是一種常見疾病。貧血有缺鐵性貧血、先天性貧血、造血功能障礙貧血以及有毒物質引起的貧血。除了豬肉與紅棗外，豬肝、菠菜、牛羊肉、乾薑、桂圓也可以有效防治缺鐵性貧血。

除了在飲食上改善貧血，確保充足睡眠是防治貧血的必要條件。

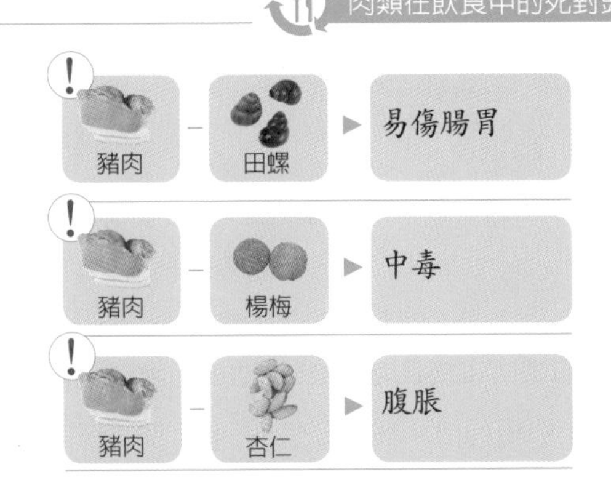

美食

肉絲炒菠菜

防癌抗癌，消除肌肉疲勞

豬里脊　　菠菜

膳食功效

菠菜富含鐵、胡蘿蔔素，與豬里脊搭配食用具有防癌抗癌、防止衰老的功效，還可有效緩解肌肉疲勞。

材料：

豬里脊150克、菠菜300克、蝦米15克，沙拉油、醬油、醋、香油適量。

做法：

1.將菠菜去掉黃葉、老根，洗淨後切成長段，用開水泡透後撈出，入冷開水中過涼後取出，瀝乾水分裝盤。

2.豬里脊切絲；蝦米用溫水泡發；鍋內放入沙拉油燒熱，下入肉絲、菠菜、蝦米煸炒，再加少許醬油、醋、香油，拌勻即可。

蓮子百合煲肉

鎮定安神，緩解神經緊張

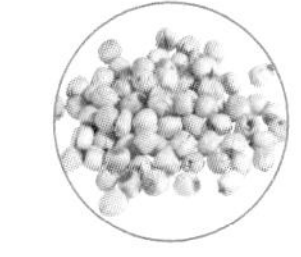

豬里脊　　蓮子

膳食功效

蓮子心所含的生物鹼具有顯著的強心作用，蓮子與豬肉搭配可安神助睡眠，緩解神經緊張。

材料：

豬里脊250克、蓮子30克、百合30克。

做法：

1.豬里脊洗淨，切片；將蓮子去心；百合洗淨。

2.將蓮子、百合、瘦豬肉放入鍋中，加適量水，置文火上煲熟，調味後即可食用。

陳皮絲里脊肉

健脾和胃，改善消化不良

豬里脊　　陳皮

膳食功效

豬肉中所含的蛋白質易於人體吸收，陳皮對胃腸道有溫和刺激作用，二者合用可治療消化不良。

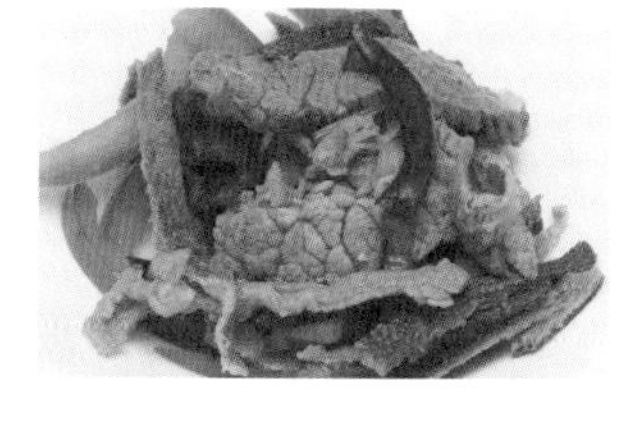

材料：

陳皮5克，豬里脊60克，蔥5克，辣椒2克，澱粉、葡萄酒和油各5克，冰糖10克。

做法：

1.陳皮用溫水泡10分鐘，切絲；豬肉切片加入葡萄酒，用澱粉拌勻，放入油攪勻。

2.起油鍋，轉中火，放入豬肉片拌炒略熟，加入冰糖、陳皮絲炒勻，勾薄芡。起鍋前撒入蔥絲、辣椒絲即成。

豬排骨

pork firmness

脆嫩可口的滋補佳品

豬剔去肉剩下附有少量肉的肋骨、脊椎骨和腿骨稱爲豬排骨，我們通常食用的都是豬背部整排平行的肋骨，肉層比較厚，並帶有白色軟骨，吃起來既有豬肉香滑多汁的口感，又可品嘗到脆骨的脆嫩可口。豬大排（即腿骨等大塊豬排骨）經常被製作成營養豐富的排骨湯來食用，濃稠香滑的湯汁中富含人體骨骼和肌肉生長必不可少的鈣質，而豬肋骨的烹飪方式則多種多樣，炒、燒、蒸各具風味。

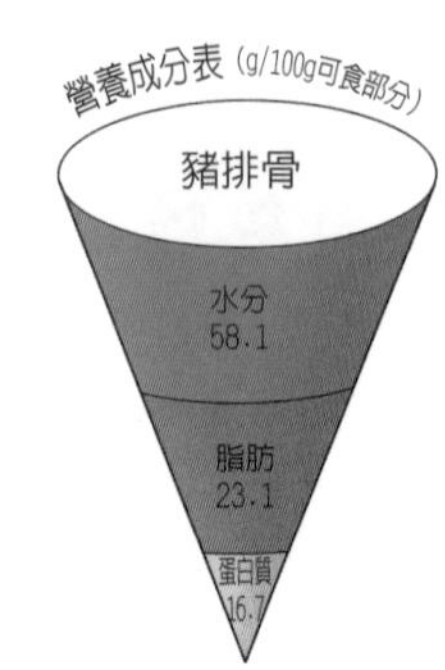

飲食禁忌

在感冒發熱期間禁止食用，急性腸道炎患者也禁止食用。

保存方法

新鮮排骨可將其切成3～4公分長的塊狀，裝入保鮮袋中，放入冰箱冷凍保存，記得及早食用，否則會變得不新鮮。

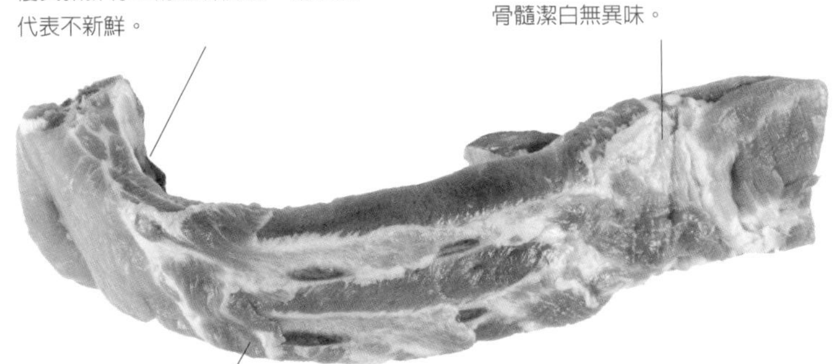

優質豬排骨上的血絲鮮紅，暗紅則代表不新鮮。

優質豬排內側適量帶些白板油，骨髓潔白無異味。

優質豬排骨聞起來有淡淡的肉腥味和特有的豬油香味。

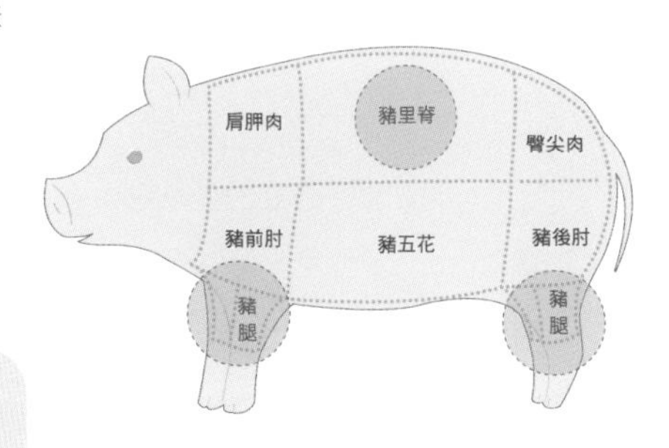

兒童、中老年人不妨多喝些豬骨湯

豬排骨中含有多種對人體具有營養、保健和滋補功效的營養物質，具有促進生長發育、延緩衰老、延年益壽的功效，兒童、中老年人尤其適合食用。豬排骨中所含的蛋白質、鐵、鈉等營養物質要遠遠高於鮮豬肉，其蛋白質含量是豬肉的2倍，鐵含量是豬肉的2.5倍。

骨頭的精華在湯裏，經常喝些豬骨湯能及時補充人體所必需的膠原蛋白，可以增強骨髓造血功能，從而延緩衰老。但單純靠喝大骨湯達不到補鈣目的，因為大骨湯中的鈣含量微乎其微。

針對症狀

腰腿痠軟 ▶ 板栗排骨湯 P39

食欲不振 ▶ 雙棗蓮藕燉排骨 P39

皮膚老化 ▶ 玉米排骨湯 P39

虛弱乏力

虛火上升

美食

板栗排骨湯

舒筋活絡，改善腰腿痠疼

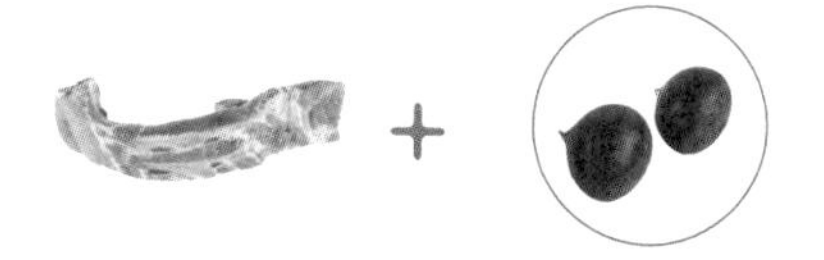

豬排骨　　栗子

膳食功效

栗子能維持骨骼的正常功能，排骨與栗子同食可緩解腰腿痠軟、筋骨疼痛等症狀。

材料：

豬排骨500克、栗子250克、胡蘿蔔1根、鹽1小匙。

做法：

1.將栗子剝去殼放入沸水中煮熟，備用；胡蘿蔔削去皮、沖淨，切成小方塊。

2.排骨洗淨放入沸水汆燙，撈出備用；之後將所有的材料放入鍋中，加水至蓋過材料。

3.大火煮開後，再改用小火煮30分鐘左右，煮好後加入適當的調味料即可。

雙棗蓮藕燉排骨

清熱涼血，健胃消食

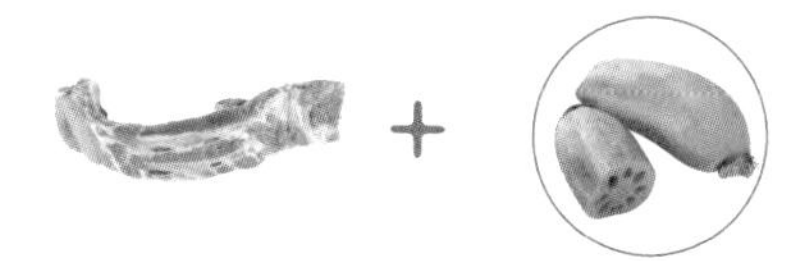

豬排骨　　蓮藕

膳食功效

蓮藕具有清熱涼血、健脾生肌、開胃消食等功效，排骨與蓮藕同食可健胃消食。

材料：

豬排骨250克，蓮藕600克，蓮子200克，山藥200克，紅棗、黑棗各10顆，沙參25克，茯苓100克，芡實100克，薏仁100克，鹽2小匙。

做法：

1.排骨洗淨，在沸水中汆燙，去除血水。

2.蓮藕洗淨，削皮，切塊；紅棗、黑棗洗淨，去掉核。

3.將所有材料放入鍋中，加適量清水至蓋過所有材料，煮沸後轉小火，燉40分鐘左右，起鍋前加入鹽即可。

玉米排骨湯

潤腸通便，延緩衰老

豬排骨　　玉米

膳食功效

玉米富含不飽和脂肪酸和膳食纖維，豬肉與玉米同食具有潤腸通便、延緩衰老的功效。

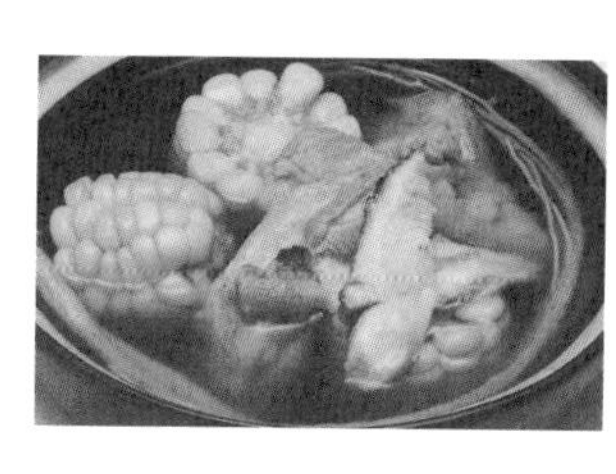

材料：

豬肋排500克，玉米適量，黨參、黃耆各3錢，鹽適量。

做法：

1.玉米洗淨，剁成小塊，排骨以沸水汆燙過後備用。

2.將所有材料一起放入鍋內，以大火煮開後，再以小火燉煮40分鐘，起鍋前加少許鹽調味即可。

豬肘子

pork shoulder

富含膠原蛋白，美容養顏功效強

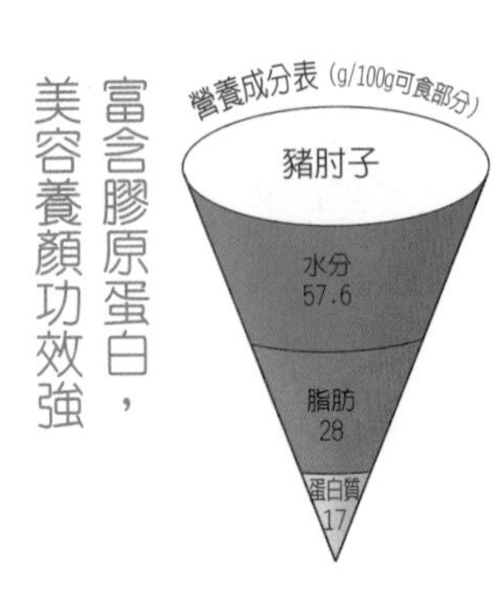

豬腿與身體相連的部分稱爲豬肘子，分爲前肘和後肘。前肘又稱蹄膀，瘦肉多、皮厚、筋多、膠質重，常常帶皮烹飪，肥而不膩；後肘又稱後蹄，品質較前肘差，皮老韌，結締組織較前肘量多。豬肘子除了含有一般豬肉所含的飽和脂肪酸和血紅素鐵外，還富含蛋白質，特別是膠原蛋白含量較高，因此具有滋潤肌膚、使肌膚彈性有光澤的功效。此外，豬肘子還具有和血脈、填腎精、健腰腳的功效。

優質豬肘子色澤紅亮，表面無異物，無黴斑。

優質豬肘子具有天然的豬肉香味，無異臭。

用手指按壓，彈性較好，不會過於發黏。

肩胛肉　豬里脊　臀尖肉　豬前肘　豬五花　豬後肘　豬腿　豬腿

飲食禁忌

由於脂肪含量較高，肥胖者、高血壓、冠心病等疾病患者應少食。

處理妙招

處理肉皮時一定要先刮淨肥油，最好能煮至六成熟後再刮一次，以免油脂溢出，影響口感。

東坡肘子

美食

▶ 令肌膚彈性有光澤

材料：

豬肘子500克、雪山大豆50克、蔥段、薑片、料酒、鹽各適量。

做法：

1.將肘子刮洗乾淨，順骨劃切一刀，放水中煮透，撈出剔去肘骨備用。

2.將肉和骨放入砂鍋，將煮肉的原湯倒入，放蔥、薑、料酒，大火燒開。

3.雪山大豆洗淨，放入砂鍋，蓋蓋子，小火燉3小時。

4.煮至用筷子輕戳肉皮即爛為止，放鹽即可。

功效：

雪山大豆富含蛋白質、維生素B群、鈣等營養物質，是豆中的營養之王，經常食用可以增強機體的免疫力，還具有防癌抗癌的功效。雪山大豆與豬肘子搭配食用具有滋潤肌膚的功效，可以令肌膚彈性有光澤。

豬肚

pork tripe

健脾益胃、安五臟、補虛損

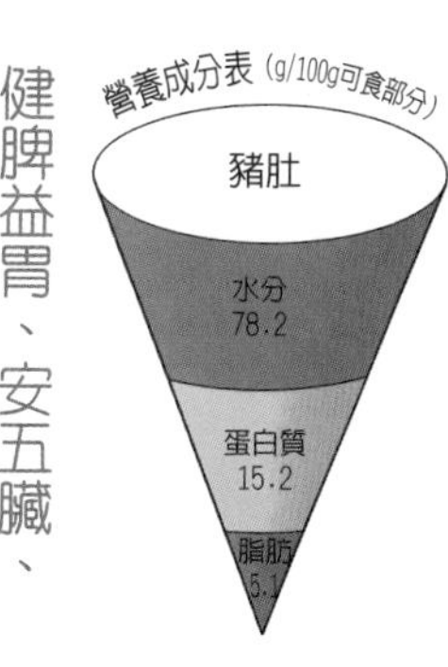

豬肚就是豬的胃。豬肚含有蛋白質、脂肪、碳水化合物、維生素及鈣、磷、鐵等營養物質，具有健脾益胃、安五臟、補虛損的功效，適用於輔助治療虛勞羸弱、腹瀉、下痢、消渴、小便頻數、小兒疳積等症，適合氣血虛損、身體瘦弱者食用。同時豬肚也能與其他食材烹調出各種美食，與金針菇搭配食用能消食開胃，與山藥、黃耆、胡蘿蔔搭配食用可以強壯肌肉，不過與楊梅搭配易引起中毒。

與之連接的胃底部應無血塊或發黑發紫的組織。

新鮮豬肚呈黃白色，黏液較多，肚內無顆粒，彈性較好。

新鮮豬肚應該是沒有臭味和異味的，若有則是變質或是病變豬肚。

飲食禁忌

感冒初期、大病或久病初癒的人禁止食用。

處理妙招

將豬肚煮熟後切成長條，放在碗中，加水放進鍋中蒸，豬肚會漲大一倍，口感香嫩。

肩胛肉 豬里脊 臀尖肉 豬前肘 豬五花 豬後肘 豬腿 豬腿

豬肚燉蓮子

美食

▶ 清心安神，調理腸胃

材料：

豬肚1副、蓮子40顆、香油、食鹽、蔥、薑、蒜各適量。

做法：

1.豬肚洗淨，刮除殘留在豬肚裏的餘油；蓮子用清水泡發，去除苦心，裝入豬肚內，用線將豬肚的口縫合。

2.將豬肚放入沸水中汆燙一下，接著清燉至豬肚完全熟爛。

3.撈出洗淨，將豬肚切成絲，與蓮子一起裝入盤中，加各種調味料拌勻即可。

功效：

蓮子甘能補脾，平能實腸，澀能固精，世人喜食，老少咸宜。這道美食具有補脾益肺、養心益腎和固腸等作用，能夠治療心悸、失眠、體虛、遺精、慢性腹痛等症狀。

豬腰

pigs kidney

以腎補腎，強壯「先天之本」

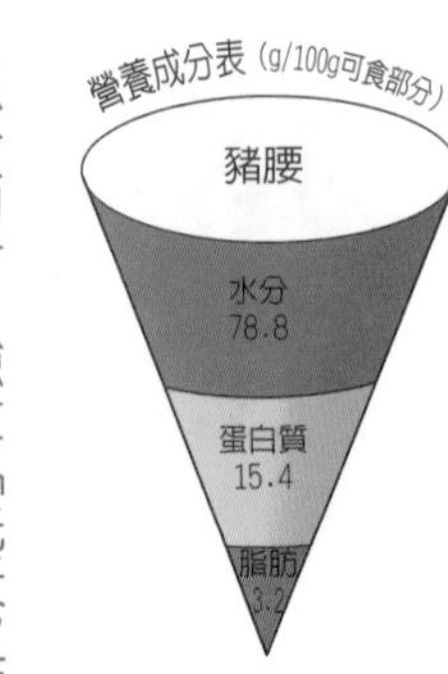

豬腰，又稱豬腎，含豐富蛋白質、脂肪、核黃素、維生素A、鈣、磷、鐵等營養物質，具有補腎益氣、固精壯陽的功效。中醫有『以臟養臟』之說，認爲食用動物腎臟具有補腎益精的作用，因此經常食用豬腎對於腎氣虛弱之人有很好的滋補作用。腎乃「先天之本」，脾乃「後天之本」二者相互影響，當脾陽虛時也會引起腎陽虛。因此，食用豬腰還具有補脾益氣的功效，對脾功能也有改善作用。

飲食禁忌

豬腰含有很高的膽固醇，因此高膽固醇者應避免過多食用。

保存方法

將豬腰用保鮮袋裝好，放入冰箱冷凍室保存即可。

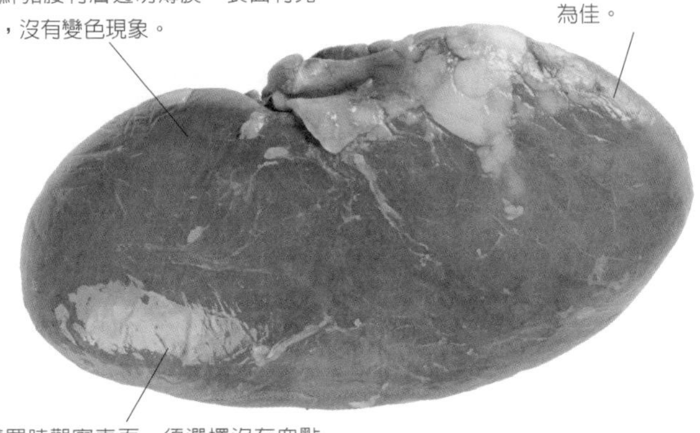

多食強腎食物，告別腎虛

腎臟有保持人體精力充沛、強壯矯健的功能。腎陽虛表現為身體怕冷，手腳偏涼；腎陰虛表現為身體怕熱，腰腿痠軟。女性則月經少、經血色暗，甚至有血塊，提早更年期；男性則尿急尿頻，四十歲以後性欲減退、骨弱無力、貧血眩暈。

蒜、桑葚、栗子、花椰菜、小米、蕨菜、綠豆、豇豆、榴蓮、芡實、開心果等食物都有強腎功效，平時應經常食用。

針對症狀

- 腎虛腰痛 ▶ 木耳炒腰花 P43
- 腎虛遺精 ▶ 韭黃拌腰絲 P43
- 腎虛耳聾 ▶ 核桃炒腰花 P43
- 腎虛水腫
- 小便不利

美食

木耳炒腰花

補養五臟，改善腎虛腰痛

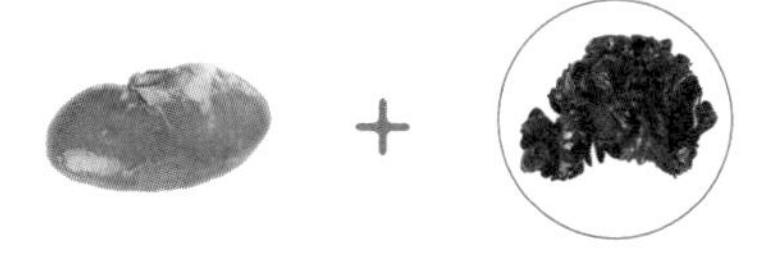

膳食功效

黑木耳有滋養益胃、和血營養、潤肺養陰、止血等作用。二者搭配可以補養五臟，改善腎虛腰痛。

材料：

豬腰400克，黑木耳100克，紅辣椒、鹽、雞精、醬油、蔥絲、薑絲、料酒各適量。

做法：

1.豬腰去筋，放清水中泡漲，撈出瀝乾切片。

2.木耳泡發洗淨，紅辣椒去籽去蒂並洗淨切絲。

3.鍋中放水、蔥薑燒開，加豬腰焯熟，撈出瀝乾。

4.油鍋燒熱，放木耳翻炒數下，加豬腰、辣椒、料酒、醬油、鹽翻炒至熟，放雞精炒勻即可。

韭黃拌腰絲

助陽固精，改善腎虛遺精

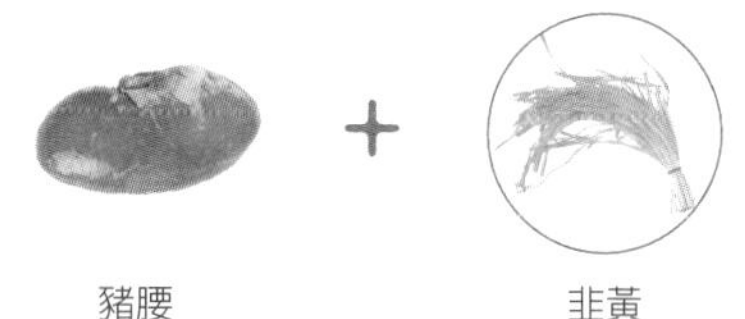

膳食功效

韭黃具有溫補肝腎、助陽固精的功效。韭黃與豬腰搭配食用可使壯腎功效加倍，有效改善腎虛遺精。

材料：

豬腰300克，韭黃200克，紅辣椒1個，鹽、雞精、白糖、醬油、辣椒油、香油各適量。

做法：

1.豬腰洗淨切絲，放入沸水中焯熟，撈出瀝乾備用。

2.韭黃則洗乾淨切段，紅辣椒去籽去蒂並洗淨切絲。

3.將豬腰、韭黃、辣椒絲放入碗中，加入所有調味料調勻，淋上香油即可食用。

核桃炒腰花

減緩衰老，改善腎虛耳聾

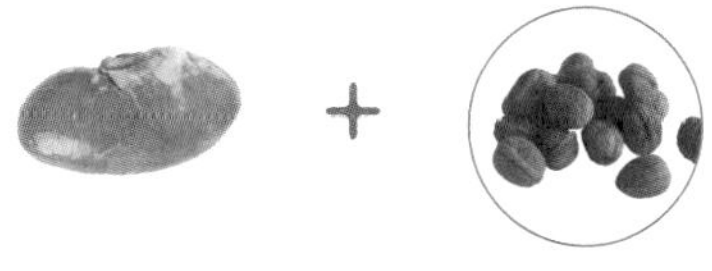

膳食功效

核桃能夠去除附著於血管上的膽固醇，可減緩衰老、美顏。韭黃與豬腰搭配食用可有效改善腎虛耳聾。

材料：

豬腰200克，核桃仁適量，鹽、雞精、醬油、料酒、蔥、醋、澱粉各適量。

做法：

1.豬腰洗淨切片，加入醋、鹽醃至入味，放入澱粉上漿。

2.水鍋燒沸，放核桃仁浸泡10分鐘，剔去皮膜，然後放入油鍋炸熟。

3.油鍋燒熱，放豬腰炒香，加料酒、醬油、鹽、雞精繼續翻炒至熟。

4.澱粉勾兌成汁，淋入鍋中，放上核桃仁炒勻，撒上蔥花即可。

豬肝

pork liver

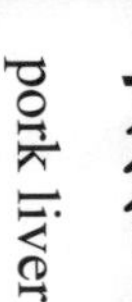

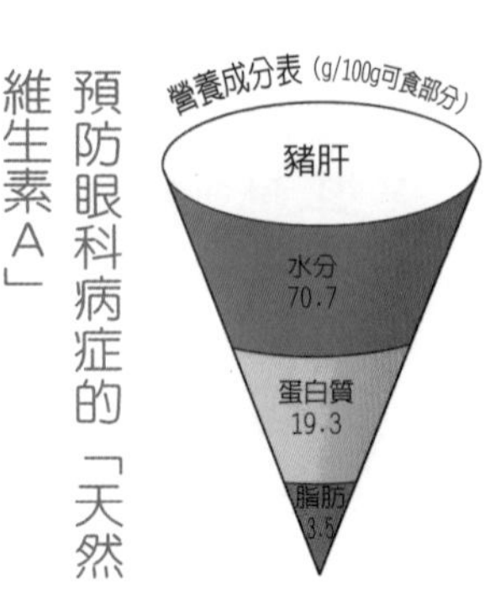

預防眼科病症的「天然維生素A」

豬肝的營養含量豐富，最突出的是維生素A的含量。維生素A只存在於動物性食物當中，對於保護眼睛的健康、預防眼科病症具有非常重要的作用，因此豬肝可謂是「天然的維生素A」。食用豬肝可使視力維持在健康狀態，可預防乾眼病、夜盲症等眼疾。除此之外，豬肝中鐵、磷、鉀等礦物質的含量也都超過奶、蛋、肉、魚等食品。豬肝食用不可過量，否則會引起維生素A中毒。

飲食禁忌

高膽固醇、高血壓、冠心病和肝病患者應少量食用。

保存方法

食用不完的鮮肝處置不好就會變色變乾。可以在鮮肝表面塗少許油，放入冰箱，可保持原來的鮮嫩。

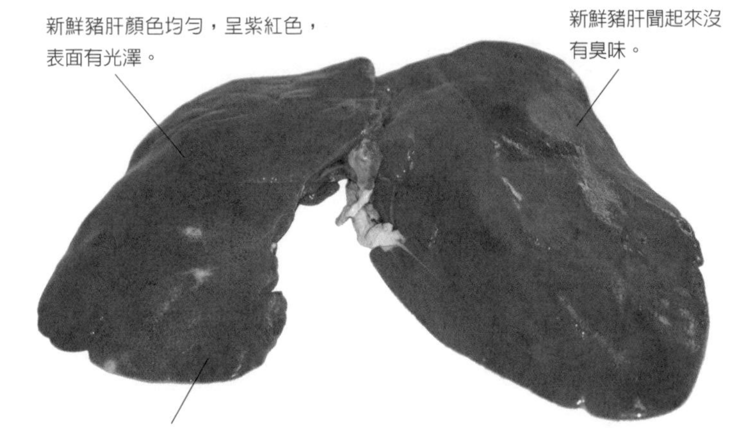

新鮮豬肝顏色均勻，呈紫紅色，表面有光澤。

新鮮豬肝聞起來沒有臭味。

用手觸摸新鮮豬肝會感覺到很堅實、有彈性，並且表面無硬塊、黏液、膿腫等。

肩胛肉
豬里脊
臀尖肉
豬前肘
豬五花
豬後肘
豬腿
豬腿

保護視力，合理攝取維生素A

豬肝中富含的維生素A是構成視覺感光物質的重要原料，具有防止眼睛乾澀與疲勞、提高眼睛在較暗光線下的適應能力等功效。人體缺乏維生素A，會引發乾眼病、夜盲症、白內障等眼部疾病。

建議學生、電腦族等經常使用眼睛的人，每天合理攝取一定量的維生素A，除豬肝外，其他動物肝臟、魚類、海產品、奶油和雞蛋等動物性食物都富含維生素A，可搭配蔬果食用。

針對症狀

眼睛乾澀 ▶ 豬肝炒芹菜 P45

貧血 ▶ 腐竹豬肝湯 P45

皮膚粗糙 ▶ 苦瓜炒豬肝 P45

夜盲症

感冒

美食

豬肝炒芹菜

緩解眼睛乾澀

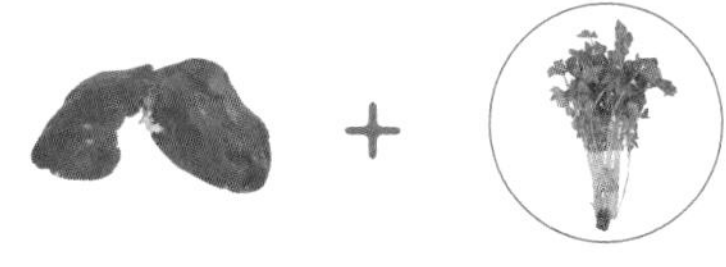

豬肝　　芹菜

膳食功效

芹菜富含的膳食纖維可降低豬肝中脂肪在人體的堆積，同時豬肝富含維生素A，可以緩解眼睛乾澀。

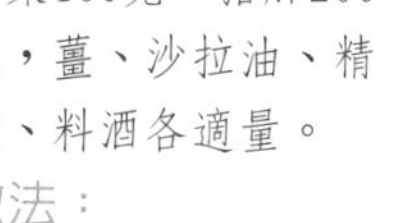

材料：

芹菜100克，豬肝200克，薑、沙拉油、精鹽、料酒各適量。

做法：

1.芹菜洗淨，切成段；薑切絲。

2.豬肝洗淨，切成薄片，用精鹽醃製片刻。

3.開火，在鍋中倒入油，放入薑絲，煸炒出香味，然後放入豬肝。待豬肝變色後放入芹菜。

4.加入精鹽、料酒，續翻炒至芹菜變色，即可裝盤。

腐竹豬肝湯

補血補氣，預防貧血

豬肝　　腐竹

膳食功效

腐竹的原材料是含有優質蛋白質的大豆，因此具有補中益氣的功效，配合豬肝則可以有效預防貧血。

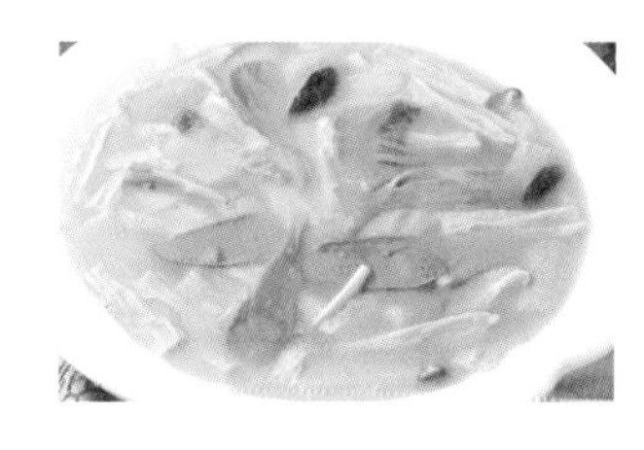

材料：

豬肝100克，腐竹100克，香菇50克，鹽、麻油、胡椒粉、醋、薑絲、蒜苗各適量。

做法：

1.豬肝洗淨，切薄片；腐竹、香菇放水中浸泡。

2.將鹽、醋調成調味汁，將豬肝放入醃一會。

3.將腐竹切段，湯鍋內加薑絲燒開，放入豬肝、腐竹、香菇。

4.煮熟後，加鹽、胡椒粉調味，撒上蒜苗增加色度，淋上麻油即可。

苦瓜炒豬肝

美白潤膚，改善皮膚粗糙

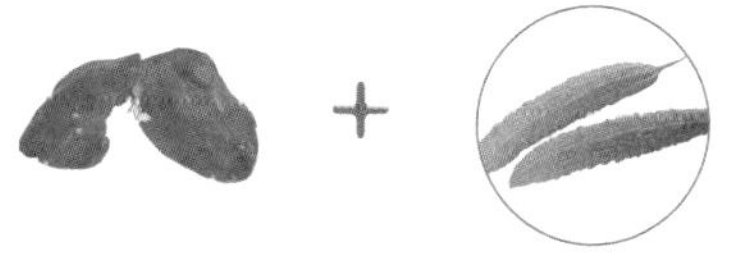

豬肝　　苦瓜

膳食功效

苦瓜中富含維生素C，具有美白潤膚的功效，與富含維生素A的豬肝搭配食用可改善皮膚粗糙。

材料：

苦瓜125克，豬肝250克，蒜片、料酒、醬油、香油、鹽各適量。

做法：

1.苦瓜洗淨、去籽，放入鹽水中醃漬5分鐘去苦味，切塊。

2.豬肝洗淨，切成薄片，加料酒、鹽醃漬10分鐘，再用開水焯後、瀝乾。

3.鍋內放入香油，燒熱後，放苦瓜翻炒，加醬油、料酒略烹，再加豬肝翻炒，最後下鹽、蒜片調入味後即成。

豬血

pork blood

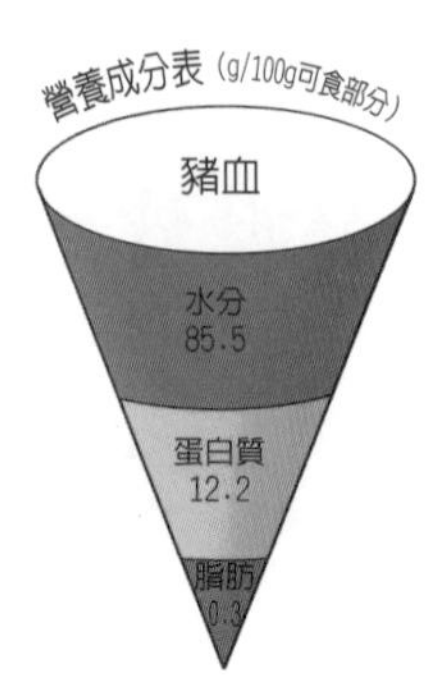

清腸解毒、補血美容的「液態肉」

豬血，又稱血豆腐、血花等，味甘、苦，性溫，富含蛋白質、維生素B_2、維生素C、鐵、磷、鈣等營養成分。由於營養豐富便於咀嚼、易消化，因此素有「液態肉」之稱。豬血富含的血漿蛋白被胃酸分解後會產生一種物質，可以加速排出進入人體的外源雜質，還可以清除宿便，因此具有極強的清腸排毒功效。此外，豬血富含鐵，具有補血、美容的功效，對貧血而面色蒼白的人尤爲適用。

飲食禁忌

豬血中富含鐵，過量食用會造成鐵中毒，影響人體對其他礦物質的吸收，建議普通人每週食用不超過2次。

保存方法

新鮮豬血在放入冰箱前可在表面撒些鹽，可達到保鮮作用。

優質豬血通常呈暗紅色，劣質豬血顏色十分鮮豔。

由於血中含有氣體，因此加熱後會出現較均勻的氣孔，這是判斷優質豬血的首要標準。

優質豬血摸起來比較硬且容易碎；劣質豬血柔嫩，表面較光滑。

肩胛肉　豬里脊　臀尖肉　豬前肘　豬五花　豬後肘　豬腿　豬腿

常吃清腸食物，預防腸癌

豬血中富含的血漿蛋白經人體胃酸和消化液中的酶分解後，會產生一種清腸解毒的物質。這種物質可以與人們不小心食入和吸入的粉塵、顆粒及有害金屬發生化學反應，使其成為不易被人體吸收的廢物，從而被排洩出人體，達到清腸的作用，有效預防腸癌。

此外，蕃薯、綠豆、黃瓜、黑木耳、蘋果、蒟蒻等食物也都具有清腸排毒的功效，建議在日常飲食中搭配攝入。

針對症狀

便　秘 ▶ 豬血酸菜湯 P47

貧　血 ▶ 豬血菠菜湯 P47

面色蒼白 ▶ 豬血豆腐湯 P47

頭暈目眩　身體虛弱

美食

豬血酸菜湯

清腸排毒，預防便秘

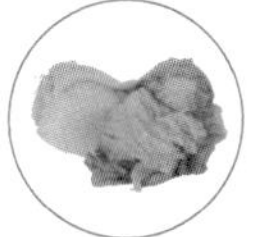

豬血　酸菜

膳食功效

酸菜富含的乳酸菌可維持胃腸生理功能。豬血有清腸排毒的功效，二者搭配可有效保護腸胃，預防便秘。

材料：

酸菜100克，豬血200克，薑片、蔥花各少許，鹽適量。

做法：

1.將酸菜洗淨，切成絲，豬血洗淨，切成厚片。

2.在湯鍋內加水適量，將酸菜、豬血和薑片、蔥花都放入鍋內，用大火煮開。

3.加適量鹽調味即可。

豬血菠菜湯

預防缺鐵性貧血

豬血　菠菜

膳食功效

菠菜中的鐵元素含量居蔬菜之首，與同樣富含鐵的豬血搭配可有效預防缺鐵性貧血。

材料：

豬血300克，菠菜200克，鹽、雞精、蔥、香油各適量。

做法：

1.菠菜擇洗乾淨，切段；蔥洗淨，切段；豬血洗淨，切塊。

2.油鍋置上燒熱，放入蔥段炒香，加入適量清水煮開。

3.放入豬血煮開，加入菠菜段、鹽、雞精煮至變色，淋入香油即可。

豬血豆腐湯

補血養顏，改善氣色

豬血　豆腐

膳食功效

豆腐營養豐富，具有高蛋白、低熱量的特點，可補中益氣、強身健體。二者搭配可補血養顏，改善氣色。

材料：

豬血、豆腐各75克，植物油、料酒、雞精、鹽、胡椒粉、香菜末各適量。

做法：

1.豬血、豆腐分別切小塊，焯水，洗淨備用。

2.鍋燒熱，放入植物油，再放入豬血塊和豆腐塊滑炒。

3.加入料酒去腥，倒入適量清水、雞精、鹽、胡椒粉。

4.大火燒開後向鍋中撒入香菜末即可。

豬大腸

潤腸通便，維持大腸正常功能

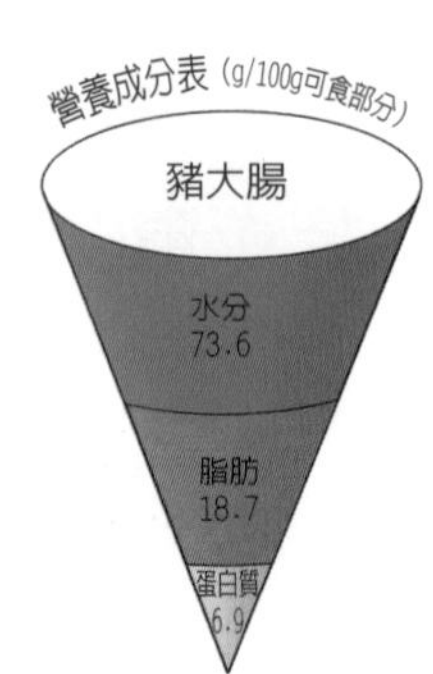

豬腸主要作用是輸送和消化食物，由於含有適量的脂肪，但並不像豬肚那樣厚，因此有很強的韌性，口感彈牙。豬腸主要分爲大腸、小腸和腸頭。三個部分的脂肪含量各不相同，其中腸頭最肥，小腸最瘦，大腸適中。豬大腸，又名肥腸，性寒，味甘，具有潤腸通便、潤燥補虛、止渴止血等功效，一般人都可食用，尤其適合出現虛弱口渴、脫肛、痔瘡、便血、便秘、小便頻多等症的患者食用。

飲食禁忌

肥胖者、高血脂症患者、痛風患者盡量少食用。

保存方法

當天烹飪可將大腸放在清水內浸泡，最好加入冰塊，放在陰涼處即可；隔日烹飪則需放入冰箱冷凍保存。

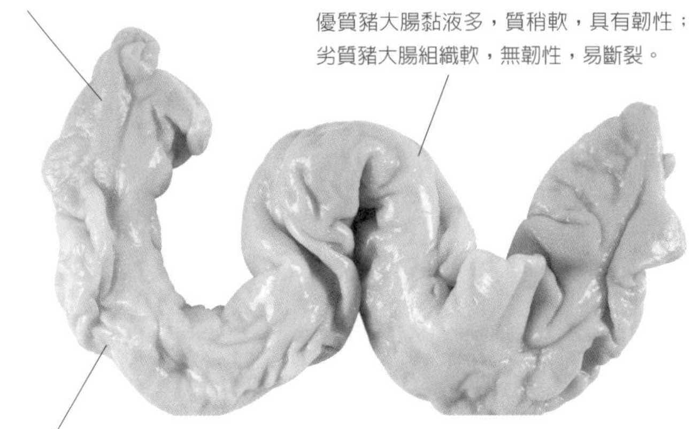

優質豬大腸呈淡粉色，劣質豬大腸呈淡綠色或灰綠色。

優質豬大腸黏液多，質稍軟，具有韌性；劣質豬大腸組織軟，無韌性，易斷裂。

優質豬大腸異味輕，不帶糞便及汙物；劣質豬大腸有惡臭味。

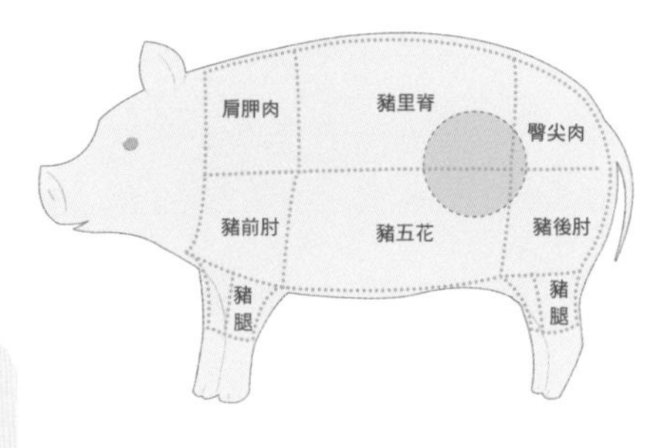

老年人宜多食粗糧，少食動物內臟

豬大腸等動物內臟含有較多的膽固醇，老年人經常食用容易誘發心腦血管疾病，因此應該盡量少食。日常飲食中可以多攝入小米、綠豆、黑芝麻、薏仁、黑豆、紅豆等粗糧，粗糧具有以下幾點好處：

1.有效防治心腦血管疾病。粗糧中的膳食纖維可以減少腸道對膽固醇的吸收，降低血膽固醇。

2.調節血糖。據研究顯示，粗糧食用後血糖變化要小於精製米麵，有助於調節血糖。

針對症狀

便　秘 ▶ 水煮白菜肥腸 P49
便　血 ▶ 白果大腸煲 P49
痔　瘡 ▶ 無花果木耳豬腸湯 P49
虛弱口渴
小便頻多

美食

水煮白菜肥腸

通利腸胃，改善便秘

膳食功效

白菜富含膳食纖維，燉煮後有助消化，適合腸胃不佳者食用。二者搭配食用可通利腸胃，改善便秘。

材料：

豬大腸400克，白菜小半棵，薑片、蔥花、蒜末、油、料酒、醬油、豆瓣醬、胡椒粉、鹽各適量。

做法：

1.豬大腸洗淨，切塊。
2.將豬大腸倒入煮熟，撈出待用。
3.將適量油倒入鍋中，燒熱後放蔥、薑、蒜、豆瓣醬爆香，倒入適量開水、料酒和醬油燒開。
4.將豬大腸和白菜倒入鍋中，煮至沸騰，撒入鹽和胡椒粉即可。

白果大腸煲

滋潤黏膜，改善便血

膳食功效

白蘿蔔具有滋潤黏膜、清除腸熱、通便止血等功效，與豬大腸搭配食用可有效改善便血。

材料：

豬大腸600克，白蘿蔔300克，鮮白果100克，胡蘿蔔50克，薑片、雞粉、鹽各適量。

做法：

1.豬大腸洗淨，切塊；白蘿蔔、胡蘿蔔洗淨，切塊。
2.將豬大腸、白果、白蘿蔔、胡蘿蔔放入滾水中，氽燙2分鐘，撈起，瀝乾。
3.鍋燒熱，加油，先爆香薑片，加調味料、豬大腸、白果、白蘿蔔、胡蘿蔔，拌炒均勻，轉小火，加水，煮約2分鐘即可。

無花果木耳豬腸湯

涼血止血，改善痔瘡

膳食功效

黑木耳具有涼血止血的功效，豬大腸有益腸道，二者搭配食用可輔助治療久瀉脫肛、便血、痔瘡等症。

材料：

豬大腸400克，黑木耳20克，紅棗3顆，無花果50克，荸薺100克，花生油、澱粉、鹽各適量。

做法：

1.無花果、黑木耳和荸薺洗淨，前兩者浸泡1小時，荸薺去皮；豬大腸用花生油、澱粉反覆搓揉，去腥味和黏液，沖洗乾淨，過水。
2.取適量清水放入砂鍋內，煮沸後加入以上材料，煮沸後改用小火煲3小時，最後加鹽調味即可。

豬小腸

Small intestine of pig

內壁油脂多，清洗是關鍵

豬小腸是負責消化吸收食物的器官，內壁具有較多的油脂，因此食用前去除油脂顯得尤爲重要。可以將小腸翻面，用清水沖洗內壁，再放入麵粉中反覆抓洗，去除表面黏液。再用清水沖洗乾淨後放入沸水中汆煮數分鐘去除腥氣，然後用冷水沖洗乾淨，最後再將豬小腸放入清水煮十分鐘即可。

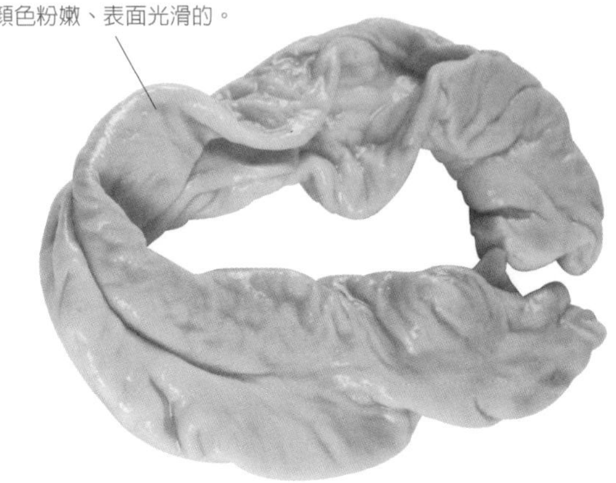

選購處理過的豬小腸要選擇表面不帶黏液、沒有異味的；如果挑選沒有經過處理的豬小腸，則要選顏色粉嫩、表面光滑的。

養生妙方

四神湯：將處理好的250克豬小腸剪成3公分長斜段。將30克的薏仁和蓮子、20克芡實、10克茯苓放鍋中，加清水，大火燒沸後放豬小腸，改小火煮30分鐘。加鹽和米酒即可。

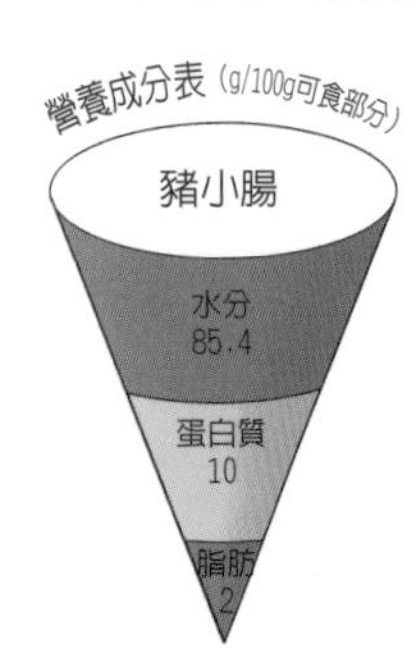

豬腦

pig brain

特定患者可食，常人不宜多食

雖然豬腦中的鈣、磷、鐵等營養含量比豬肉高，但其膽固醇含量確是常見食物中最高的，因此有高膽固醇、冠心病、高血壓、動脈硬化等和患有心腦血管疾病的人應避免食用，常人也不宜多食，尤其是男性。豬腦具有補虛、益氣的功效，較適用於體質虛弱者、偏頭痛患者。

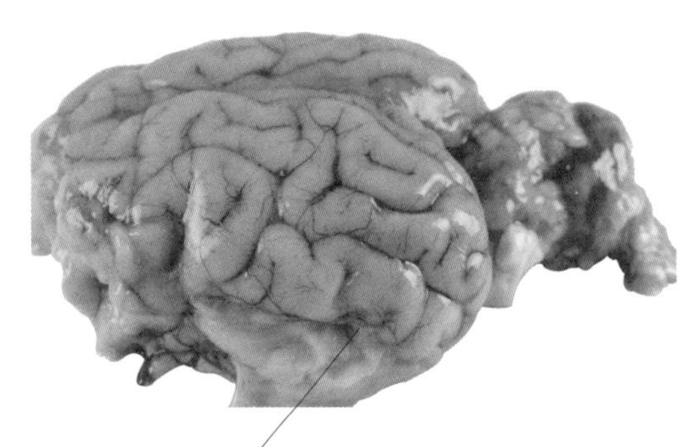

新鮮豬腦顏色粉紅透白，不見血水，無雜質。製作豬腦時將其泡在冷水中，用鑷子挑去筋膜和血絲，否則會很腥，且口感不好。

養生妙方

天麻豬腦羹：將1個豬腦、10克天麻放入鍋中，加適量清水，小火燉煮約1小時，至湯稠，撈去藥渣，飲湯食腦。本方平肝熄風、定驚止痛，可輔助治療偏頭痛。

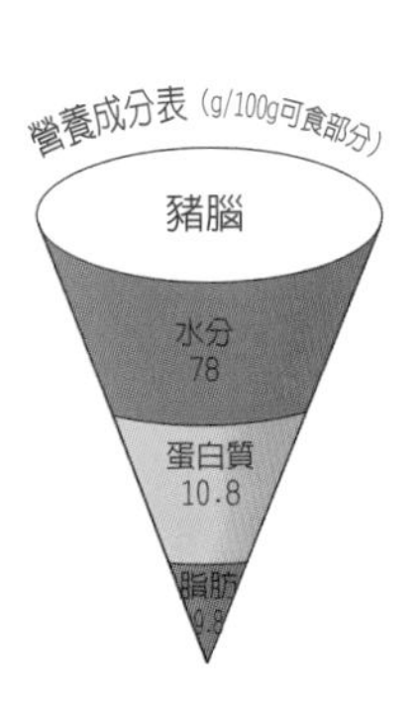

豬心
pig hearts

安神定驚、養心補血的養生食材

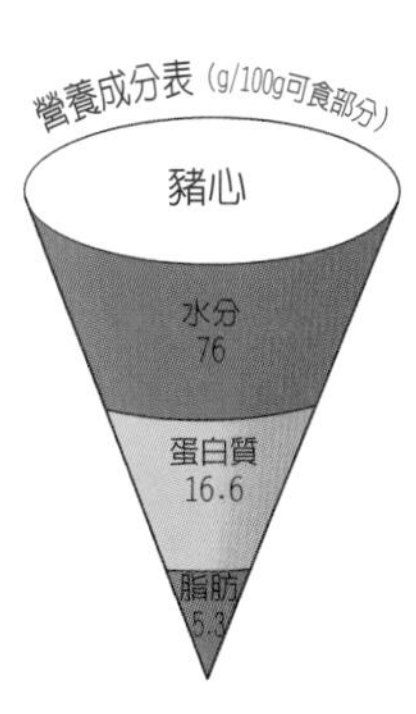

豬心營養豐富，素來被用作安神定驚、養心補血的養生食材。豬心含有蛋白質、脂肪、維生素B1、維生素B2、維生素C、菸鹼酸以及鈣、磷、鐵等營養素，食用豬心雖然不能完全防止心臟器質性病變，但卻可以供給心肌營養、增強心肌收縮力，對於功能性或神經性心臟疾病的痊癒有非常重要的改善作用。豬心常用來改善精神分裂症、精神恍惚、心悸、心虛失眠、夜寐多夢、多汗、盜汗等症。

新鮮豬心呈紅色，脂肪呈乳白色或微紅色；不新鮮豬心呈紅褐色，脂肪暗紅。

新鮮豬心擠壓有鮮紅血液或血塊排出，血不凝固；不新鮮豬心擠壓不出血液。

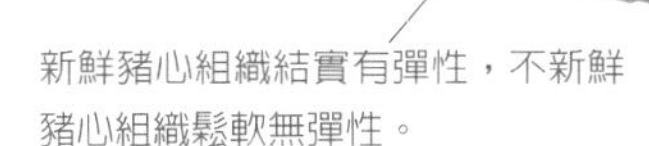
新鮮豬心組織結實有彈性，不新鮮豬心組織鬆軟無彈性。

飲食禁忌

高膽固醇者忌食。

清洗方法

將豬心放在麵粉中輕輕「滾」一下，放置1小時後清洗，再烹炒，其味道純正。

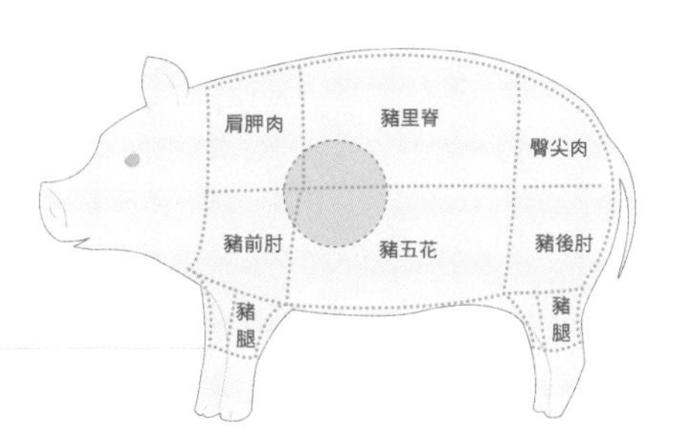

安神豬心湯

美食

▶ 養心安神，補血益智

材料：

豬心1個，桂圓適量，紅棗若干顆，鹽、雞精、蔥段、薑絲、香油等各適量。

做法：

1.將豬心一切為二，擠出血水，沖洗乾淨。

2.紅棗泡發洗淨，桂圓去皮去核。

3.燉鍋置上，加入清湯燒開，放入蔥段、薑絲、桂圓、紅棗及豬心燉1小時，加入鹽、雞精，調勻即可。

功效：

桂圓含有豐富的葡萄糖、蔗糖及蛋白質，含鐵量也較高，在提高熱能、補充營養的同時，又能促進血紅蛋白再生以補血，有鎮靜作用，對神經性心悸有一定的療效。桂圓與豬心配合食用，有養心安神、補血益智的功效。

豬舌頭

pig tongue

為人體補充礦物質鉀

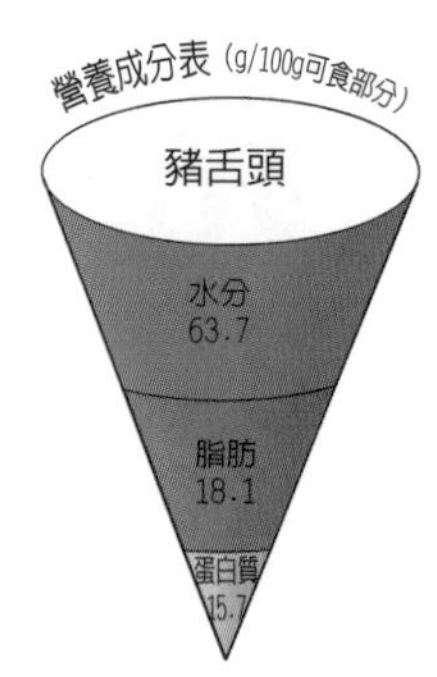

豬舌頭，又稱口條、招財。

豬舌頭肉質堅實，無骨，無筋膜、韌帶，熟後無纖維質感，深受人們喜歡。豬舌頭不僅含有豐富的蛋白質、維生素A、菸鹼酸等，還含有較多的鉀、鐵、硒等礦物質。鉀可以幫助將人體內的鈉排出體外，具有抑制血壓上升的功能，還能調整心臟功能與肌肉功能，而食用豬舌可以幫助補充人體內的鉀。此外，豬舌頭性平，味甘、鹹，具有滋陰潤燥的功效。

飲食禁忌

豬舌頭含有高膽固醇，凡膽固醇偏高患者不宜食用豬舌頭。

清洗方法

將豬舌頭在鹼水中反覆搓洗，沖洗乾淨，然後放入鍋中焯水；將焯過水的豬舌頭上的白苔刮乾淨。

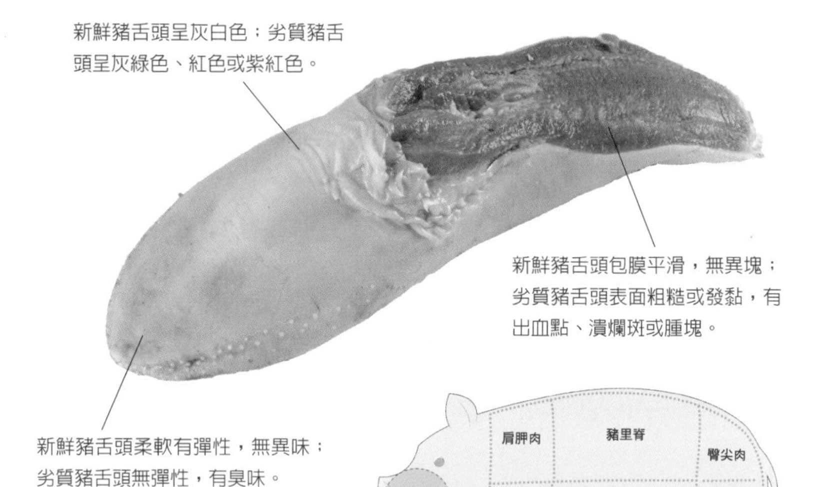

新鮮豬舌頭呈灰白色；劣質豬舌頭呈灰綠色、紅色或紫紅色。
新鮮豬舌頭包膜平滑，無異塊；劣質豬舌頭表面粗糙或發黏，有出血點、潰爛斑或腫塊。
新鮮豬舌頭柔軟有彈性，無異味；劣質豬舌頭無彈性，有臭味。
肩胛肉
豬里脊
臀尖肉
豬前肘
豬五花
豬後肘
豬腿
豬腿

冬筍豬舌

美食

▶ 改善酸性體質

材料：

豬舌1個，冬筍300克，鹽、雞精、料酒、醬油、澱粉等各適量。

做法：

1.冬筍去皮，洗淨，煮熟，切薄片；澱粉勾兑成汁。
2.豬舌洗淨，放開水中焯去白膜，撈出切片。
3.油鍋置上燒熱，放入冬筍翻炒數下，鏟出。
4.油鍋重新置上燒熱，放入豬舌翻炒數下，加入料酒、醬油、鹽、雞精繼續翻炒2分鐘，加入冬筍，淋入芡汁，炒勻即可。

功效：

竹筍屬於低脂肪、高營養的綠色蔬菜，含有蛋白質、膳食纖維、維生素B群、維生素E及鉀、鈣等多種營養素，是重要的鹼性食物。竹筍與豬舌頭搭配食用可以改善酸性體質，提高人體的抗病能力。

豬耳朵

pig ear

補虛健脾，美容除皺

豬耳朵含有膠原蛋白、脂肪、醣類、維生素A及鈣、磷、鐵等營養素，具有補虛損、健脾胃的功效，適宜氣血虛損、身體瘦弱者食用。此外，還具有軟化血管、抗凝血的功效，可改善造血功能、加速皮膚損傷癒合及保健美容的作用，經常食用對於改善皮膚粗糙、去除皺紋有很大的幫助。

豬耳朵不僅營養豐富，口感更是深受人們喜愛。豬耳朵吃到口中又柔韌又香脆，味道鮮香不膩，經常被做成滷豬耳來食用。

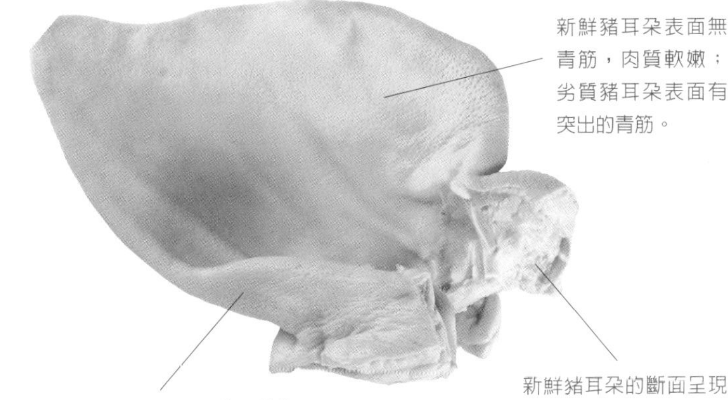

新鮮豬耳朵表面無青筋，肉質軟嫩；劣質豬耳朵表面有突出的青筋。

盡量挑選小片的豬耳朵，裏面的軟骨比較細薄，嚼感適中。

新鮮豬耳朵的斷面呈現粉紅色，不發黑發紫。

處理妙招

焯豬耳朵時需先將水燒開，放入豬耳朵焯約10分鐘，豬耳朵遇熱肉質收緊，成品口感發脆。

清洗方法

用鑷子將豬耳朵表面、耳膜、斷面的毛全部去除乾淨，放入加有鹽和陳醋的水中反覆搓洗，最後沖洗乾淨。

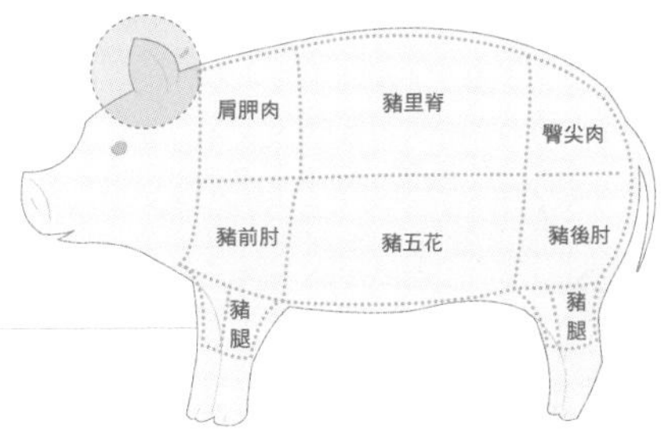

鮮魷脆耳

美食

▶ 補虛潤膚，緩解腦疲勞

材料：

魷魚、豬耳朵各適量，鹽、料酒、八角、桂皮、薑片、醬油、花椒各適量。

做法：

1.魷魚泡發，洗淨；豬耳處理乾淨。

2.將適量的水倒入鍋中，接著將鹽、料酒、八角、桂皮、薑片、醬油、花椒放入鍋中燒開。

3.將豬耳和魷魚倒入鍋中，小火燉煮至爛熟入味。

4.關火，將魷魚和豬耳朵撈出，將魷魚和豬耳朵捲在一起，放在冰箱裏冷凍一晚。

5.將製好的鮮魷脆耳切成薄片，即可裝盤食用。

功效：

本道美食除富含蛋白質，硒、碘、錳、銅等微量元素的含量也尤為豐富，可有效緩解腦疲勞，還具有補虛潤膚、滋陰養胃的作用，適於腦力工作者和生長期兒童、青少年。

豬蹄

pettitoes

香嫩豬蹄，媲美於熊掌的美味佳肴

豬蹄中的脂肪含量較一般豬肉來說少很多，且含有非常豐富的膠原蛋白，具有增加肌膚彈性、促進生長發育、延緩衰老的功效，非常適合愛美女性、青少年以及老年人食用。又因豬蹄口感香滑富有彈性，因此人們將之稱爲「媲美於熊掌的美味佳肴」。豬蹄常常被做成滷味，可謂一道不錯的下酒菜，由於其突出的滋補功效，也常常被做成湯品來食用。

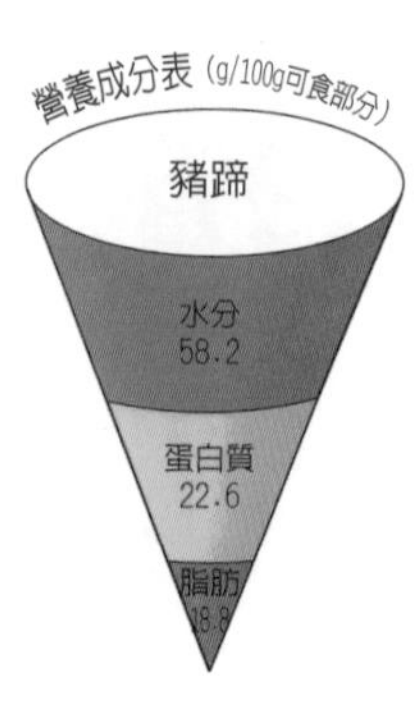

飲食禁忌

慢性肝炎、膽囊炎、膽結石等症患者最好不要食用豬蹄。

保存方法

不烹飪的豬蹄最好裝在保鮮袋中放入冰箱冷凍保存，烹飪時可以用微波爐解凍，或是直接用開水煮。

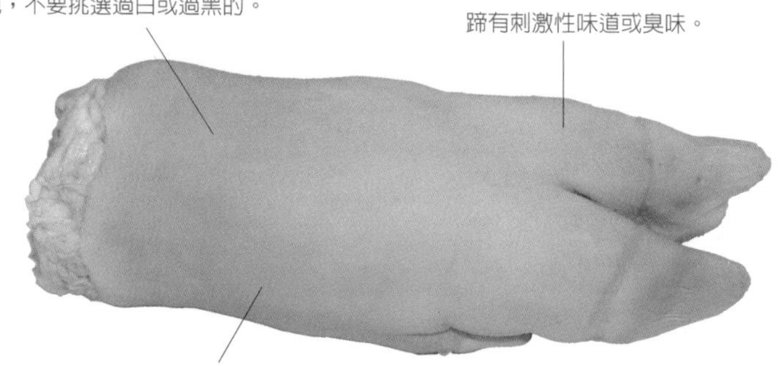

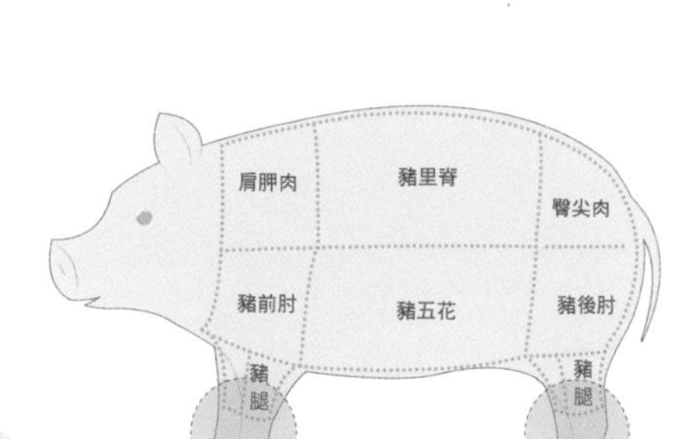

膠原蛋白——令肌膚持久保持水潤亮澤

膠原蛋白是一種由生物大分子組成的膠類物質，是構成人體肌腱、韌帶及結締組織最主要的蛋白質成分，占人體蛋白質含量的三分之一。

膠原蛋白的三大功效：

1.美容養顏。膠原蛋白可以促進皮膚細胞吸收和貯存水分，從而防止皮膚乾澀起皺。

2.加速新陳代謝，延緩衰老，適合重病恢復期的老人。

3.催乳作用，非常適合哺乳期的女性食用。

針對症狀

骨質疏鬆 ▶ 咖哩黃豆燉豬蹄 P55

發育遲緩　皮膚粗糙

指甲乾燥　乳汁不足

四肢疲乏　神經衰弱

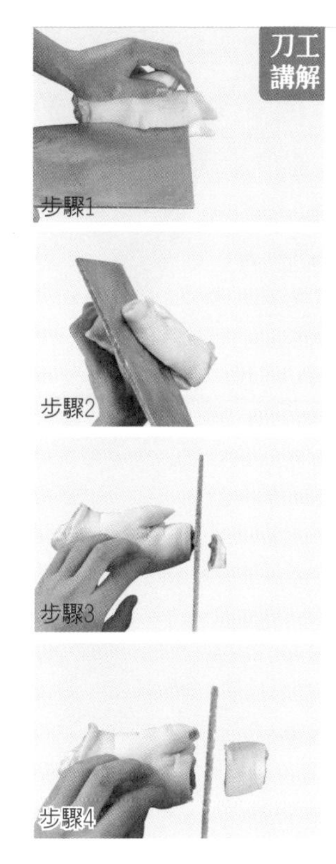

咖哩黃豆燉豬蹄

操作步驟

步驟1
將豬蹄橫切開

步驟2
將豬蹄一分為二

步驟3
剁去豬蹄尖

步驟4
將豬蹄切成段

材料：

豬蹄1隻，泡發黃豆1碗，咖哩、鹽、雞精各適量。

做法：

1.豬蹄剁塊洗淨。
2.砂鍋中倒適量清水，放入豬蹄，煮開，去浮沫。
3.加入黃豆和薑片，燉1小時。
4.用筷子戳一下豬蹄，若能戳破皮肉則表示熟爛。
5.加入咖哩、鹽，加蓋燉10分鐘，大火煮至湯汁濃稠，最後調入少許雞精即可。

豬蹄加黃豆，加倍強壯骨骼

黃豆中富含豐富的鈣質，因此具有強壯骨骼的功效，經常食用有助於防治骨質疏鬆；而豬蹄對於緩解四肢疲乏、腿部抽筋和麻木等症有著顯著的效果。豬蹄與黃豆搭配食用，強壯骨骼的功效便會大大增強，可促進青少年的生長發育、減緩中老年人骨質疏鬆的速度，對於腿腳軟弱無力者同樣有幫助。

此外，咖哩黃豆燉豬蹄還適於哺乳期女性食用。哺乳期女性如果鈣攝取不足，極易出現腰腿痠痛、腿腳抽筋等症狀。牛奶、蝦皮、海帶、紫菜、黑木耳、黑芝麻、雞蛋等食物的鈣含量也非常豐富，有強壯骨骼的功效。

魔法的飲食搭配

改善乳汁不足的關鍵

產後女性若出現乳汁不足，就可以多食用促進乳汁分泌的食物，如含有優質蛋白質的瘦肉、魚、蛋、奶類食物。

此外，由於產婦容易出現腰痠腿痛、肌肉痙攣等現象，可以多食用富含鈣、鉀的海帶等食物。而豬蹄與海帶搭配食用更是有催乳與補鈣的雙重功效。

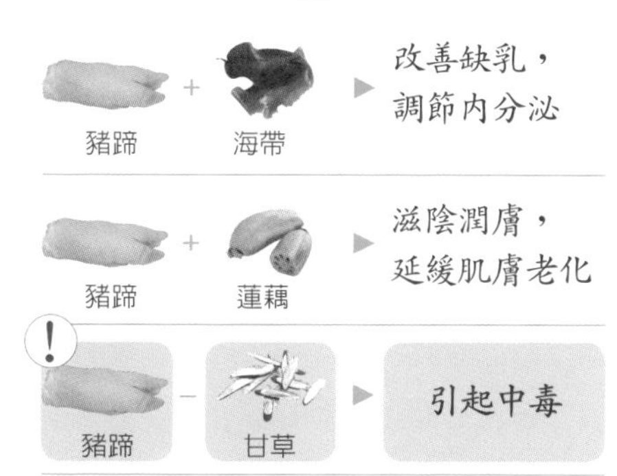

豬皮

pig skin

常食可延緩衰老和抗癌

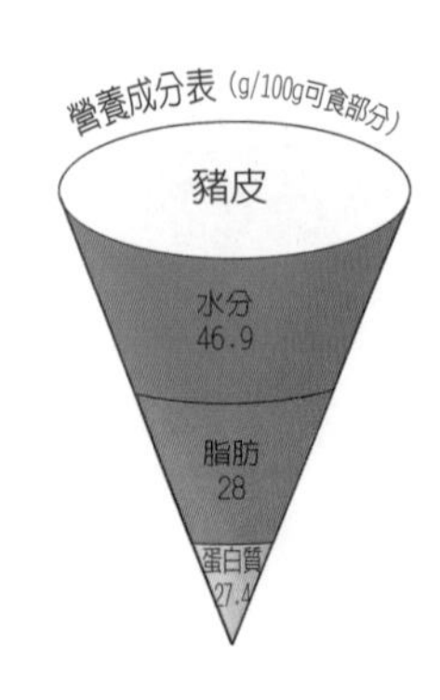

豬皮營養價值很高，其蛋白質與碳水化合物的含量高達豬肉的數倍，而脂肪含量卻只有豬肉的一半，對人的皮膚、筋腱、骨骼、毛髮等器官組織有重要的生理保健作用。值得一提的是，豬皮中含有大量的膠原蛋白和彈力蛋白，能減慢機體細胞老化，美容養顏。

豬皮既可做成菜品食用，也是皮凍、火腿等肉製品的重要原料，深受人們喜歡。

飲食禁忌

肝病、動脈硬化、高血壓患者應少食或不食。

保存方法

如果新買的豬皮當日不用，則應放進0℃～4℃的冰箱中冷藏，保存時間不超過3週。

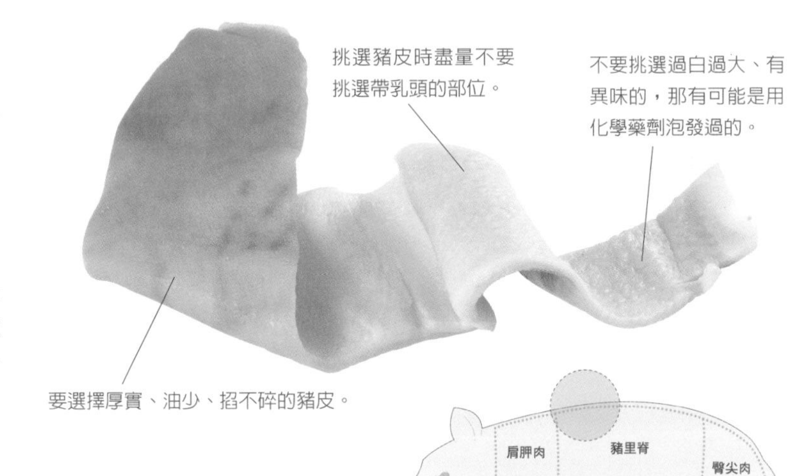

挑選豬皮時盡量不要挑選帶乳頭的部位。
不要挑選過白過大、有異味的，那有可能是用化學藥劑泡發過的。
要選擇厚實、油少、掐不碎的豬皮。
肩胛肉
豬里脊
臀尖肉
豬前肘
豬五花
豬後肘
豬腿
豬腿

紅燒豬皮

美食

▶ 抗衰老、美容，提高機體免疫力

材料：

豬皮200克，香菇100克，紅辣椒若干，鹽、雞精、醬油、白糖、料酒、澱粉、蔥、薑末各適量。

做法：

1.豬皮洗淨，放涼水裏泡透，撈出切塊。

2.香菇洗淨切塊，紅辣椒去籽去蒂並洗淨切絲，澱粉勾兑成汁。

3.鍋放清水燒熱，加入豬皮，改小火燉，直至豬皮熟而湯汁入味。

4.油鍋燒熱，放蔥薑爆香，加豬皮翻炒數下，加入煮豬皮的清湯、鹽、雞精、醬油、白糖、料酒、香菇、辣椒絲等翻炒均勻。將出鍋時淋入芡汁，收汁後即可裝盤。

功效：

香菇的萃取物具有延緩衰老的功效，其所含的多醣體可以提高免疫功能。香菇和豬皮搭配既可抗衰美容，又可提高免疫力。

豬肺

pig lung

治療肺虛咳嗽，常人不必多食

豬肺味甘，性微寒，具有補肺、潤燥、補虛、止咳、止血等多種功效，可用於治療肺虛咳嗽、久咳等症。由豬肺做成湯最爲鮮香，但常人不必多食。很多人嫌豬肺髒而不願吃，其實只要將豬肺管套在水龍頭上，充滿水後再倒出，反覆幾次直到其呈白色，便可將豬肺沖洗乾淨。

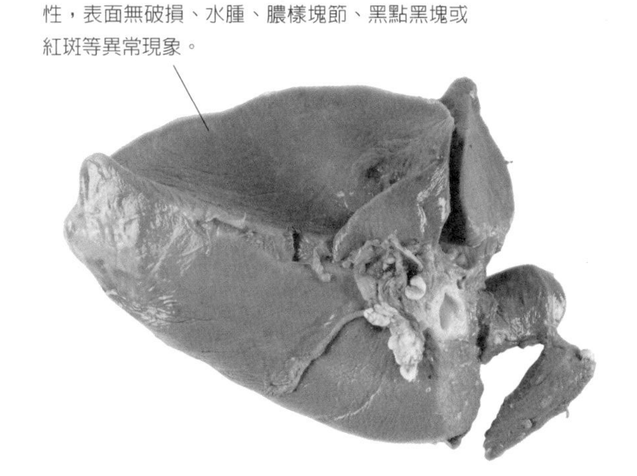

新鮮的豬肺顏色呈均勻的粉紅色，飽滿而富有彈性，表面無破損、水腫、膿樣塊節、黑點黑塊或紅斑等異常現象。

養生妙方

薏仁豬肺湯：將豬肺洗淨血水，與100克薏仁共煮湯，煮熟後即可，分作數次空腹食用。本方可治痰濃氣臭、喘咳氣促。

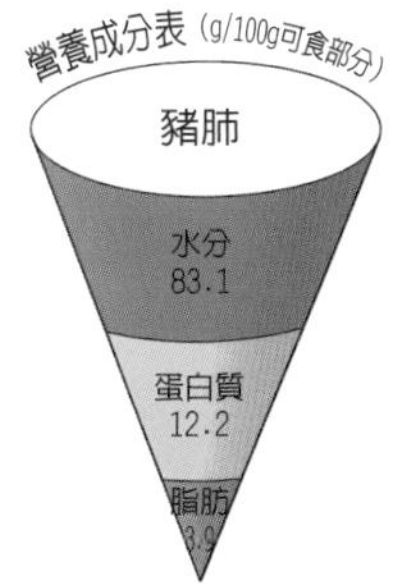

豬尾巴

pig tail

補陰益髓，美容豐胸

豬尾巴，由皮質和骨節組成，大多是採取燒、滷、醬、涼拌等烹飪方式。豬尾與尾椎骨搭配熬成湯，具有補陰益髓的功效。處於生長發育期的青少年食用，可促進骨骼發育；中老年人食用則可延緩骨質老化，改善腰痠背痛，預防骨質疏鬆。此外，豬尾巴含有豐富的膠質，因此具有很好的美容和豐胸的功效。

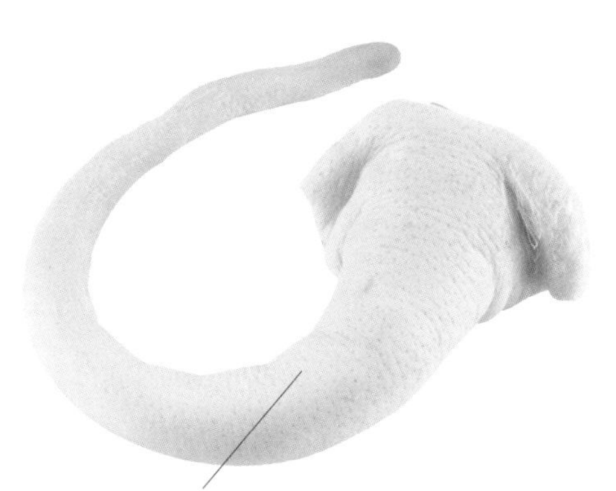

購買豬尾巴時應挑選顏色呈均勻的粉紅色，表面無破損等異常，氣味正常。挑選較為粗壯的，從切面可以看到肉質較厚的。

養生妙方

栗米胡蘿蔔煲豬尾：一段豬尾骨、一根胡蘿蔔、數枚紅棗和適量玉米須、玉米一起放入鍋中，燒開後改小火，2～3小時後放鹽和雞精。此方可益脾和胃、潤燥解乏。

牛肉類 beef

補中益氣、滋養脾胃、強健筋骨

牛里脊是脂肪含量少的健康肉，常食可提高機體的抗病能力。

牛肉營養豐富，具有低膽固醇、低脂肪、高蛋白的特點。

牛小排肉質結實，油脂分布均勻，烤製後香味四溢，充滿嚼勁。

牛腩瘦肉較多、脂肪較少、筋也較少，適宜紅燒或燉湯。

牛腱富含蛋白質，脂肪少，寒冬食用可暖胃。

牛肝富含的鐵可抗疲勞，預防和改善缺鐵性貧血。

牛百葉具有補益脾胃的功效，適合脾胃薄弱之人食用。

牛肺具有補肺止咳的作用，適合治療肺虛咳嗽。

Method

牛肉 牛肉各部位適合的烹飪法

牛里脊

牛里脊可以分成上、下兩部分，上部分的肉質細嫩，富含油花。上部分的肉又可以分成兩種：上後腰里肌肉——肉質細嫩，適合做牛排肉、燒烤肉和炒肉；上後腰嫩蓋仔肉——這是口感最嫩的牛肉之一，適合做上等牛排肉和燒烤肉。

牛五花

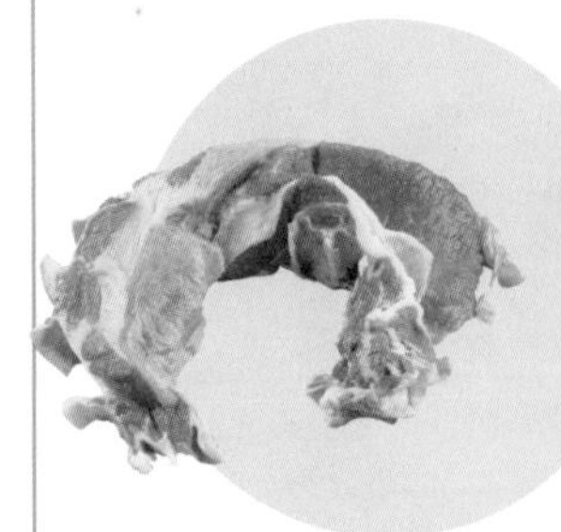

牛五花也稱牛肋條，是牛肋骨之間的條狀肉。牛肋條的油花多，在烹飪受熱後，油花會和肉質融為一體，所以做出來的菜，汁鮮味美、入口即化。

牛腩

牛腩是牛肋下方腹部上的肉，呈橢圓形狀，肉塊扁平，在牛的腰窩靠接大腿的部位。牛腩的肉質纖維比較粗，肉中的脂肪含量比較少，不需要切修，它是牛肉料理中經常使用的材料之一，適合用來紅燒、燉煮。

牛腱

牛腱分花腱和腱子心。腱子心的肉部位較小，燉煮後比較好吃。因為腱子肉是牛的前後小腿去骨後剩下來的肉塊，是牛身上經常活動的部位，筋紋呈花狀，富含膠質，帶筋而且脂肪比較少。所以，這個部位的肉的口感既有嚼勁，又多汁，適合長時間紅燒或者燉煮。

牛肩肉

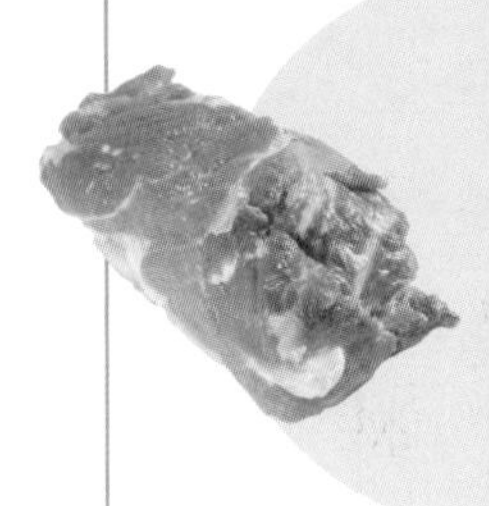

牛的肩胛部位經常運動，肌肉發達，筋多，肉質比較堅實。牛的肩胛部可以分為：嫩肩里肌（板腱）——附著在肩甲骨上的肉，多油花而且肉質嫩，適合做牛排、燒烤和火鍋牛肉片；翼板肉——有許多細筋、口感筋道、油花多、嫩度適中、口感獨特，適合做牛排、燒烤和火鍋牛肉片。

牛蹄筋

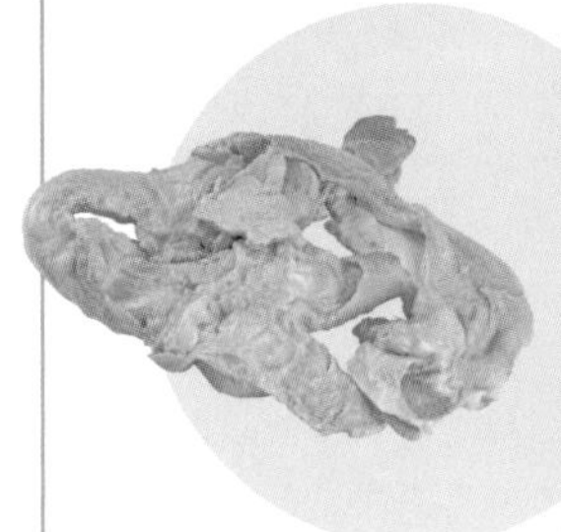

牛蹄筋分雙管牛筋和單管牛筋，在購買時可以選擇比較寬的牛筋，因為牛筋很硬，所以使用壓力鍋來烹製會比較方便省事。如果選擇牛筋紅燒或者燉煮，時間一定要久一些，這樣才能讓牛筋變得軟爛。

Method

牛肉

牛肉六大烹飪方式的秘訣

炒…動作快速利落

在烹飪牛肉、牛雜時，炒是最常見的方式。一般先把牛肉或者牛雜切成丁、絲、片、條等形式。在炒的時候，要先起油鍋，動作一定要利落。炒出來的食材，一般具有脆、滑、嫩的特點。

涼拌…切片切絲拌勻

把生的或者熟的食材切成塊、片、絲狀，加入調味料混合拌勻即可食用，做法很簡單，清爽是其主要特色。滷、煮或者烤過的牛蹄筋、牛腱、牛肉片、牛肚等，都可以用來做涼拌菜。

煎…醃過再煎

鍋內加少許油，利用油的熱度讓食材的表面慢慢變成黃色，並且變得酥脆。煎能夠突出食材的鮮嫩口感，例如核桃牛肉。在煎的時候要注意，食材大多需要先醃，在煎的過程中不再調味，鍋中的調味汁或者食用時候使用的蘸醬，都要在煎完以後才進行。煎的食材如果需要掛糊上漿，那麼要即蘸即煎，以免脫落，也可以確保外皮脆酥。一般來說，要用文火煎，煎的時候可以翻面，但是不翻炒。

滷…煮熟後再滷

牛肉、牛雜在滷過以後，不僅有一種獨特的滷汁香，還可以延長食用的時間。滷煮後的菜品，冷熱皆可食用。滷食材最好先用水煮熟，如果直接生滷的話，等到滷汁入味時，食材就會變得太鹹或者顏色太深。在滷製的時候，滷料和滷汁要混合在一起，用文火煮沸。關火之後，要讓食材在滷汁中浸泡一段時間，這樣才能入味。

蒸…水開後再蒸

因為在水蒸氣中，紅外線非常少，所以食物不會上色，原油、原味不會損失太多，能夠保留食物的精華，例如粉蒸牛肉、蒸牛肉捲等等。蒸又分為清蒸、粉蒸等方式，適用的食材很廣泛，通常來說，肉類需要等水沸後再放進去蒸，這樣肉的口感才會又緊又嫩。

炸…滑油保風味

為了吃出肉類原味，尤其是薄片的食材，例如肉絲、肉片、肉塊，在大多數情況下都不用來炸，但是會經過一道稱為「滑油」的過程。在油鍋中加入適量油，燒至120°C左右，然後將醃過的或者裹上了薄粉的肉片放入鍋中大約30秒，等到起油煙後撈起。滑油的目的和過油是一樣的，可以讓食材的表面形成一層薄膜，鎖住其中的水分和調料，從而保留原味、維持形狀，在食用的時候口感也更嫩滑。

牛里脊

beef tenderloin

富含優質蛋白，可增強人體免疫力

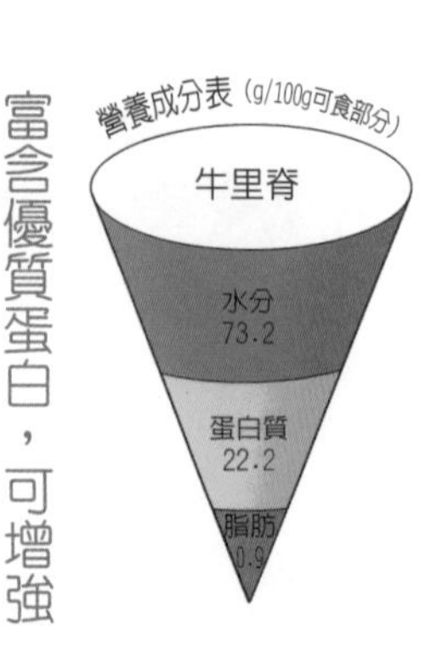

牛里脊，又稱沙朗、菲力，是牛背部的瘦肉。牛里脊的主要營養成分為蛋白質、脂肪、維生素B群、鐵、鋅等。牛里脊屬於脂肪含量較少的健康肉，是牛肉中蛋白質含量較多的部位，而且胺基酸組成相當接近人體肌肉，因此吸收率極高。常食牛肉可以增強抗病能力，對生長發育及術後調養的人特別有利。此外，牛肉富含的鋅可促進白血球的生長，具有增強人體免疫力、預防癌症的功效。

飲食禁忌

腎炎、過敏、濕疹、瘡瘍及腫毒病患者不宜多食。

保存方法

將牛肉切成適當大小，密封起來放入冰箱冷凍，防止其脫水、氧化或結霜，建議3天內吃完。

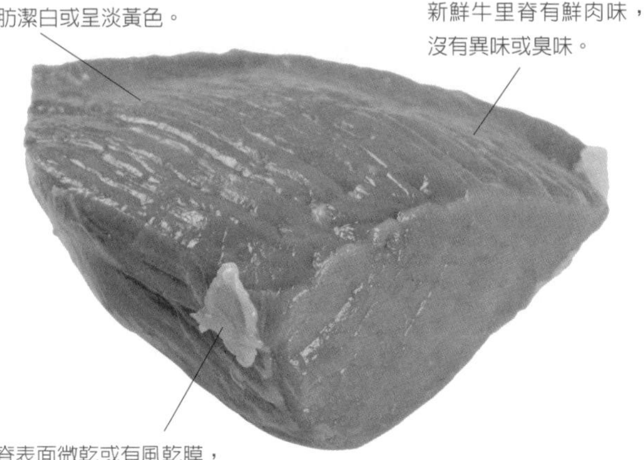

新鮮牛里脊顏色呈均勻的紅色，有光澤；脂肪潔白或呈淡黃色。

新鮮牛里脊有鮮肉味，沒有異味或臭味。

新鮮牛里脊表面微乾或有風乾膜，不黏手，有彈性，按壓後能恢復。

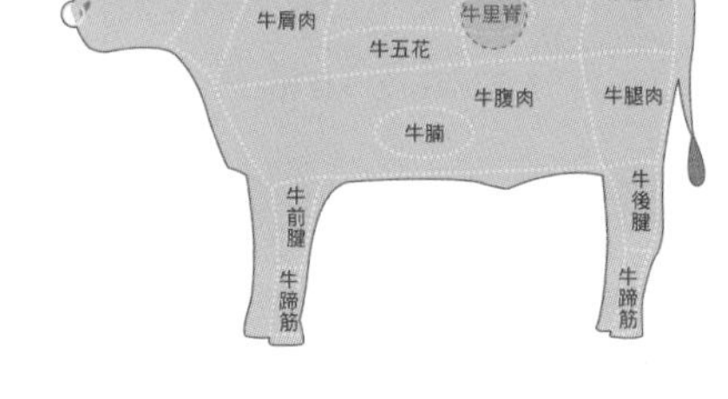

外食族和過度減肥的人應及時補鋅

牛肉中富含的鋅是細胞或組織新陳代謝所不可欠缺的二十多種酵素的必須成分，也是讓細胞正常運作的主要成分，缺乏會出現味覺障礙。鋅還擔任著參與DNA和蛋白質合成的重要角色，能促進皮膚的新陳代謝、加速傷口癒合。此外，關於免疫功能方面，能預防感染。喜歡外食和過度減肥的人容易缺鋅，應多食牛肉。

除了牛肉外，生蠔、扇貝、青魚、內臟類、種子類食物富含鋅，應適量食用。

針對症狀

體質虛弱	▶ 青紅椒炒牛肉 P63
畏　寒	▶ 清燉蘿蔔牛肉 P64
身體疲乏	▶ 蔥爆牛肉 P64
貧　血	▶ 南瓜牛肉湯 P64

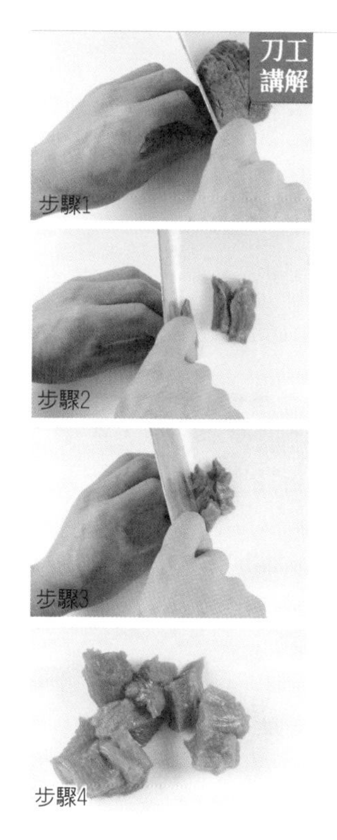

美食

操作步驟

步驟1
將牛里脊的筋切去

步驟2
切成粗條狀

步驟3
將粗條切成丁

步驟4
完成

青紅椒炒牛肉

材料：

牛肉300克，青椒、紅椒各3個，豆豉醬、鹽、胡椒粉、食用油各適量。

做法：

1.青椒、紅椒洗淨，切成菱形塊；牛肉切塊。

2.將適量油倒入鍋中，燒熱後放入牛肉煸炒至七分熟。

3.將青椒、紅椒放入鍋中煸炒，加入豆豉醬、鹽、胡椒粉，炒至青椒、紅椒熟後即可。

牛肉加富含維生素C的食物，多重營養的功效加倍

牛肉中富含多種營養物質，若與富含維生素C的食物搭配，可以使多重營養的功效加倍：

1. 牛肉中含有豐富的維生素B_2，只要補充維生素C與維生素E就能改善肌膚的血色，創造出有張力的肌膚。因此牛里脊加上富含維生素C、維生素E的植物油是美容肌膚的絕好搭配。除了美容肌膚，這個組合還具有維持人體毛髮、指甲健康的功能，同時還可預防動脈硬化。

2. 牛肉中的鐵質屬於血紅素鐵，比植物中所含的非血紅素鐵吸收效果佳，利用維生素C可以提高人體對其的吸收能力。

肉類在飲食中的死對頭

牛肉不適合的兩種吃法

1.菠菜牛肉湯

菠菜中富含的銅是製造紅血球的重要物質，對於脂肪代謝也有一定的幫助。菠菜若與富含鋅的牛里脊一同食用，便會降低人體對銅的吸收利用。

2.牛肉燉馬鈴薯

很多人喜歡吃牛肉燉馬鈴薯，其實消化不良患者或腸胃虛弱的人不適合食用牛肉燉馬鈴薯，因為牛肉富含蛋白質，馬鈴薯富含澱粉，二者同食後在胃中消化時間較長，易造成腸胃不適。

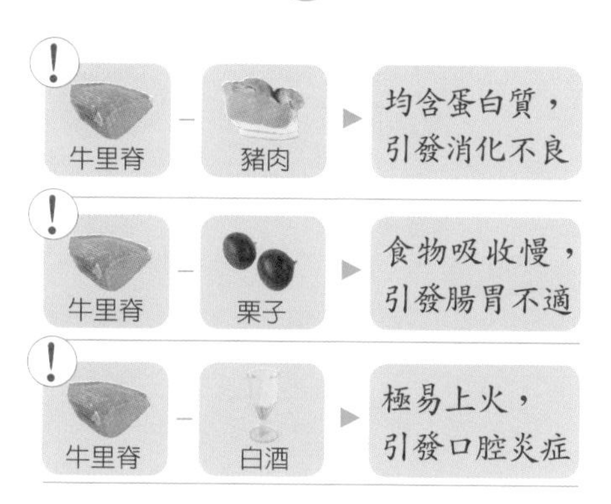

美食

清燉蘿蔔牛肉

促進消化，驅寒暖體

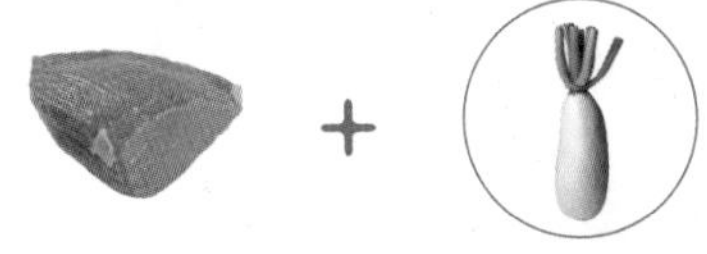

牛里脊　　白蘿蔔

膳食功效

白蘿蔔具有促進消化的作用，還可消除牛肉中脂肪在體內的囤積，二者同時食用還可驅寒暖體。

材料：

牛里脊500克，白蘿蔔500克，料酒、鹽、蔥、薑適量。

做法：

1.將牛肉、蘿蔔切塊，待用。

2.開火，鍋中倒油，燒至六分熱，倒入牛肉煸炒，加入料酒，炒出香味，盛起待用。

3.砂鍋中加適量熱水，放蔥、薑、料酒燒沸，再將炒好的牛肉倒入砂鍋內，煮20分鐘，轉為小火燉至牛肉熟爛，加鹽調味。

4.放入白蘿蔔燉至入味即可出鍋。

蔥爆牛肉

消除疲勞，提高注意力

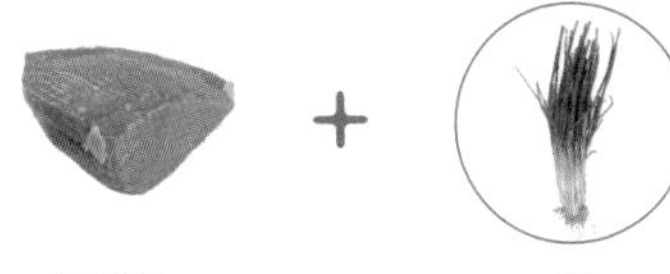

牛里脊　　蔥

膳食功效

蔥白中的蒜素與牛肉中富含的維生素 B_1 結合，可消除疲勞，提高注意力，還能美容肌膚。

材料：

牛里脊750克，蔥白120克，芝麻、薑末、蒜末、鹽、料酒、醬油、辣椒粉、油、米醋、芝麻油各適量。

做法：

1.牛肉切長條，蔥白切成滾刀片。

2.牛肉放碗中，加芝麻，蒜末、薑末、醬油、辣椒粉、料酒攪拌均勻，醃20分鐘。

3.鍋中放油，燒至八分熱時，放牛肉片、蔥白炒熟，放蒜末、米醋、鹽炒勻，淋芝麻油，即可裝盤。

南瓜牛肉湯

補益氣血，有效預防糖尿病

牛里脊　　南瓜

膳食功效

南瓜富含南瓜多醣體、維生素等，可補中益氣、降糖止渴。二者搭配可補益氣血，有效預防糖尿病。

材料：

牛里脊100克，南瓜300克，鹽、雞精、醬油、薑、蔥、胡椒粉各適量。

做法：

1.南瓜去皮去瓤並洗淨切塊，薑洗淨切片，蔥洗淨切碎。

2.牛肉洗淨切片，放入開水中焯熟，撈出瀝乾，用少許鹽醃至入味。

3.砂鍋置上燒熱，放入南瓜及調味料煮半小時，放入牛肉煮20分鐘，加入雞精，撒上蔥花即可。

肥牛

Fat beef slices

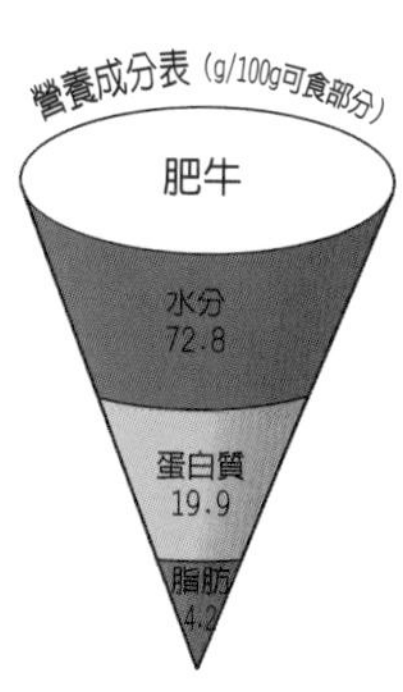

低膽固醇、低脂肪、高蛋白

肥牛並不是指牛的品種名稱，也不是牛的某個部位，而是指牛肉經過熟成處理後，經專用機器刨成薄片，用於涮火鍋的一種肉類。取自上腦、眼肉、外脊三處製成的肥牛皆爲上品。

肥牛不僅口感美味，營養也非常豐富，含有蛋白質、維生素B群、葉酸、鐵、鋅、鈣等多種營養素，具有低膽固醇、低脂肪、高蛋白的特點。食用肥牛時最好搭配新鮮的蔬菜，可使營養更加均衡，更易於吸收。

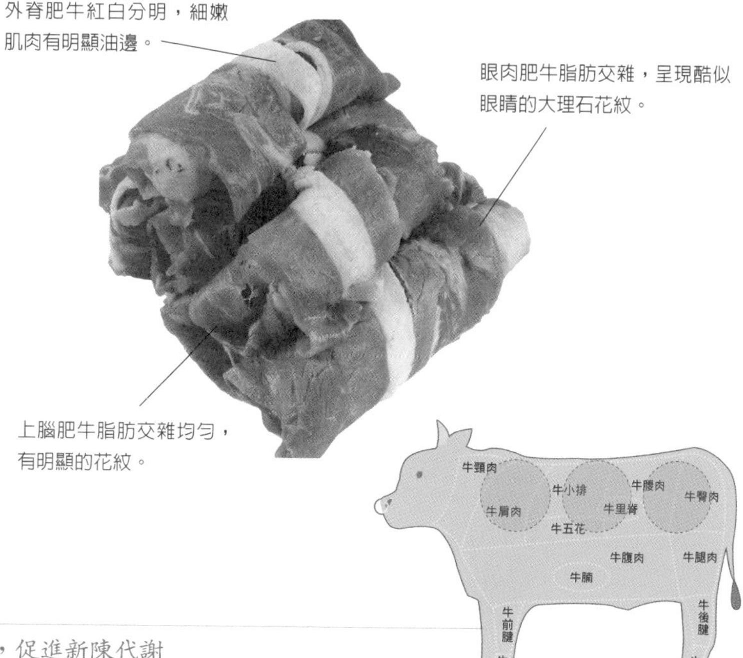

飲食禁忌

吃火鍋時不要先吃肉，而要先喝小半杯新鮮果汁，然後吃蔬菜，最後吃肉，這樣能減輕胃腸負擔。

保存方法

用保鮮膜密封好放入冰箱冰凍室保存數月，及早食用以免不新鮮。

酸辣肥牛

美食

▶ 強身健體，促進新陳代謝

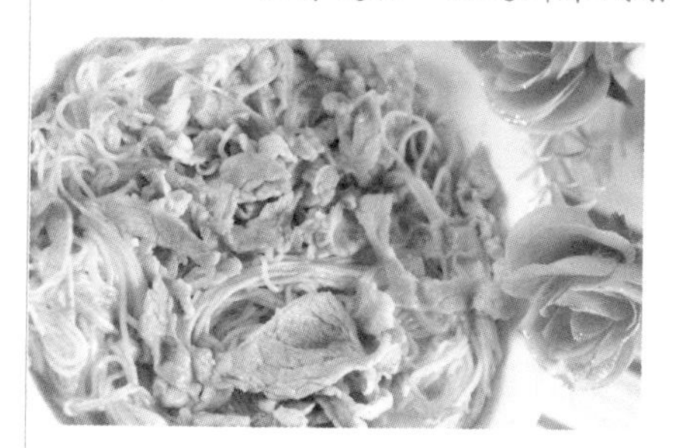

材料：

肥牛250克，金針菇一把，粉絲1小把，薑末、蔥花、蒜末、乾辣椒、豆豉、醬油、醋、料酒、糖、鹽各適量。

做法：

1.乾辣椒切段，粉絲入水泡發，豆豉剁碎。

2.將適量的油倒入鍋中，燒熱後放入金針菇，炒熟即可盛出，擺入盤中。

3.鍋底續油，燒熱後放豆豉、薑末、蒜末、乾辣椒爆香，烹入料酒、醬油、醋、鹽、糖，然後放適量的水燒開。

4.將肥牛片和粉絲倒入鍋中，煮至肥牛變色，盛出盤中，撒入蔥花即可。

功效：

本道美食能有效地促進身體的新陳代謝，有利於人體對食物中各種營養素的吸收和利用，因此對生長發育的幫助很大。

牛小排

steak

西餐中的常客，口感焦脆有嚼勁

牛小排取自牛胸腔肋骨部位，第六根至第八根肋骨之間帶油筋的肉。牛小排肉質結實，油脂含量較高，分布均勻，因此經常採用碳燒或燒烤的烹飪方式，是西餐牛排中常見的食材之一。在烤製的過程中，牛小排的油脂遇熱會自動流出，香味四溢。烹調時通常採取橫切處理，食用時不宜太生，骨頭和肉類會不好分離；而全熟時骨頭部分會與肉片自然分離，使得牛小排口感焦脆又充滿嚼勁。

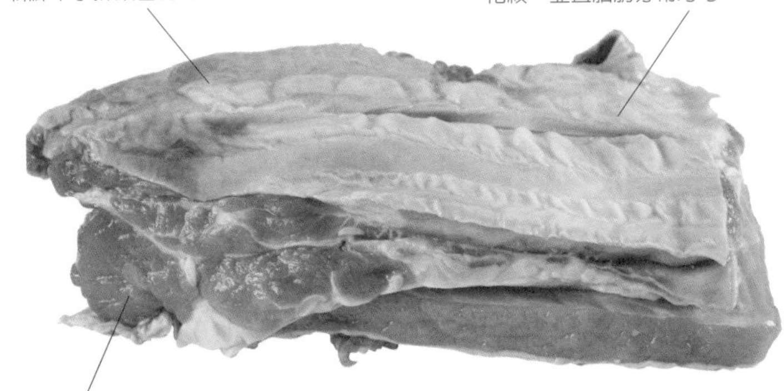

新鮮牛小排顏色呈現紅色，脂肪呈現粉白色。

新鮮牛小排肉質細膩，呈大理石花紋，並且脂肪分布均勻。

新鮮牛小排味道是天然的牛肉味道，沒有任何臭味、酸味等異味。

清洗妙招

可用紙巾抹乾解凍牛小排表面的汁液，避免用大量清水沖洗牛小排。

保存方法

於一般冰箱冷凍保存即可，解凍時將其放在冷藏室中自然解凍，可防止肉中水分流失。

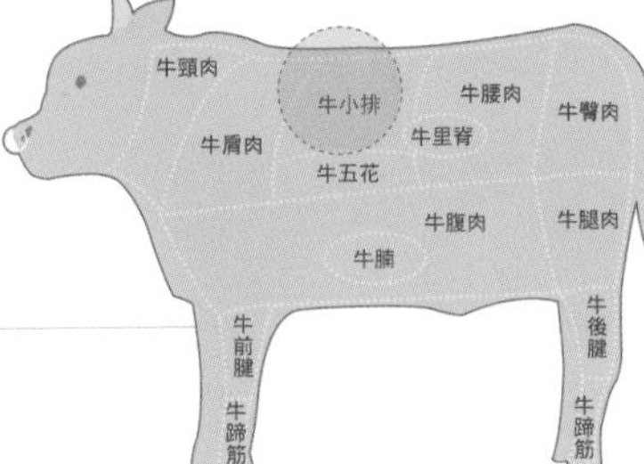

美食

黑胡椒牛排

▶ 降血糖，增強體質

材料：

牛小排500克，洋蔥半個，青椒、紅椒各一個，油、胡椒粉、糖、醬油、鹽、茄汁、蔥、黑胡椒各適量。

做法：

1.青椒、紅椒切塊；蔥切段；牛小排剁成小塊，放糖、醬油、鹽、茄汁、黑胡椒醃製20分鐘。

2.將適量的油放入耐熱盤中，接著將耐熱盤放入微波爐中高溫加熱2分鐘，再鋪上洋蔥，將醃好的牛小排放在上面，高溫加熱1分鐘。

3.將盤子取出，把牛小排翻一下面，放上青椒塊、紅椒塊和小蔥段再放入微波爐中加熱1分鐘。

4.將適量的胡椒粉撒在牛小排上，即可取出食用。

功效：

洋蔥有降低血糖的功效，因此牛肉和洋蔥搭配適合高血糖患者食用，既可降血糖，又可增強體質。

牛腩

beef brisket

帶有肉、筋和油花的牛肉的統稱

牛腩是對帶有肉、筋和油花的牛肉塊的一種統稱。牛身上許多部位的肉都可以稱爲牛腩，但以腹部靠近牛肋處的鬆軟肌肉爲佳。取自肋骨間的去骨條狀牛腩具有瘦肉較多、脂肪較少、筋也較少的特點，適宜紅燒或燉湯；取自牛里脊上層的牛腩具有肉多、油少、筋少的特點，適合燉湯。相比於其他部位的牛肉，牛腩的纖維較粗，但同樣具備牛肉增強體質、預防貧血等功效。

新鮮牛腩肉質紅色均勻，脂肪潔白或呈淡黃色。

新鮮牛腩層次清晰，略帶雪花。

新鮮牛腩彈性好，沒有異常氣味。

飲食禁忌

腎炎、過敏、濕疹、瘡瘍及腫毒病患者不宜多食。

烹飪妙招

燉牛腩時可加入八角等香料來去除腥膻味，同時還可增強食欲，但量不宜多，以免搶去牛腩味道。

牛頸肉 牛小排 牛腰肉 牛臀肉 牛肩肉 牛里脊 牛五花 牛腹肉 牛腿肉 牛腩 牛前腱 牛後腱 牛蹄筋 牛蹄筋

蕃茄燉牛腩

美食

▶ 補血養血，健胃消食

材料：

牛腩200克，蕃茄3～4個，蔥15克，蒜15克，鹽4克，醬油10克。

做法：

1.牛腩洗淨，切成小塊；蕃茄洗淨，切塊；蒜去皮搗成蒜蓉；蔥切花。

2.熱鍋下油，加入蒜蓉、醬油炒香，放入牛腩翻炒；再加入蕃茄繼續翻炒，蕃茄要炒碎，把汁液炒出來；然後加入適量清水，用中火燉20分鐘，加入鹽；收濃汁，加入蔥花即可出鍋。

功效：

蕃茄的酸味能促進胃液分泌，幫助消化蛋白質；其所含的檸檬酸及蘋果酸，能促進唾液和胃液分泌，助消化；所含的維生素C能結合細胞之間的關係，製造出膠原蛋白，可以強健血管。牛腱與蕃茄同食可補血養血，健胃消食。

牛腱 sinew

提高抵抗力的佳品

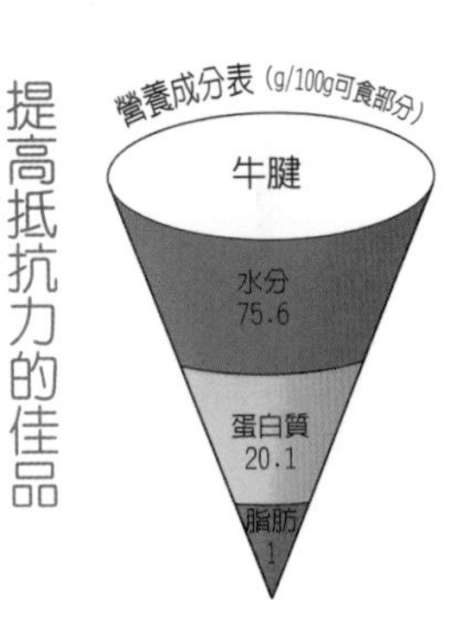

牛腱，是指牛腿部位割掉牛骨後剩下的肉類，外表呈長圓柱形，筋肉相連，橫切面呈花形。由於牛腱是牛經常運動的部位，因此脂肪含量少，含較多的瘦肉和膠質，屬於瘦牛肉。又因含很多連接組織，因此富有嚼勁。

牛腱富含蛋白質，但脂肪少，不會對血中膽固醇濃度造成負面影響。常食牛腱能提高抗病能力，在補血、修復組織等方面的功效尤爲突出。

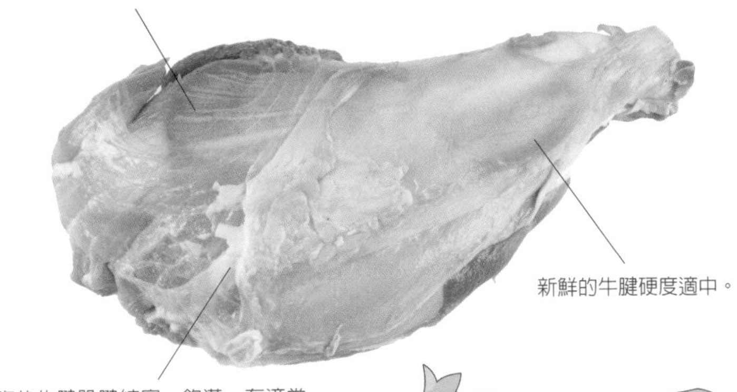

新鮮的牛腱完整成形，呈紅色，紋路規則。

新鮮的牛腱硬度適中。

好吃的牛腱肌腱結實、飽滿，有適當的肥肉，過瘦的口感不好。

烹飪妙招

牛腱不能煮得過於熟爛，剛熟時就應關火，否則切時會碎掉不成片。

保存方法

生牛腱用保鮮膜包緊後放入冰箱冷凍保存即可。

牛頸肉　牛小排　牛腰肉　牛臀肉　牛肩肉　牛里脊　牛五花　牛腹肉　牛腿肉　牛腩　牛前腱　牛後腱　牛蹄筋　牛蹄筋

豆苗炒牛肉絲

美食

▶ 富含優質蛋白，增強機體免疫力

材料：

牛腱200克，豌豆苗300克，蔥段、醬油、白糖、料酒、沙拉油、胡椒粉、薑末、蒜末、鹽、香油各適量。

做法：

1.豌豆苗洗淨，瀝水。

2.牛肉切絲，用醃料（醬油15克、白糖7克、料酒10克、沙拉油15克）浸泡15分鐘左右。

3.將鍋加熱，倒入沙拉油，以大火快炒牛肉絲，加入蔥段、薑末、蒜末、胡椒粉，待牛肉絲變色，即盛出備用。

4.把沙拉油倒入鍋中加熱，放入豆苗，以大火快炒，豆苗炒熟時即加入熟牛肉絲，用鹽調味，快速攪拌，滴上少量香油，即可盛盤。

功效：

豌豆苗和牛腱都富含人體所需的優質蛋白質，搭配食用可使功效加倍，提高抵抗力。

牛舌

ox tongue

補胃滋陽，各國料理的寵兒

牛舌，具有補胃滋陽的功效，近年來越來越受到人們的喜歡。牛舌表面有一封薄膜，烹飪前需要將牛舌煮較長時間，煮熟後將老皮剝掉之後才能繼續食用。西餐中使用牛舌較多，常水煮後與各類佳肴搭配上桌；歐洲人吃牛舌，燻醃燴燉都可以；韓國人熱衷於燒烤牛舌；日本則比較流行岩燒牛舌的料理方式。

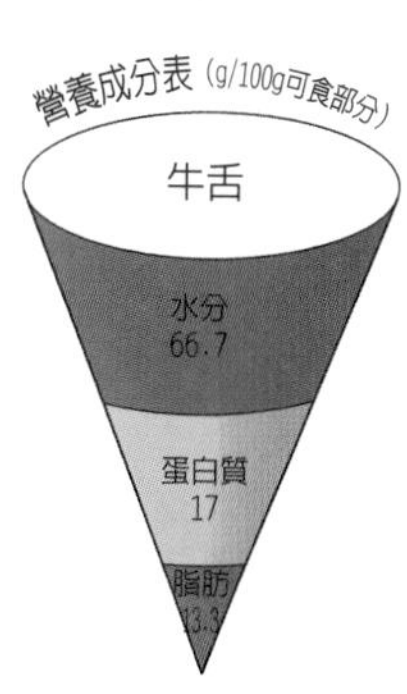

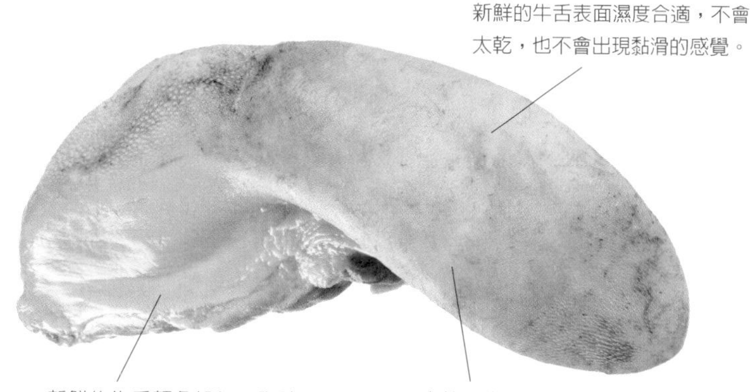

新鮮的牛舌表面濕度合適，不會太乾，也不會出現黏滑的感覺。

新鮮的牛舌顏色粉紅，脂肪呈現均勻的白色。

上等的牛舌用手指按壓彈性十足。

烹飪妙招

牛舌不可煮得過熟，過熟的牛舌改刀困難，容易片碎，成形不佳，以八分熟較合適。

保存方法

新鮮牛舌放入冷凍室可保存一段時間，熟的牛舌應盡早食用。

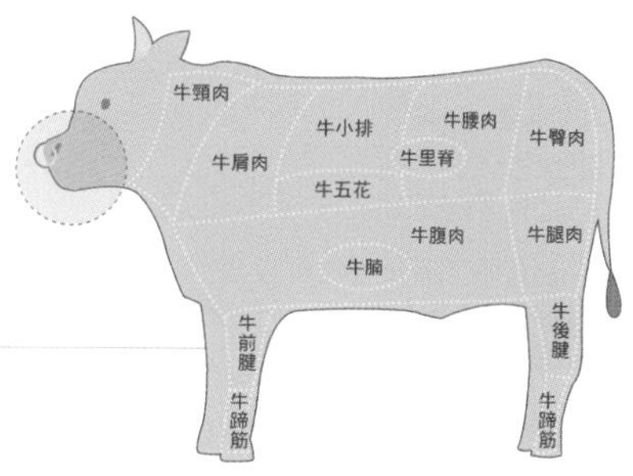

拌牛舌

美食

▶ 促進對鐵的吸收，預防貧血

材料：

熟牛舌150克，菠菜250克，蝦米25克，生薑、大蒜、鹽、胡椒粉、芝麻油、芝麻各適量。

做法：

1.將熟牛舌切成3公分長的薄片。

2.生薑洗淨，切末；大蒜洗淨，切末。

3.將切好的熟牛舌片整齊地排放在盤中。

4.菠菜洗淨，切段，倒入煮沸的開水中焯熟，再過涼水，瀝乾水分，加入蝦米攪拌均勻，放在牛舌的上面。

5.把生薑末、大蒜末、鹽、胡椒粉、芝麻油、焙好的芝麻調好，澆在牛舌上，吃時拌勻即可。

功效：

菠菜中含有豐富的鐵，只要搭配蛋白質就可提高鐵的吸收率。因此高蛋白的牛舌與菠菜搭配可促進人體對鐵的吸收，預防貧血。

牛肝

ox liver

營養成分表（g/100g可食部分）

牛肝

水分	68.7
蛋白質	19.8
脂肪	3.9

補肝、明目、養血的食療佳品

牛肝富含維生素，尤其是維生素A含量多於其他部位數千倍。維生素A是增強疾病抵抗力的重要營養素，具有增強免疫力、促進肌膚細胞再生的作用，可以保持皮膚彈性、減少皺紋，預防和治療青春痘，並可保護眼睛，預防近視和夜盲症。此外，牛肝中的鐵含量也尤爲豐富。鐵可以促進人體發育、抗疲勞，並能預防和改善缺鐵性貧血，改善膚色，使皮膚變得紅潤有光澤。

飲食禁忌

高血壓、高血脂症、動脈粥樣硬化等心腦血管疾病患者及痛風患者慎食。

烹飪妙招

牛肝切片後，放在牛奶中泡一下，可以去除異味。

新鮮的牛肝濕度適合，不新鮮的牛肝某部分摸上去較乾。

新鮮的牛肝呈紅色，不新鮮的牛肝呈暗紫色。

新鮮的牛肝表面平滑有光澤，不新鮮的牛肝表面有異常腫大或白色的硬塊。

均衡飲食，預防免疫力低下

各種原因使免疫系統不能正常發揮保護作用，都屬於免疫力低下。免疫力低下者易被感染或患癌症。

預防免疫力低下的飲食指南：

1.蛋白質是合成免疫蛋白的主要原料，適當多吃瘦肉、奶類、魚蝦類和豆類等食物。

2.喝茶能調動人體免疫細胞抵禦病毒、細菌及真菌。

3.多吃富含維生素C的水果、蔬菜，比如草莓、蕃茄、黃瓜、胡蘿蔔等。

針對症狀

缺鐵性貧血 ▶ 紅油牛肝 P71

免疫力低下　皮膚粗糙

青春痘　夜盲症

眼睛乾澀　體乏無力

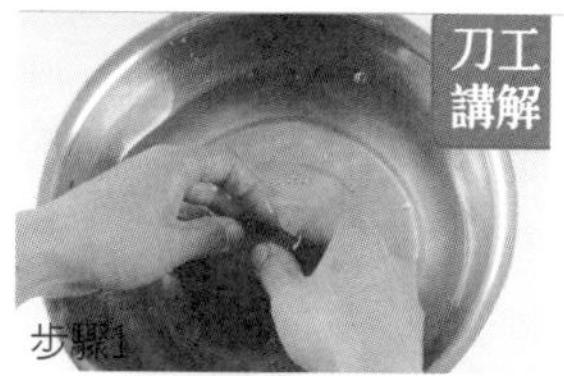

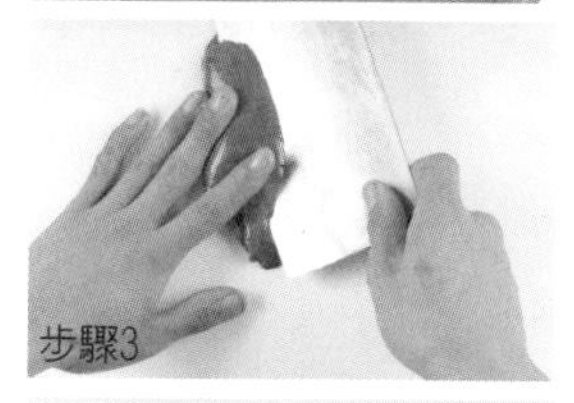

紅油牛肝

操作步驟

步驟1
將牛肝清洗乾淨

步驟2
去掉表面油層

步驟3
將其切成厚片

步驟4
完成

材料：

牛肝250克、魷魚50克，紅辣椒、黃酒、薑末、花椒、鹽、豆豉、米酒、豆瓣醬、牛肉湯、熟牛油、熟芝麻各適量。

做法：

1.魷魚切十字花刀，牛肝切薄片。

2.開火，在鍋中倒入牛油，燒至六分熱，放入豆瓣醬炒酥，加薑末、紅辣椒、花椒炒香，加牛肉湯燒沸，加鹽、黃酒、豆豉、米酒，燒沸，撇去浮沫。

3.將牛肝和魷魚入鍋，煮至入味，撒熟芝麻即可。

牛肝加魷魚，補血又補腦

血液把營養輸送到身體各個器官，再把廢物帶出體外。這些都依賴於血液的充足，一旦貧血，新陳代謝就會受到影響。除了牛肝外，可以多吃豬肝、牛肉、雞蛋黃、大豆、菠菜、紅棗、黑木耳等補血食物。補充鐵質時，盡量避免同食含單寧酸的綠葉蔬菜，以免影響對鐵質的吸收。

長時間的用腦會使我們的大腦疲勞，因此補腦食物是必不可少的。腦力工作者和生長發育期的兒童、青少年多吃魷魚，可有效緩解腦疲勞，達到補腦的作用。還可多吃魚頭、瘦豬肉、雞肉、鴨肉、骨髓、海參等健腦的食物。

魔法的飲食搭配

枸杞——明目養眼的「明眼草子」

枸杞外形呈橢圓，色彩鮮紅豔麗，由於富含多種營養物質，自古就被奉為珍貴的食材和藥材。因其明目養眼功效尤為突出，被人們譽為「明眼草子」。枸杞是保護眼睛的上等食材，尤其適合考試族、電腦族和上班族等常用眼的人群食用。

此外，枸杞可調節血脂和血糖，預防高血脂症和糖尿病；還可保護肝臟，促進肝細胞再生。

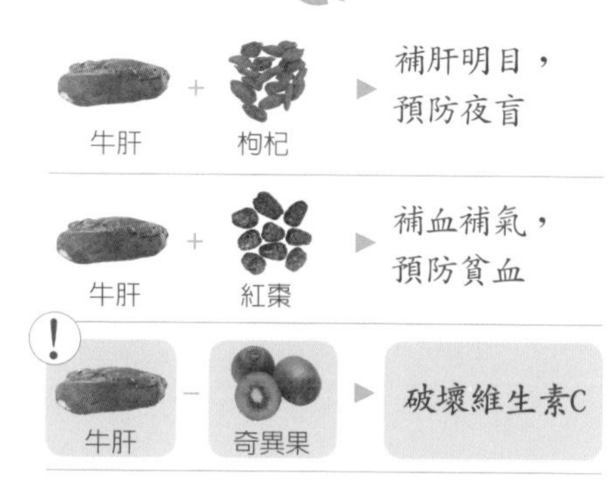

牛百葉

ox omasum

脾胃薄弱者的營養品

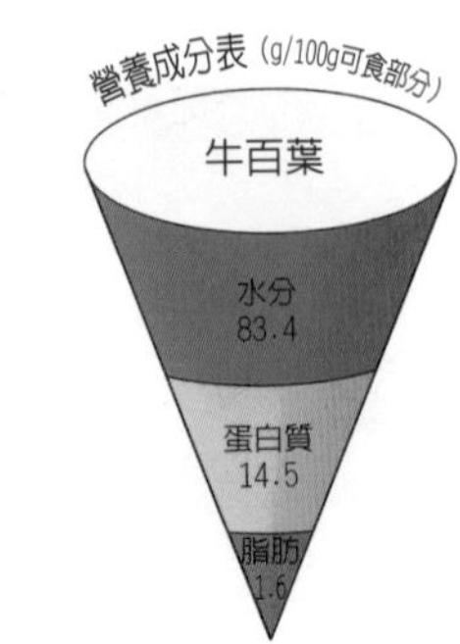

牛是反芻動物，共有四個胃，即瘤胃、蜂巢胃、重瓣胃和皺胃，前三個胃爲牛食道的變異，最後一個爲眞胃。市場上賣的牛肚即瘤胃、蜂巢胃、皺胃，而牛百葉即重瓣胃，也稱毛肚。

牛百葉富含有蛋白質、脂肪、鐵、鈣、磷、維生素B_1、維生素B_2、維生素B_5等，具有補益脾胃、補氣養血、補虛益精等多種功效，其適合脾胃薄弱、病後虛羸、氣血不足、營養不良者食用。

清洗妙招

將牛百葉翻過來，用涼水反覆沖洗，然後用清水泡半小時，沖洗乾淨即可。

保存方法

生牛百葉可放入冰箱冷凍室保存幾天，熟牛百葉在冷藏室可保存一兩天，應儘早食用完。

餵食飼料的牛其百葉色澤偏黑，而餵食雜糧的牛則色澤偏黃。如牛百葉過於發白多為漂洗的，少買。

新鮮牛百葉上的毛刺朝上直立。

如果牛百葉摸上去比較滑膩，聞起來有刺激味道，則不要購買。

牛頸肉
牛小排
牛腰肉
牛臀肉
牛肩肉
牛里脊
牛五花
牛腹肉
牛腿肉
牛腩
牛前腱
牛後腱
牛蹄筋
牛蹄筋

飲食多樣化，做到營養均衡

多數人的飲食往往比較單一，主食以白米、麵粉為主，肉類以豬肉為主，為了達到營養均衡，我們應該吃多種多樣的食物，既可以滿足營養的需求，也可以獲得口味享受。平時可以嘗試吃一些不常吃的食材，例如本節介紹的牛百葉。此外，我們可以按照食物的種類進行一下同類互換，例如用紅豆代替黃豆、用鴨肉代替豬肉、用雜糧代替白米、用羊奶代替牛奶……這樣便能做到飲食的多樣化。

針對症狀

脾胃薄弱 ▶ 山藥牛百葉湯 P73

病後虛弱　氣血不足

營養不良　頭暈目眩

形體瘦弱　消化不良

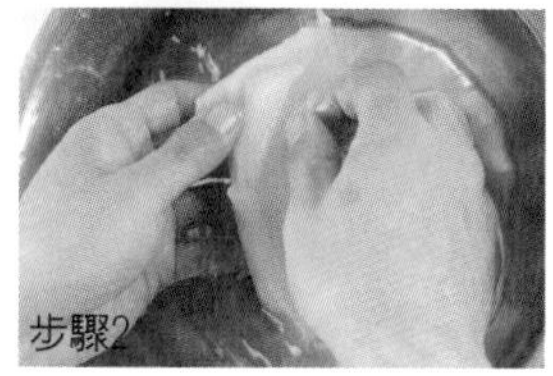

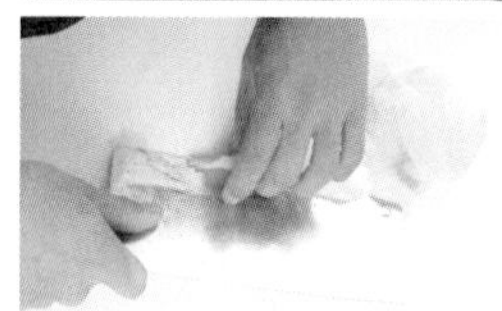

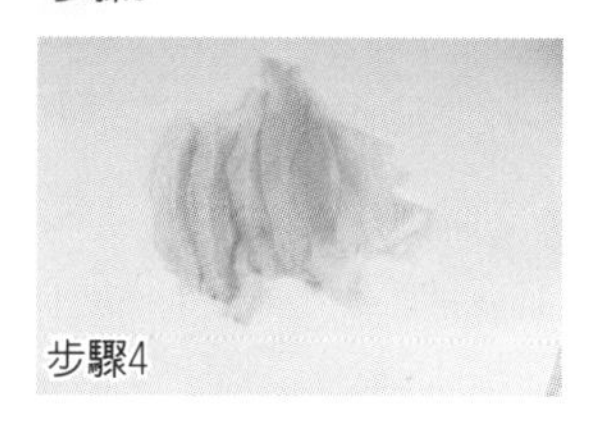

山藥牛百葉湯

操作步驟

步驟1
牛百葉洗淨擦乾

步驟2
去掉表面油層

步驟3
將其切成片

步驟4
完成

材料：

牛百葉400克，山藥、芡實各20克，瘦肉150克，鹽適量，生薑三片。

做法：

1.洗淨山藥、芡實；牛百葉洗淨、切段。

2.將瘦肉切條，放入沸水中大火煮三分鐘，取出過冷，洗淨。

3.鍋中加入適量清水，大火燒開，放入山藥、芡實、牛百葉、瘦肉、薑片，用文火煮40分鐘，放鹽調味即可。

牛百葉加山藥、芡實，補脾和胃，壯腎固精

牛百葉具有補益脾胃、補氣養血、補虛益精等多種功效；山藥又叫淮山，性平，味甘，可健脾清腸，補肺益腎，止洩瀉，長肌肉，治消渴；芡實是水生植物芡的種子，性能與蓮子相似，能治腎氣不固，遺精尿頻。三者搭配食用，補脾和胃，壯腎固精的功效尤為突出。

現代人生活壓力大，情緒常處於緊張和焦慮中，易引起身體的陰陽不調，從而出現腎寒。建議可採用壯腎固精方法來調養。除了牛百葉，還可多食芝麻，其味鹹，性溫，有壯腎固精、益氣補虛的功效。

魔法的飲食搭配

生命健康之禾——薏仁

薏仁是禾本科草本植物薏苡的種子，含有豐富的蛋白質和維生素B群，營養價值極高，易於消化吸收，被人們譽為「生命健康之禾」。

薏仁中富含的薏苡仁酯，不僅對人體有滋補作用，而且還是一種重要的抗癌劑，能有效抑制艾氏腹水癌細胞，對胃癌及子宮頸癌有很好的防治作用。

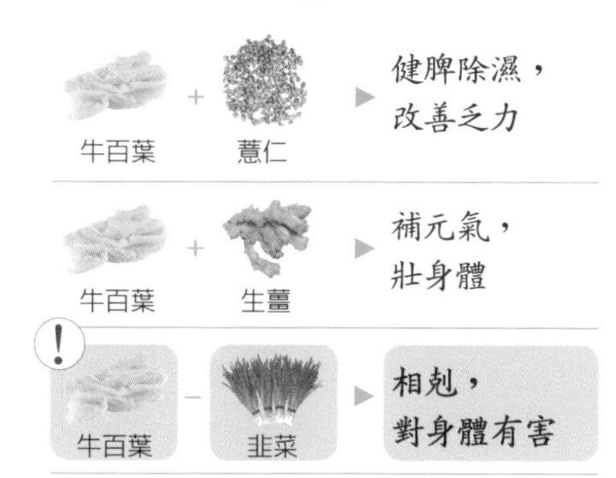

牛肺

ox lung

潤肺止咳，治療肺虛咳嗽

牛肺，味鹹，性平，入肺經，具有潤肺止咳的作用，適合治療肺虛咳嗽。咳嗽時可以吃有滋補作用的食物，但要選擇清淡益肺、理氣的食物，除了牛肺外，還可食用羊肺、豬肺、紅棗、蓮子、蜂蜜等食物；還適宜多吃新鮮蔬菜和水分比較足的水果，如蘿蔔、大白菜、菠菜、生梨、蘋果等；還可多吃些豆腐、豆漿等豆製品。由於咳嗽容易傷肺，所以不吃易對肺不利的食物，如辛辣刺激物（辣椒、花椒、酒等）。

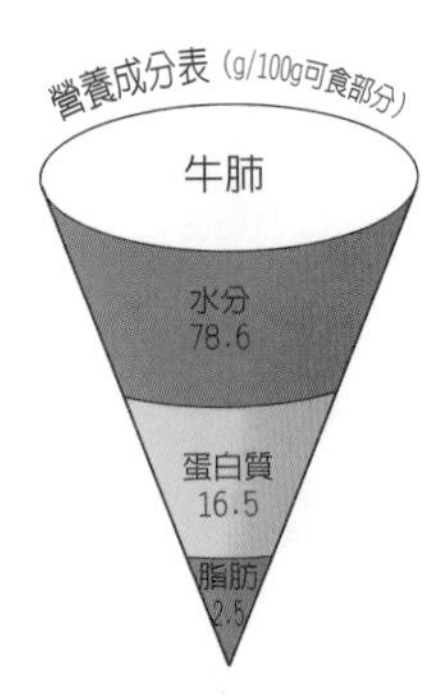

烹飪妙招

烹飪前，在清水中加入大蔥、薑片、料酒和牛肺一起汆燙可去腥味。

新鮮牛肺呈紅色，表面有光澤，光滑潔淨，無斑點，側面有氣孔。

新鮮牛肺手感肉實，不發硬，表面不會過乾也不會過於黏滑。

新鮮牛肺有淡淡的腥味，沒有特殊的刺鼻味。

清洗妙招

將牛肺的肺管接在水龍頭下沖至牛肺膨脹，倒出水後反覆，直至無血水。

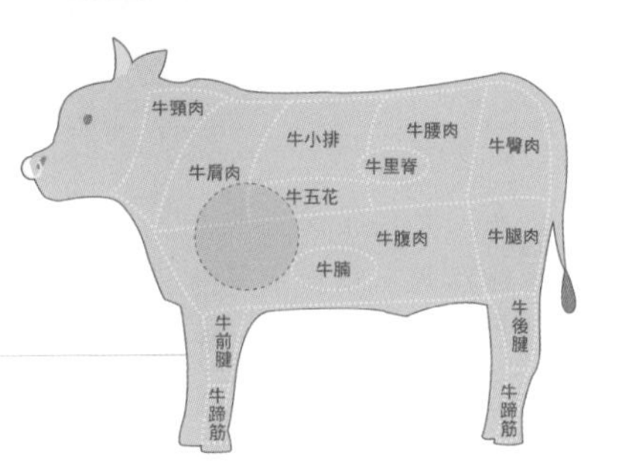

白菜煲牛肺

美食

▶ 潤肺止咳，利尿通便

材料：

牛肺1000克、白菜1500克、薑50克、鹽6克、醬油10克、蜜棗10克、陳皮10克。

做法：

1.先將牛肺用水灌淨，白菜洗淨切小薄塊。

2.將牛肺、白菜、陳皮、蜜棗、薑放在瓦煲裏，注入開水2500克，壓蓋煲至水沸，轉用文火煲至牛肺軟熟，撈起。

3.將白菜等放在碗中，將牛肺切片，放在白菜上，用鹽、醬油調味，攪拌均勻即可。

功效：

牛肺有潤肺止咳之效；大白菜富含維生素和礦物質，可護膚養顏、潤腸排毒、促進蛋白吸收。二者搭配食用不僅滋味鮮美，還可潤肺止咳，利尿通便。

牛腰

beef kidney

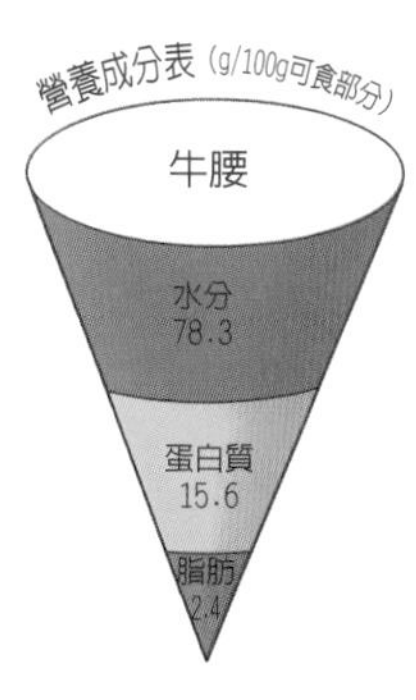

補腎益精，深受人們喜愛

牛腰含有豐富蛋白質、維生素A、維生素B群、菸鹼酸、鐵、硒等營養素，具有補腎益精功效，適於治療腎陽虛衰、頭暈、眼花耳鳴、腰膝痠軟、陽痿早洩、遺精、滑精等症。

牛腰的腥味雖然很重，但經正確處理後肉質非常美味，是世界各地人們喜愛的佳肴。法國人常在牛腰中加入馬德拉酒，做成嫩煎腰子；在英國，牛腰則是牛排和血腸的基本原料；比利時人則在牛腰中加入琴酒和杜松子烹飪。

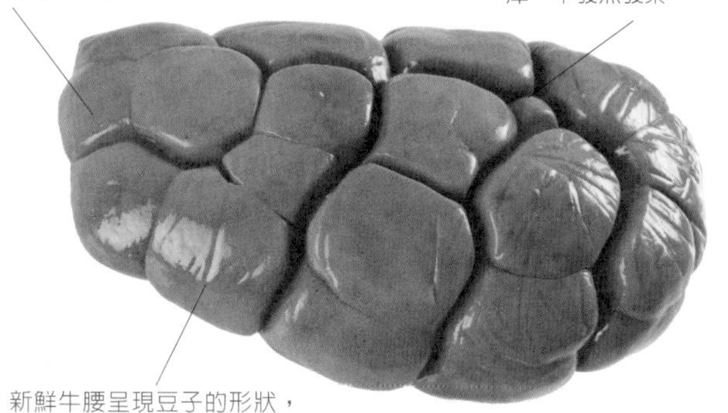

新鮮牛腰有少許的腥味，
但無刺激難聞的味道。
新鮮牛腰呈紅色，表面比較有光
澤，不發黑發紫。
新鮮牛腰呈現豆子的形狀，
表面完整，無破損。

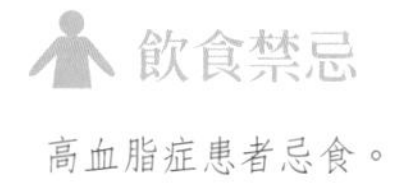

飲食禁忌

高血脂症患者忌食。

烹飪妙招

將牛腰反覆沖洗，在水中浸泡1小時。將花椒泡在開水中，放涼後將牛腰放入，浸泡1小時後清洗即可去腥味。

牛頸肉 牛小排 牛腰肉 牛臀肉 牛肩肉 牛里脊 牛五花 牛腹肉 牛腿肉 牛腩 牛前腱 牛後腱 牛蹄筋 牛蹄筋

牛雜火鍋

美食

▶ 營養均衡，四季皆宜

材料：

牛肚250克，牛肝、牛脊髓、牛腰各100克，牛肉150克，高麗菜1000克，辣椒粉、紹酒、薑末、花椒、鹽、豆豉、米酒、豆瓣醬、牛肉湯、熟牛油各適量。

做法：

1.毛肚切寬片，牛肝、牛脊髓、牛腰、牛肉均切成薄片，高麗菜撕成長片。

2.鍋中倒牛油，放豆瓣醬炒酥，加薑末、辣椒粉、花椒炒香，加入部分牛肉湯燒沸，盛入火鍋內，放旺火上，加鹽、紹酒、豆豉、米酒，燒沸出味，撇去浮沫。

3.將牛脊髓放入火鍋內，燒沸湯汁，其他葷素菜隨吃隨涮。

功效：

本道美食以牛肚為主料，配以牛肝、牛腰、牛肉等其他各類菜品，由食者自涮自食，味重麻辣，湯濃而鮮，營養均衡，四季皆宜。

牛蹄筋

beef tendon

味道賽海參的養顏佳品

牛蹄筋是附著在牛蹄骨上的韌帶，由於口感嫩而不膩、滑爽脆香，人們稱讚其味道賽過海參。牛蹄筋中含有豐富的膠原蛋白，脂肪含量遠遠低於肥肉，最難能可貴的是不含膽固醇，常食可以增強肌膚的彈性與韌性，延緩肌膚衰老，有效改善臉部的小細紋。此外，牛蹄筋還具有強筋壯骨的功效，可有效改善腰膝痠軟、身體瘦弱，特別適合處於生長發育時期的青少年和易患骨質疏鬆的中老年及女性食用。

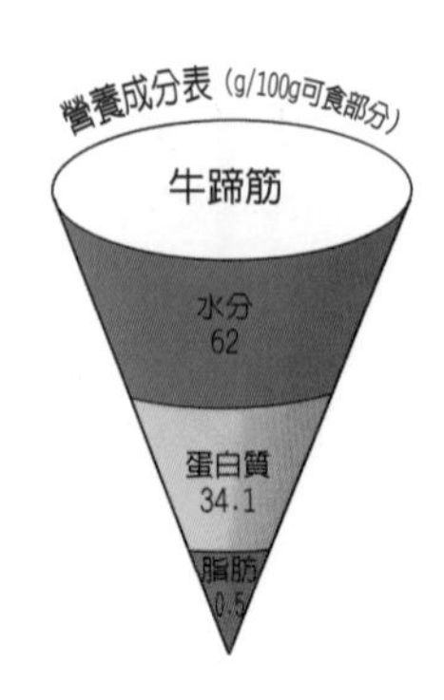

飲食禁忌

高血壓、糖尿病患者不宜食用。

清洗方法

溫水洗後下涼水鍋，慢煮三小時，取出撕去外皮，換新水下鍋，小火煮至成透明狀時，撈出泡入新水備用。

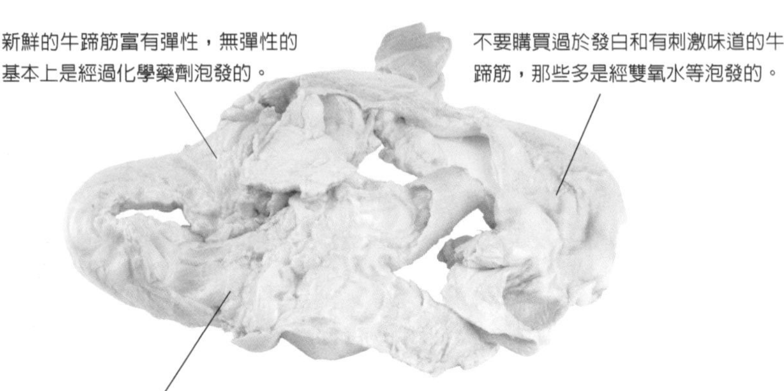

滷味雙寶

美食

▶ 延緩衰老，健腦益智

材料：

牛蹄筋300克，豬肉300克，桂圓、雞骨、香油、鹽、雞精、花椒、薑、蔥、八角、醬油、白糖各適量。

做法：

1.牛蹄筋入鍋泡發；豬肉、牛蹄筋洗淨切片，放入沸水中焯熟，撈出待用；薑、蔥洗淨切碎。

2.用雞骨、桂圓煲湯，在煲好的湯中加入鹽、雞精、八角、醬油、白糖，煮熟後淋入香油，即做成滷汁。

3.將適量的油倒入鍋中，燒熱，放入花椒、蔥、薑爆香，接著放入豬肉、牛蹄筋煸炒一下，倒入滷汁煮開，再改小火煮20分鐘，撈出裝盤即可。

功效：

桂圓有抗衰老作用，對腦細胞特別有益，能增強記憶力，消除疲勞。牛蹄筋與桂圓搭配食用具有延緩衰老、健腦益智的功效。

牛尾

oxtail

高蛋白、低脂肪、含鈣量高

牛尾含有蛋白質、脂肪、維生素B1、維生素B2、維生素C、鐵、鋅等營養成分，營養價值極高，常用作燉食。

牛尾因高蛋白、低脂肪、含鈣量高的特點，具有強筋健骨的功效，適合老年人食用，可用於防治老年骨質疏鬆。此外，牛尾還具有補腎益氣的功效，且性質平和，美味又滋養，非常適合給體虛的人補身子用。牛尾還富含膠質，因此具有養顏和血的功效。

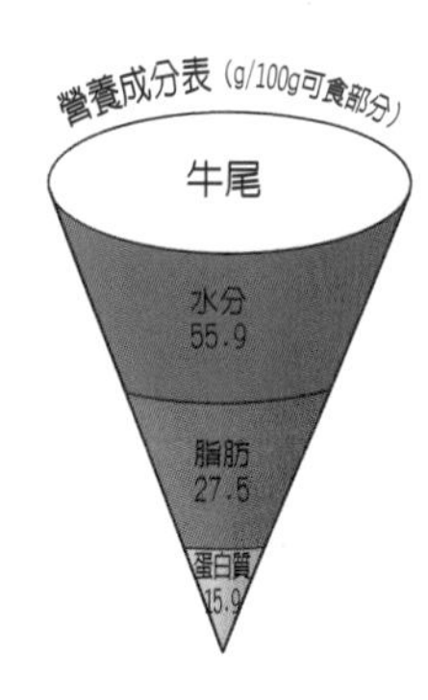

烹飪妙招

切牛尾：切牛尾時要找準關節處，一般來說中間三個手指的寬度就是牛尾的一個關節。

烹飪妙招

去腥膻：將牛尾與蔥頭、胡蘿蔔、芹菜一起燉煮30分鐘即可去掉牛尾的腥膻味。

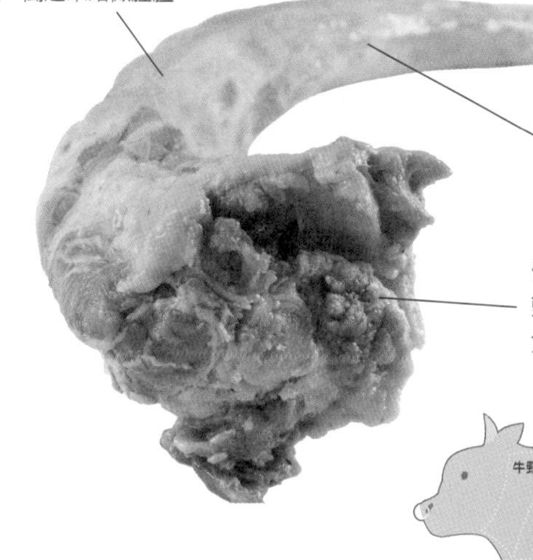

強精黨參牛尾湯

美食

▶ 補腎養血，益氣固精

材料：

牛尾1個、牛肉半斤、牛蹄筋2兩、黃耆2兩、黨參8錢、當歸6錢、紅棗1兩、枸杞6錢。

做法：

1.將牛蹄筋用清水浸泡30分鐘左右，再下水清煮15分鐘左右。

2.牛肉洗淨，切塊；牛尾剁成寸段，備用。

3.將所有的材料放入鍋中，加適量的水，大約蓋過所有的材料，用大火煮沸後，轉小火煮2小時，調味即可。

功效：

牛尾具有強壯腰腎的功效，是不可多得的滋補食材。此湯可補腎養血，益氣固精，對於男子陽痿不舉等性功能障礙或腰膝痠軟等症狀都有一定的療效。而且，此湯還可以提升體力、增強免疫力，從根本上調理元氣，促進性激素分泌。

牛心

ox heart

治療健忘、心悸的補心食材

牛心即牛的心臟。牛心與豬心相比，纖維較粗，因此在烹飪前需要事先醃製，可以使用澱粉、小蘇打、薑、米酒打汁製成的粉漿來醃製。烹飪牛心以牛雜湯、炒牛心居多。

牛心含有蛋白質、脂肪、鉀、磷等營養物質，具有養血補心的功效，適合治療健忘、心悸等病症。健忘、驚悸患者還可多食富含維生素C的水果和新鮮蔬菜，以及脂肪含量較低的魚類及蛋白質含量豐富的貝類。

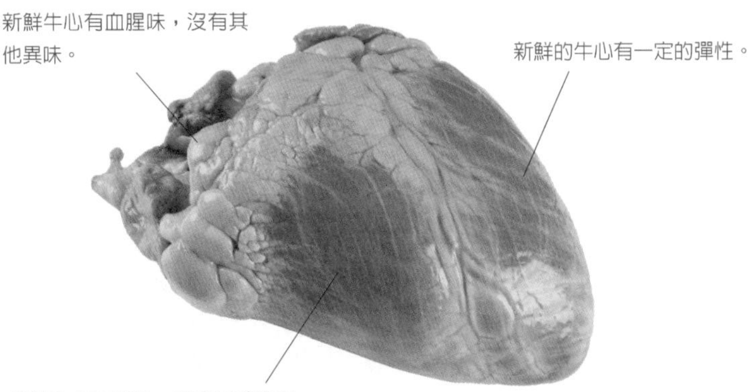

新鮮牛心有血腥味，沒有其他異味。

新鮮的牛心有一定的彈性。

新鮮牛心呈紅色，脂肪呈淡粉色，沒有發黑發紫的現象。

烹飪妙招

牛心烹飪時適合切成薄片，可以縮短熟的時間，但不宜煮得太久，否則會使牛心變硬。

清洗妙招

牛心的腥味比較重，清洗時需要反覆用流水沖洗。

牛頸肉
牛小排
牛腰肉
牛臀肉
牛肩肉
牛里脊
牛五花
牛腹肉
牛腿肉
牛腩
牛前腱
牛蹄筋
牛後腱
牛蹄筋

滷牛心

美食

▶ 強心補心，改善健忘

材料：

牛心400克，鹽、雞精、醬油、花椒、桂皮、蔥、蒜、白糖、八角等各適量。

做法：

1.牛心剖開，除去淤血，切除筋絡，洗淨後放入沸水中焯20分鐘，撈出瀝乾。

2.蔥洗淨切段，蒜洗淨切片。將蔥蒜及其他香料放在紗布袋中綁緊，然後與牛心一起放入清水中滷至湯沸，撇去浮沫，加入醬油、鹽、雞精等調料，再滷50分鐘。

3.熄火，保持牛心在滷汁中至涼。取出切片裝盤，淋入少許滷汁也可。

功效：

本道美食色彩鮮豔，入口有嚼勁，口感美味。由於以牛心主材料，還具有強心補心的功效，可有效改善健忘、失眠、疲勞等症狀。

牛鞭

bull whack

補腎壯陽，男性的滋補佳品

牛鞭即雄牛的外生殖器，含有高蛋白質、脂肪、雄激素等成分，具有補腎壯陽、益精補髓的功效，適合治療腎虛陽痿、遺精、腰膝痠軟等症，是成年男性的滋補佳品。

中醫認爲「腎藏精」。先天之精稟受於父母，主掌生育繁殖；後天之精則是由水穀精微生化而來，主掌生長發育。除牛鞭外，雞肉、羊肉、黑芝麻、山藥、豬肉等也有壯腎固精的功效。

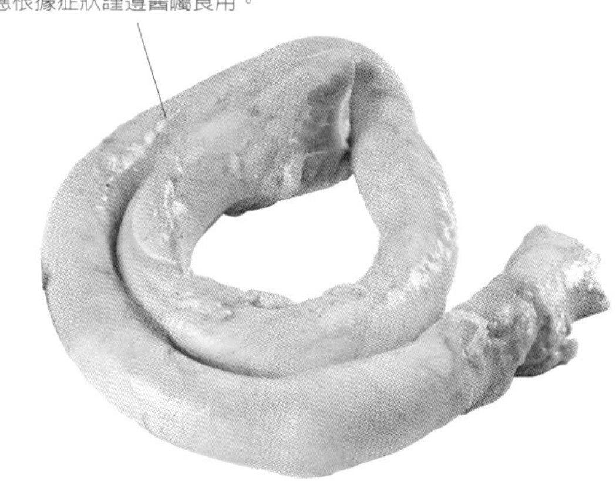

一般來說，牛鞭適合冬季食用，未發育的兒童及老齡男性不適宜食用。此外，牛鞭不宜多食，且應根據症狀謹遵醫囑食用。

養生妙方

將3斤牛鞭以小火煮4小時，處理乾淨。將500克雞脯肉、適量胡蘿蔔、青椒、料酒、蔥、薑放鍋中，加清水煮1小時，加鹽調味。本方補腎壯陽，理虛益氣。

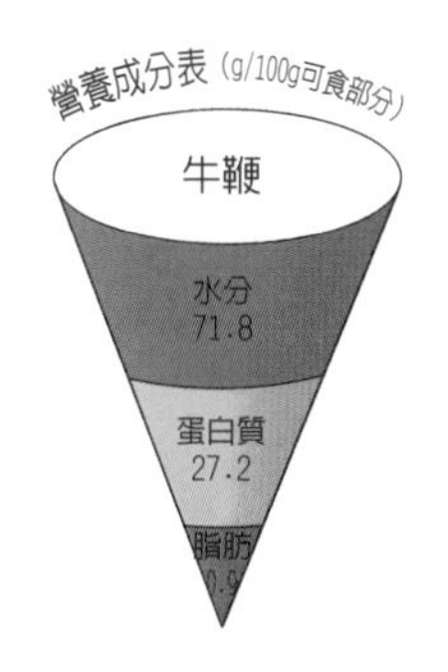

牛腦

ox brain

養血息風，治療神經衰弱

牛腦即牛的大腦，含有蛋白質、磷、鉀等營養成分，具有養血息風、生津止渴、消食化積等功效，適合治療神經衰弱、頭昏眩暈等症。除了牛腦以外，開心果、葡萄、百合、核桃、葵花籽、芹菜等食物對緩解神經衰弱也有一定的作用。

牛腦中膽固醇含量高，因此高脂血症、冠心病等心腦血管疾病患者應避免食用。

牛腦呈淡粉紅色且質地細嫩。食用時要除去表面的腦膜，挑去血管。通常採取煎炒、切塊油炸或攪拌成泥糊狀與牛奶混合的方式食用。

養生妙方

取白芷、川芎各三錢，研成細末，用牛腦蘸上細末，加酒煮熟，趁熱吃下。主治偏正頭痛。

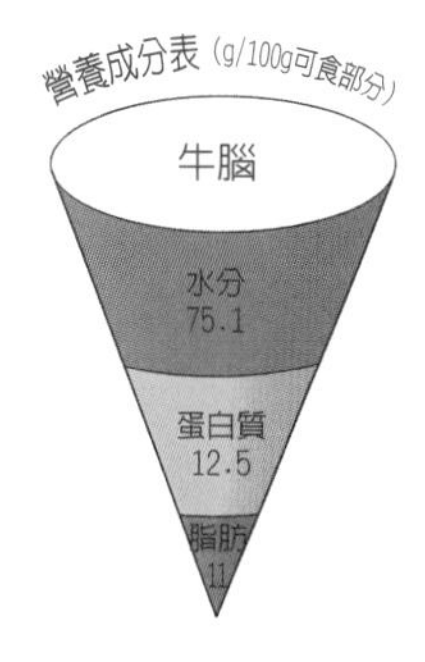

羊肉類 mutton

溫補氣血、開胃健力、通乳治帶

羊肉具備增強體力、強健身體的功效，是冬季進補的佳品。

烤羊腿色香味俱全、外焦裏嫩、乾酥不膩，深受人們喜愛。

冬季常吃羊肉片可增加人體熱量，抵禦寒冷，預防流感。

羊肚具有健脾補虛、益氣健胃、固表止汗的功效。

羊排肥瘦結合，肉質鬆軟，非常適合烤、燒、燉等烹飪方式。

羊腎具有補腎壯陽的功效，適合治療遺精、陽痿、尿頻等症。

羊肝含有維生素A、鐵，具有養肝、明目、益血的功效。

Method

羊肉各部位適合的烹飪法

羊 頭

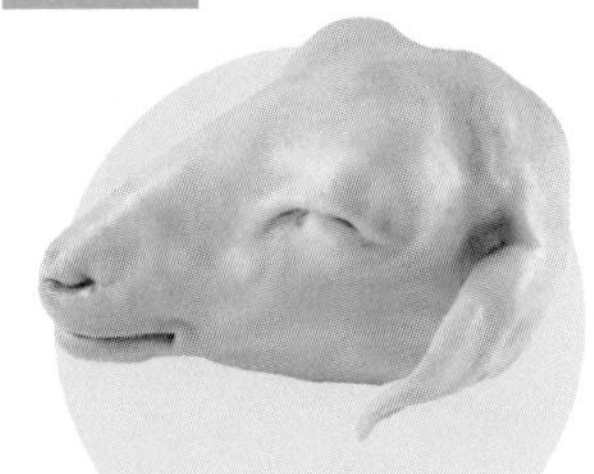

羊頭皮多肉少，適合滷、醬等烹飪方式。

羊 尾

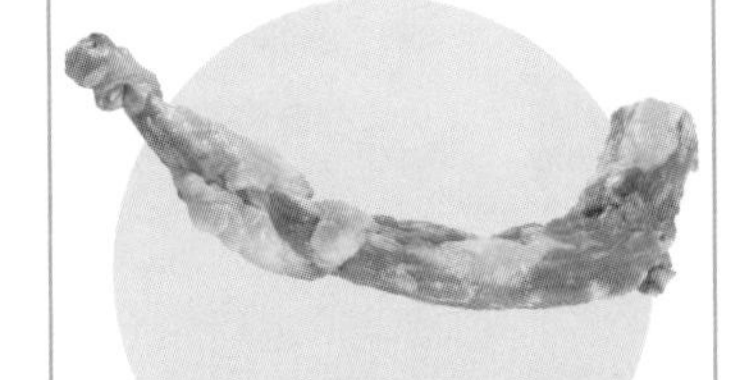

羊尾含有較多油脂，適合炒、涮等烹飪方式。

羊脊背

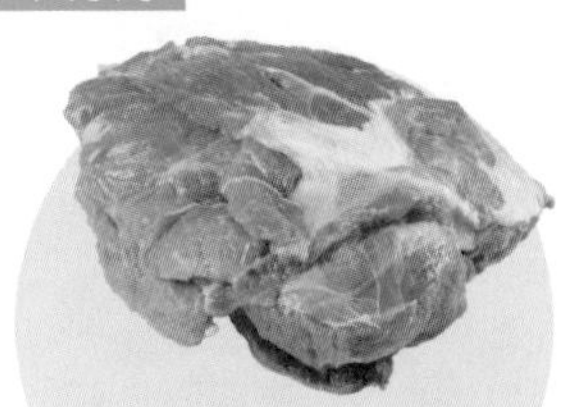

羊脊背包括里脊和外脊，是羊肉中肉質較嫩的部位，是羊肉中的上品，適合炒、爆、炸等烹飪方式。

羊 胸

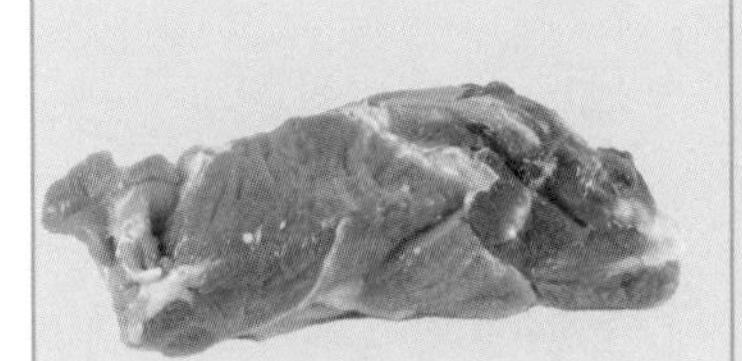

羊胸瘦肉多、肥肉少，適合炒、涮、溜、燒、燜等烹飪方式。

羊肋條

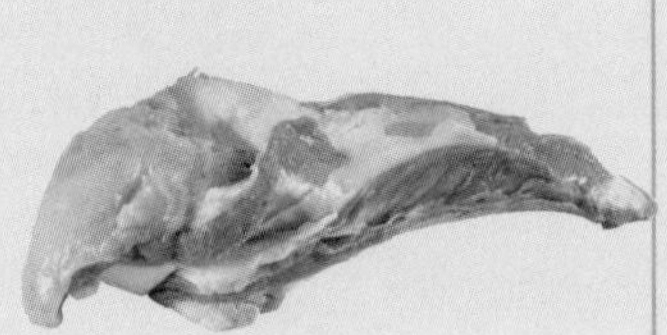

羊肋條肥瘦相間，肉質較嫩，一般帶骨食用，適合炸、炒、爆等烹飪方式。

羊前腿

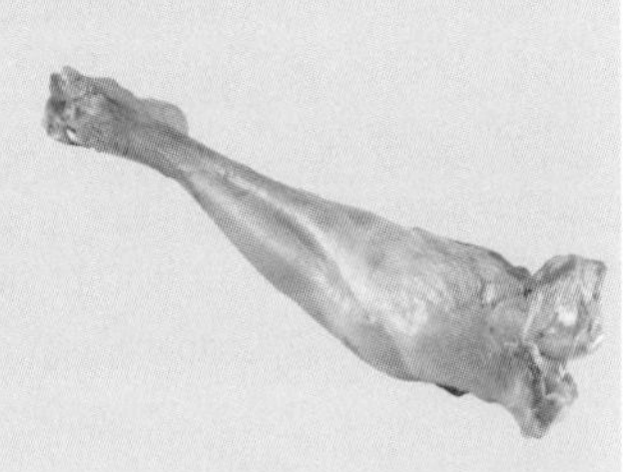

羊前腿適合燉、燒、醬等烹飪方式。

前腱子

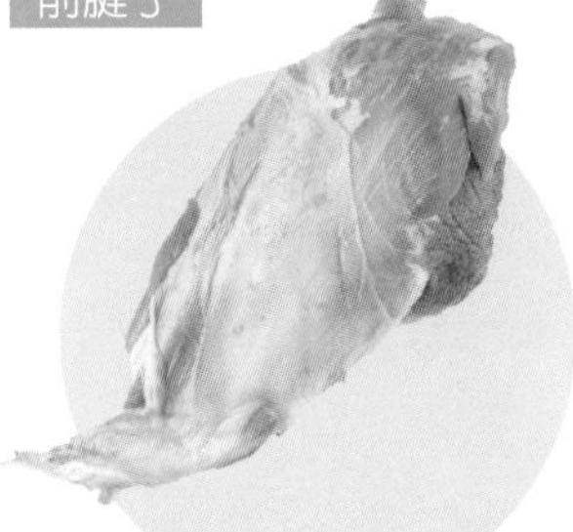

前腱子適合滷、醬等烹飪方式。

羊後腿

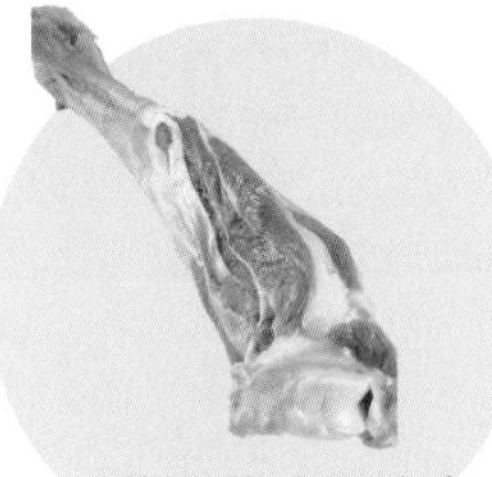

羊後腿的肉肥瘦各占一般，肉質較嫩，比羊前腿肉多，適合炸、烤、炒、涮、爆等烹飪方式。

後腱子

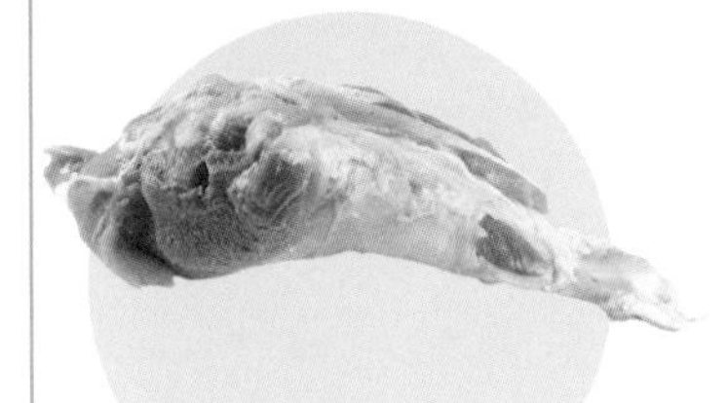

後腱子肉質較韌，筋較多，適合滷、醬等烹飪方式。

Method

羊肉

羊肉的三大去腥方式

去腥方式1…炸羊肉

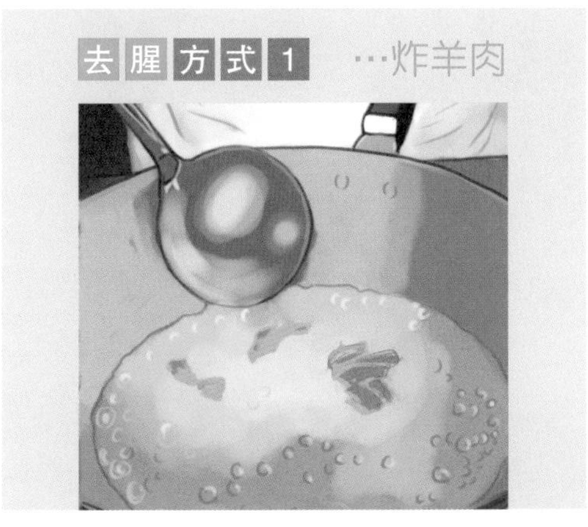

「材料」

羊肉塊600克、沙拉油300毫升。

「做法」

取一個鐵鍋，倒入300毫升的沙拉油，開中火等油溫大約熱到160℃時，把羊肉塊放入過油，1分鐘後即可起鍋並瀝乾油脂。

去腥方式2…汆燙羊肉

「材料」

羊肉塊600克、水300毫升、米酒25毫升。

「做法」

取一個鐵鍋，加入300毫升的水和羊肉塊，等水煮開後加入米酒，大約1分鐘後即可熄火起鍋。

去腥方式3…炒麻油

「材料」

羊肉塊600克、胡麻油50毫升、老薑75克。

「做法」

1.將老薑切片備用。

2.取一個鐵鍋，開中火，放入切好的老薑片和胡麻油爆香，大約炒2分鐘，直到薑片呈焦黑狀。

3.把切塊的羊肉放入鍋中翻炒，直到羊肉五成熟即可起鍋。

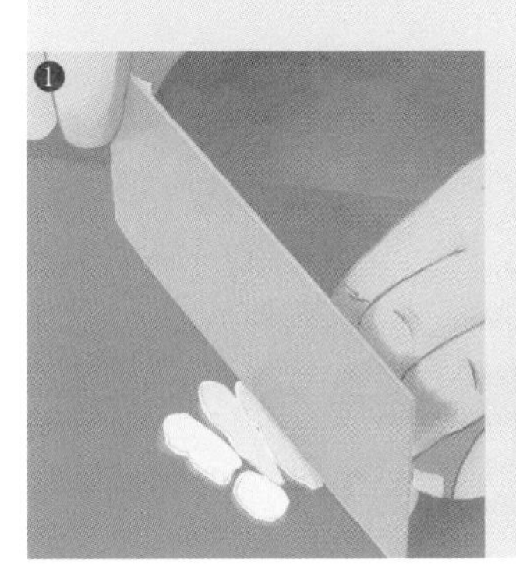

羊肉

mutton

羊肉含有蛋白質、脂肪、維生素B群及鐵等營養成分，具備增強體力、強健虛弱的身體、保溫身體與腸胃、改善腹痛或腹瀉等多重功效，是適合冬季進補的佳品。維生素B群可以促進蛋白質、醣類和脂肪的新陳代謝，將能源供應到身體與大腦。維生素B群中的菸鹼酸除了可以促進醣類和脂肪新陳代謝，還可促進血液循環，防止宿便。鐵則屬於能預防及改善貧血的有效成分。除此之外，羊肉也是手腳冰冷或無活力的女性最合適的補品。

強身健體、驅寒暖胃的冬季進補佳品

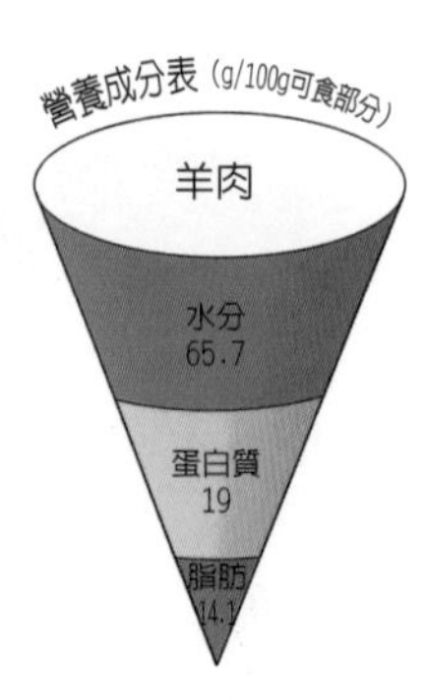

飲食禁忌

高血壓、腸炎、感冒、痢疾及素體有熱者不宜食用。

保存方法

最好在購買後2～3天內食用完，剩餘部分可用保鮮膜包起來，放入冰箱冷凍室保存即可。

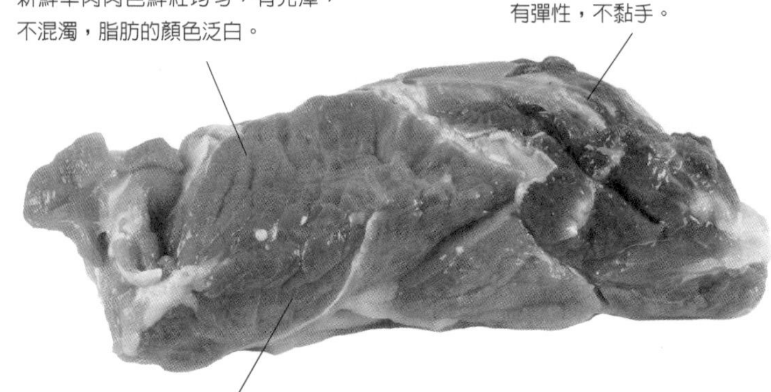

新鮮羊肉肉色鮮紅均勻，有光澤，不混濁，脂肪的顏色泛白。

新鮮羊肉的肉細而緊密，有彈性，不黏手。

新鮮羊肉有少許的膻味，無其他刺激性或腥臭的異味。

菸鹼酸——經常飲酒的人應積極攝取

羊肉中含有的菸鹼酸除了有助於醣類和脂肪的新陳代謝之外，還具有能強健皮膚和黏膜、保護消化器官的健康、防止宿便、促進血液循環等功效。當身體缺乏維生素B1、維生素B2、維生素B6時，會降低菸鹼酸的合成能力。因此，經常飲酒、肌膚粗糙、手腳冰涼的人都應積極攝取菸鹼酸。菸鹼酸豐富的食物包括沙丁魚、豬內臟、黃綠色蔬菜等。

針對症狀

症狀	食譜
食欲不振	▶ 山藥羊肉湯 P85
手腳冰冷	▶ 銀板小炒羊肉 P86
陽　痿	▶ 枸杞核桃燉羊肉 P86
身體瘦弱	▶ 羊肉金針菇蒸餃 P86

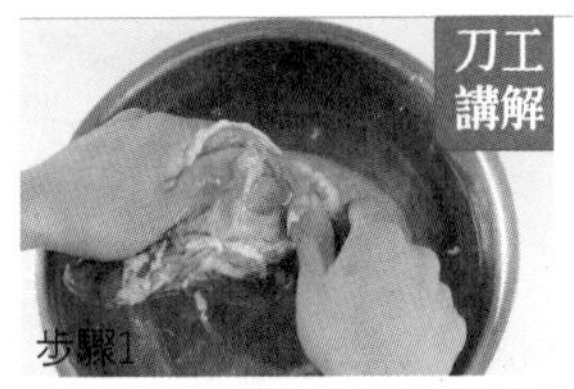

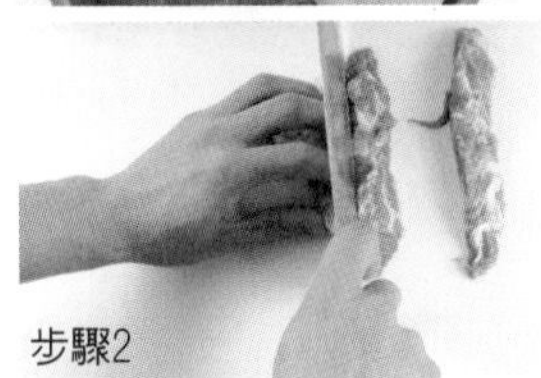

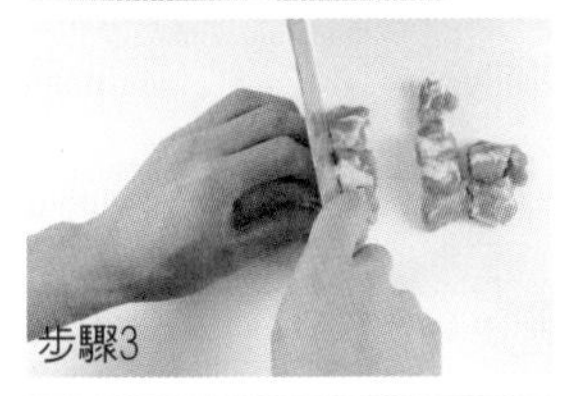

山藥羊肉湯

操作步驟

步驟1 將羊肉洗淨擦乾

步驟2 將羊肉切成條

步驟3 將條切成塊

步驟4 完成

材料：

羊肉300克，山藥200克，蒜苗數棵，鹽、雞精、醬油、蔥、薑、料酒、枸杞各適量。

做法：

1.山藥去皮洗淨，切塊；蒜苗擇洗乾淨，切段；羊肉洗淨，切塊；枸杞泡發洗淨；蔥、薑洗淨切絲。

2.燉鍋置上燒開，加入調料和羊肉大火燒開，加入山藥，改小火燉1個小時，放入蒜苗繼續燉幾分鐘即可。

羊肉加山藥，改善食欲不振

羊肉具有溫補脾胃的功效，可以治療脾胃虛寒所致的反胃、身體瘦弱、畏寒等症。山藥中含有澱粉酶、多酚氧化酶等物質，能促進蛋白質和澱粉的分解，有利於增強脾胃消化和吸收的功能，是食欲不振、消化不良者的保健品。羊肉和山藥搭配食用可以保護胃的正常功能，有效改善食欲不振等脾胃虛弱所致的症狀。

此外，山藥含有可溶性纖維，能推遲胃內食物的排空，控制飯後血糖升高，具有調節血糖的功效，可用於改善糖尿病脾虛泄瀉、小便頻數的症狀。山藥還具有美容的功效，愛美的女性不妨試試。

肉類在飲食中的死對頭

羊肉不適合的兩種吃法

1.醋溜羊肉

羊肉中富含蛋白質，醋中含有醋酸，二者一起烹飪時就會發生反應，造成腸胃不適、消化不良，甚至腹瀉。同時醋還會影響羊肉的溫補作用。

2.豆醬羊肉

羊肉性溫，豆醬性寒，二者同食會抵消營養。二者皆富含蛋白質，常食影響腸胃消化。

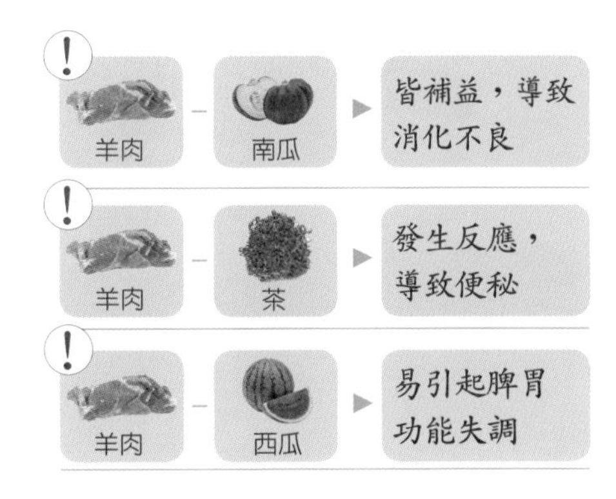

美食

銀板小炒羊肉

驅寒暖體，改善手腳冰冷

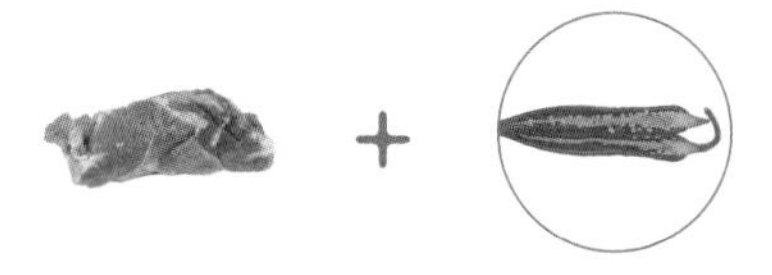

羊肉　　辣椒

膳食功效

羊肉與同樣具有暖體功效的辣椒、蔥、薑搭配，可使驅寒暖體的作用加強，有效改善手腳冰冷。

材料：

羊肉300克，辣椒若干個，醋、鹽、料酒、蔥、雞精、薑、蒜、醬油、白糖、胡椒粉等各適量。

做法：

1.羊肉洗淨切絲，與鹽、雞精、料酒、醋等醃製。

2.蔥、蒜、薑洗淨切碎。

3.油鍋置上燒熱，下入蔥薑蒜爆香，然後放入羊肉大火翻炒數下，放入辣椒，然後放入醬油、白糖、胡椒粉料酒炒勻，菜熟即可熄火。

枸杞核桃燉羊肉

滋補健身，治療陽痿

羊肉　　枸杞

膳食功效

枸杞含有多醣體等營養成分，具有補氣強精、滋補肝腎的功效，與羊肉搭配可滋補健身，治療陽痿。

材料：

羊肉200克，枸杞適量，核桃仁50克，鹽、雞湯、料酒、蔥絲、薑絲各適量。

做法：

1.羊肉洗淨，放入開水中焯一下，撈出瀝乾切片。

2.核桃仁放入開水中燙幾分鐘，撈出除去外衣，擀碎；枸杞洗淨。

3.燉鍋置上，放入雞湯燒開，加入羊肉及料酒、蔥、薑、枸杞小火燉至九成熟，熄火，撒上核桃粒，攪勻即可。

羊肉金針菇蒸餃

強身健體，改善體弱乏力

羊肉　　金針菇

膳食功效

金針菇能有效增強抵抗力，促進身體的新陳代謝，與羊肉同食可強身健體，改善體弱乏力。

材料：

羊肉500克，金針菇200克，麵粉700克，薺菜一把，蔥1棵，蠔油、鹽、白糖、香油各適量。

做法：

1.麵粉中倒水和成麵團，醒20分鐘，揉勻搓成長條，分小團，擀成圓皮。

2.羊肉剁肉餡；蔥、金針菇和薺菜剁成碎末；將羊肉和金針菇、薺菜、蔥倒入小盆中，放適量的蠔油、白糖、鹽、香油攪拌均勻，即成餡料。

3.包餃子，燒水，餃子蒸15分鐘即可。

羊腿

gigot

補充精力、消除疲勞的長壽肉

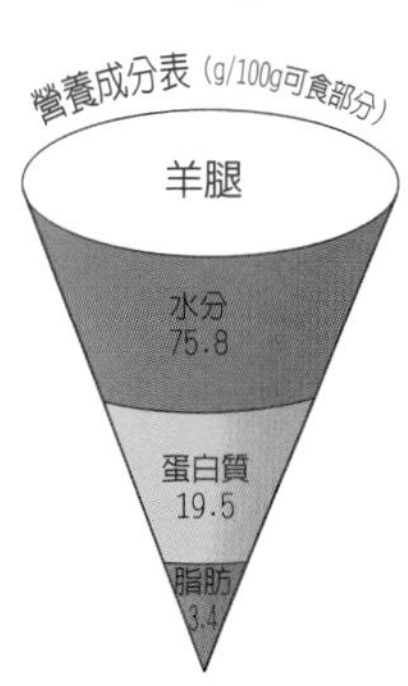

羊腿即羊的腿部，分羊前腿和羊後腿。羊腿與其他部位的羊肉一樣，含有蛋白質、脂肪、維生素B群、鐵等營養成分，有進補和防寒的雙重效果，同時還可補充精力、消除疲勞、增強體能。

羊腿肉質細嫩，屬於高蛋白、低脂肪食物。烤羊腿是蒙古人招待遠方客人最具特色的菜肴之一，由於色香味俱全、外焦裏嫩、乾酥不膩的特點而受到很多人的喜歡。

飲食禁忌

牙痛、口舌生瘡、咳吐黃痰及發熱等有上火症狀者忌食。

保存方法

用保鮮膜包好後，外面再包一層報紙和毛巾，然後放入冷凍室即可保存較長時間。

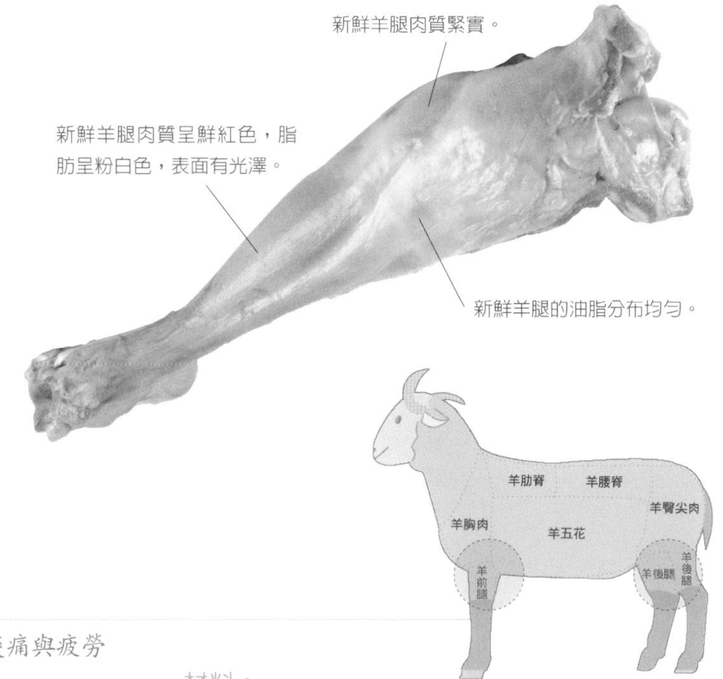

孜然羊肉

美食

▶ 緩解肌肉痠痛與疲勞

材料：

羊腿肉500克，辣椒粉、孜然粉、薑粉、鹽、花雕酒、澱粉、植物油各適量。

做法：

1.羊肉切成片，用鹽、花雕酒、澱粉抓勻，醃製15分鐘。

2.開火，鍋中倒油，燒至五分熱，把醃製好的羊肉放入鍋中翻炒，待肉片變色即可盛出。

3.將鍋加熱，倒入適量的油，把辣椒粉、孜然粉、薑粉加進去，小火煸炒出香味。

4.把羊肉倒進去快速翻炒幾下，待鍋裏調料把羊肉裹勻即可裝盤。

功效：

羊腿所含的蛋白質能及時補充人體所消耗的熱量，有效地消除人體疲勞；所含的鐵可幫助消除乳酸等物質，緩解肌肉痠痛與疲勞。

羊肉片

mutton slice

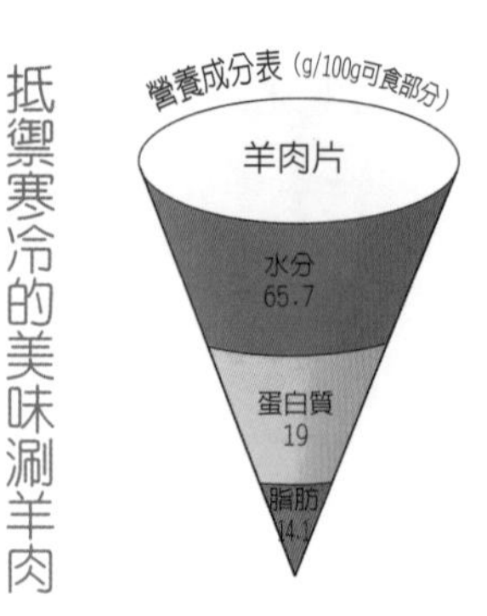

抵禦寒冷的美味涮羊肉

羊肉片是將羊肉經機器切成的整齊薄片，是涮羊肉的主要原料之一。涮羊肉是人們冬季裏非常喜歡的一道美食，是將羊肉片、肥牛、蔬菜、豆腐、魚丸等食材放到火鍋中，用沸水涮熟後蘸調料食用的一種料理。由於羊肉容易熟，加熱時間長反而會變硬，因此形成了火鍋隨吃隨涮的特色。

由於羊肉性溫，冬季常吃羊肉片，可以增加人體熱量，抵禦寒冷，預防流感。

飲食禁忌

高血壓、腸炎、感冒、痢疾患者及素體有熱者不宜食用。

保存方法

攤好，用保鮮膜包好，放入冰箱冷凍室保存。

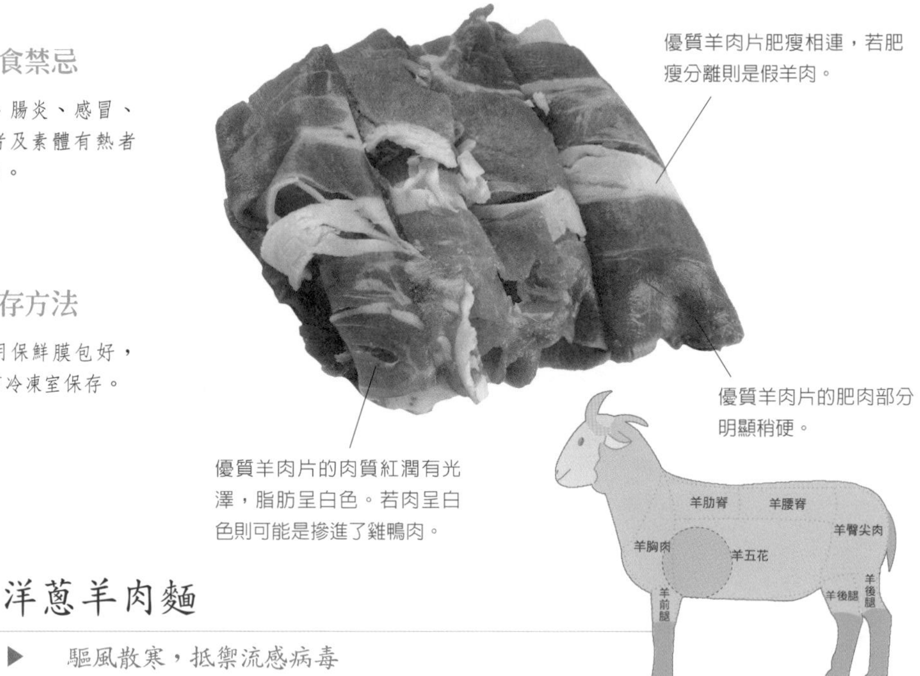

優質羊肉片肥瘦相連，若肥瘦分離則是假羊肉。

優質羊肉片的肥肉部分明顯稍硬。

優質羊肉片的肉質紅潤有光澤，脂肪呈白色。若肉呈白色則可能是摻進了雞鴨肉。

洋蔥羊肉麵

美食

▶ 驅風散寒，抵禦流感病毒

材料：

寬麵條400克，羊肉片200克，洋蔥一個，香蔥1棵，高湯、沙拉油、醬油、料酒、醋、白糖、鹽、紅油、胡椒粉、濕澱粉各適量。

做法：

1.洋蔥切絲；香蔥切蔥花；羊肉片倒入適量料酒、醬油、胡椒粉、濕澱粉醃製10分鐘。

2.燒開半鍋水，將麵條挑散，倒入鍋中，熟後撈出，瀝水，盛碗中。

3.炒鍋內倒油，燒至六分熱，放入羊肉片煸炒至七分熟，倒入洋蔥翻炒，烹入料酒、鹽、醋、白糖、紅油和高湯，煮沸後關火即成湯汁。

4.將湯汁倒入碗中，撒上香蔥，攪拌均勻即可。

功效：

洋蔥氣味辛辣，有較強的殺菌能力，具有驅風散寒的作用。洋蔥與羊肉同食可以抗寒，抵禦流感病毒。

羊肚

goat tripe

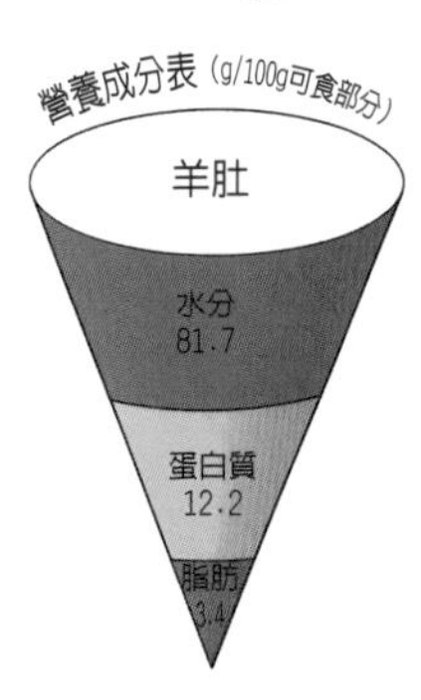

健脾補虛、益氣健胃、固表止汗

羊肚是指羊的胃，含有蛋白質、菸鹼酸、鈣、鉀、磷、維生素A等營養物質。羊肚味甘，性溫，入脾、胃經，具有健脾補虛、益氣健胃、固表止汗的功效，適用於治療虛勞羸瘦、胃氣虛弱、手足煩熱、不能飲食、反胃、消渴、盜汗、尿頻等症。

羊肚中含有較多的膽固醇，營養學專家建議，最好不要以油炸的方式烹飪動物內臟，以免攝入過多膽固醇。

飲食禁忌

高血壓、高血脂症、動脈粥樣硬化等心腦血管疾病患者忌食。

清洗妙招

將羊肚用少量溫水加少許鹽稍加搓洗，然後用清水沖洗乾淨。

新鮮羊肚表面乾爽，濕度適宜，不會太乾，也不會發黏。

新鮮羊肚顏色發黃，表面無斑點、腫塊等異物。

新鮮羊肚有少許的腥味，沒有刺激性異味或者臭味。

羊肋脊 羊腰脊 羊臀尖肉 羊胸肉 羊五花 羊前腿 羊後腿

蔬菜羊肚湯

美食

▶ 健脾補虛，改善胃氣虛弱

材料：

羊肚300克，胡蘿蔔100克，馬鈴薯200克，香椿50克，薑片、蔥段、料酒、鹽、胡椒粉各適量。

做法：

1.將羊肚洗淨，切絲備用；胡蘿蔔、馬鈴薯切塊備用；香椿切段備用。

2.鍋內加水，放入胡蘿蔔塊、馬鈴薯塊、蔥段、薑片，煮至七成熟。

3.向鍋中加入羊肚絲、香椿段和料酒。

4.煮至肚絲全部浮上湯面時，轉小火煮15分鐘。

5.最後加鹽、胡椒調味即可。

功效：

胡蘿蔔含有豐富的食物纖維，可促進腸道的蠕動，能發揮整腸的功效。馬鈴薯對消化不良和排尿不暢有很好的療效。因此羊肚和胡蘿蔔、馬鈴薯搭配食用可健脾補虛，改善胃氣虛弱。

羊排

muttonchop

強筋壯骨、養陰補虛

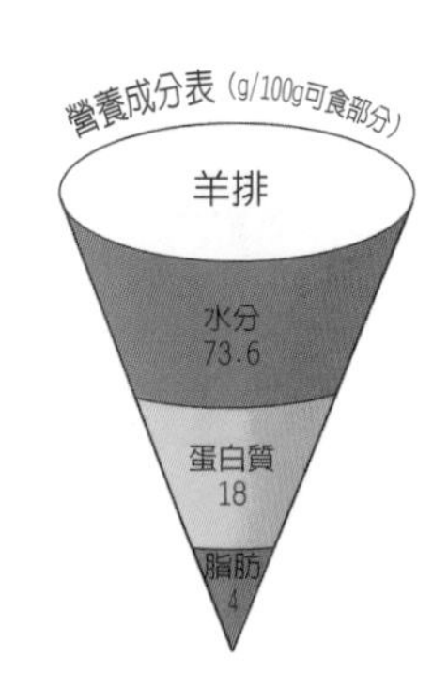

羊排又名羊肋條，即肋骨處連著肋骨的肉，外面覆蓋一層薄膜，肥瘦分布均勻，肉質鬆軟，非常適合烤、燒、燉等烹飪方式。羊排的營養非常豐富，含有優質蛋白質、脂肪、鈣、磷、鐵、維生素A、維生素B_6、維生素B_{12}等營養物質，具有強筋壯骨、養陰補虛的功效。

烤羊排是相當有特色的風味餐，選用上等新鮮的羊排，經過精心醃製，淋上獨特的醬料烤製而成，因此具有入口柔嫩、焦香濃郁的口感特點。

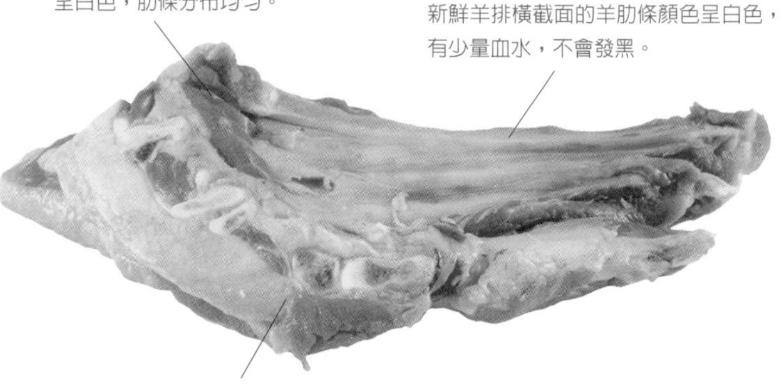

新鮮羊排的肉質呈紅色，脂肪呈白色，肋條分布均勻。
新鮮羊排橫截面的羊肋條顏色呈白色，有少量血水，不會發黑。
新鮮羊排的肉質鮮嫩，瘦肉多，外沿有一圈肉筋。

烹飪妙招

烤羊排的時候，在烤箱內放入一個裝滿水的器皿，可以防止羊排被烤焦。

保存方法

放入冰箱冷凍室保存。

動物性食物務必熟透再吃

未熟的畜肉中可能有旋毛蟲、囊蟲或條蟲，生吃肉類食物不但不能充分吸收營養物質，還會對身體造成一定的傷害。因此，肉類食物一定要加熱熟透後再吃。也就是將烹飪食物的溫度達到100℃，並保持一段時間。對於加熱羊排這類體積比較大的食物時，這點顯得尤為重要，一定要將烹飪的時間相應延長，確保食物已經徹底熟透，以免產生外熟裏生的現象。

針對症狀

身體乏力 ▶ 川味羊排 P91

體寒 ▶ 椒鹽羊排 P91

病後體虛 ▶ 魚羊呈鮮 P91

貧血

骨質疏鬆

美食

川味羊排

改善體質，降壓減肥

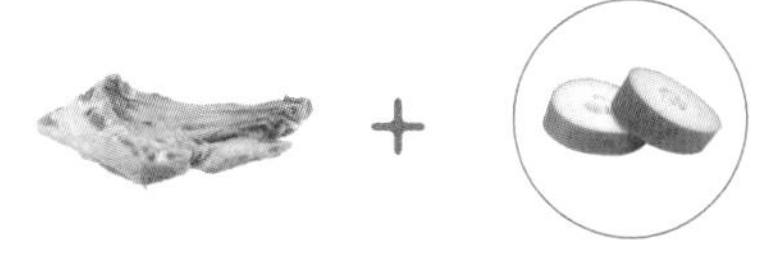

膳食功效

本道美食中含有豐富的膳食纖維和礦物質，身體易疲乏的人經常食用可以改善體質、降壓減肥。

材料：

羊排500克，冬瓜500克，薑片、八角、豆瓣醬、紅椒、油、鹽、胡椒粉、料酒各適量。

做法：

1.羊排剁小塊，開水中燙5分鐘，撈出洗淨，斬成段；冬瓜切塊。

2.油倒入鍋中，燒熱後放豆瓣醬和紅椒炒出香味，放羊排、薑、料酒、八角和清水大火燒沸，改小火燉60分鐘，放冬瓜再燉20分鐘。

3.將薑塊、八角撈出，加鹽、胡椒粉起鍋即可。

椒鹽羊排

驅寒暖體，改善體寒

膳食功效

本道美食味道辛辣，具有發散風寒的功效，能促進新陳代謝和血液循環，驅寒暖體，改善體寒。

材料：

羊排500克，辣椒1根，蔥末、蒜末、胡椒、鹽、糖、洋蔥、薑片、料酒、熟芝麻各適量。

做法：

1.羊排斬段，洋蔥切丁，辣椒切絲。

2.羊排放盆中，放洋蔥、糖、薑片、料酒和水抓勻，醃30分鐘。

3.羊排放入烤箱，烤至出油，取出瀝油。

4.油鍋燒熱後放辣椒、蒜、蔥爆香，倒入羊排，撒胡椒、鹽，至羊排呈金紅色，撒熟芝麻即可。

魚羊呈鮮

補虛養身，恢復元氣

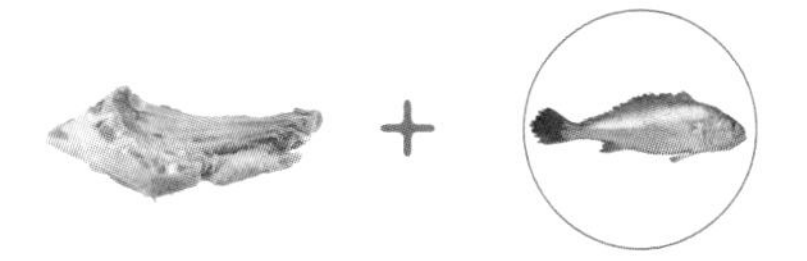

膳食功效

黃花魚富含優質蛋白質、不飽和脂肪酸，可增強體質、延緩衰老，與羊排同食可補虛養身，恢復元氣。

材料：

羊排350克，黃花魚1條，白蘿蔔、紅棗、花椒、乾辣椒、鹽、紹興酒、蔥、薑、蒜各適量。

做法：

1.魚切花刀，鹽醃10分鐘；白蘿蔔切塊。

2.羊排剁塊，用辣椒、花椒、鹽、紹興酒醃10分鐘，放鍋中，加清水燒開，小火燜40分鐘。

3.炒鍋放清水、黃花魚、紅棗、蔥、薑、蒜、羊排、白蘿蔔一起煮沸，小火燒10分鐘即可。

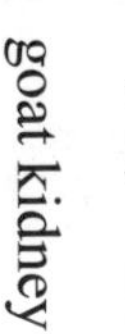

羊腎

goat kidney

補腎壯陽、益精生髓

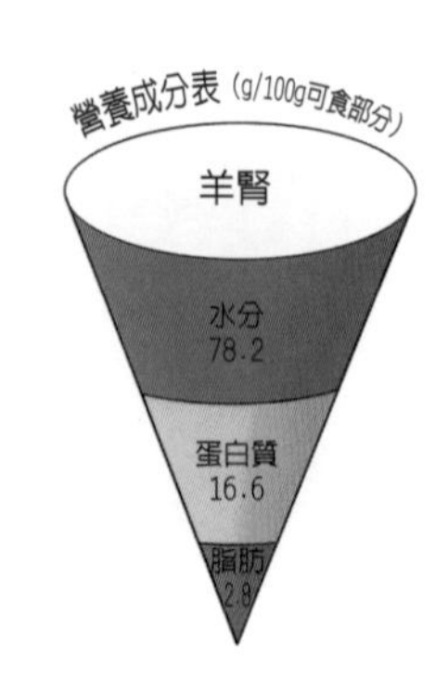

羊腎，又稱羊腰子。羊腎含有蛋白質、脂肪、維生素A、菸鹼酸、鉀、磷、鈉、硒等營養成分，具有補腎壯陽、益精生髓的功效，適合治療腰痠腰痛、遺精、陽痿、頭暈耳鳴、消渴、尿頻等症。

值得注意的是，羊腎不可過多食用，也不可頻繁食用。研究顯示，過多食用羊腎會導致重金屬沉澱在體內排洩不出去，反而會造成男性睾丸、附睾等組織器官發生結構功能上的退行性變化，導致男性生殖能力減退。

飲食禁忌

感冒發燒者忌食。

保存方法

放入冰箱冷凍保存。

新鮮羊腎呈紅色，表面無發黑發紫的異常變色現象。

新鮮羊腎富有彈性，用手指按壓會恢復，沒有變形現象。

新鮮羊腎有少許的血腥味，不會有異常的刺激性味道或臭味。

適量攝入膽固醇

每100克可食部分的羊腎平均含有289毫克膽固醇，而研究顯示，為防止攝入膽固醇過多而引起不良反應，建議成人每天攝入的膽固醇含量不得超過300毫克，如果是高血脂者，則不應超過200毫克。

雖然過多攝入膽固醇會引起血脂升高，但研究表明，膽固醇對人體也有著重要的生理意義，例如參與細胞膜和神經纖維的組成。膽固醇數值過低還會使某些惡性腫瘤的發病率升高。

針對症狀

陽痿 ▶ 杜仲煨羊腰 P93

遺精

腰痠腰痛

頭暈耳鳴

消渴

尿頻

筋骨無力

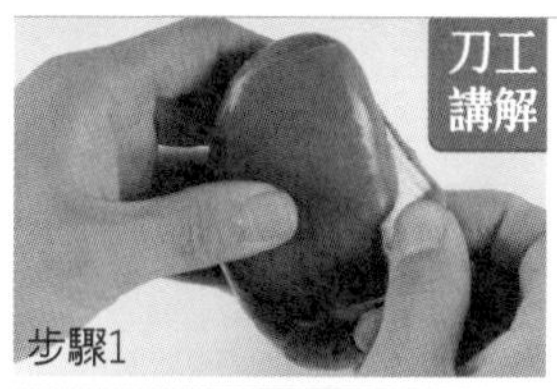

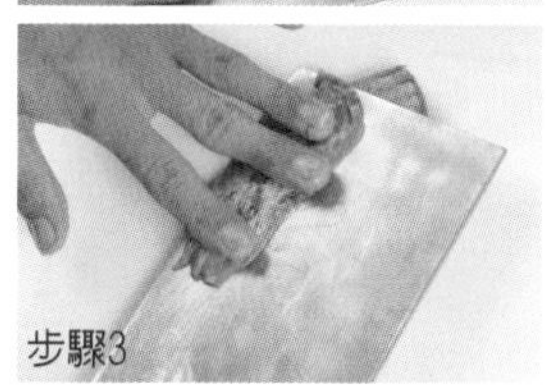

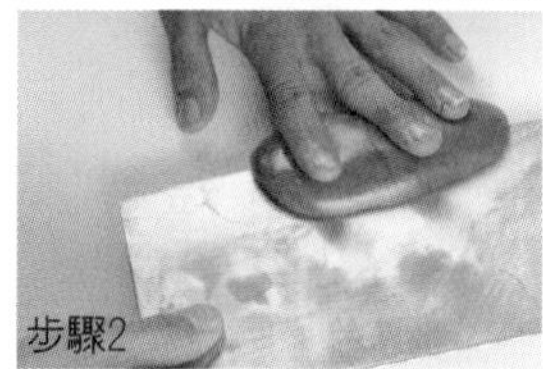

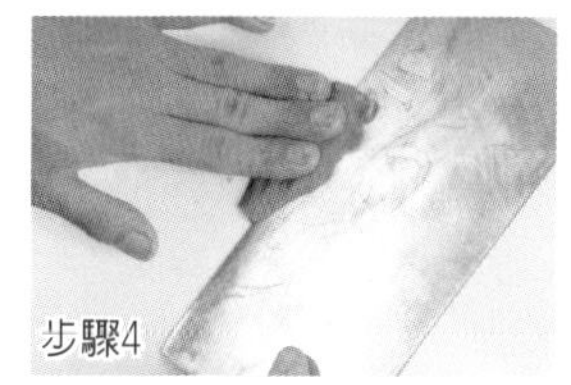

美食

杜仲煨羊腰

操作步驟

步驟1
剝去羊腰外衣

步驟2
羊腰背後開一刀

步驟3
切去羊臊筋

步驟4
將羊腰片成片

材料：

羊腎1個，杜仲10克，生薑2片，紅花油1勺，鹽適量。

做法：

1.羊腎用清水泡，去除異味，清洗後切片。

2.杜仲過水洗，去除雜質。

3.先將1勺油放入鍋中，加熱到六分熱時放入生薑兩片熗鍋，之後把羊腰放入鍋中翻炒2分鐘，再把杜仲放入，同時加1碗水，小火煨30～40分鐘，出鍋前放適量鹽即可。

羊腎加杜仲，有效改善陽痿

本道美食適合在腎陽虛的情況下食用。杜仲、羊腰皆具有補腎助陽的功效，對陽痿、腰膝痠軟等症可發揮一定的調理作用。此外，杜仲還可以補肝腎、強筋骨，對於改善腎虛腰痛、筋骨無力、高血壓等症效果顯著。

陽痿是指男子在有性欲時，陰莖不能成功勃起或勃起不完全而妨礙性交的一種疾病。精神因素、神經系統病變、內分泌病變、泌尿生殖器官病變以及慢性疲勞等因素，都可能引發陽痿。

除了羊腎和杜仲外，核桃、韭菜、枸杞、桂圓都具有補腎壯陽的功效，對於改善陽痿有一定的輔助作用。

魔法的飲食搭配

韭菜——助陽固精的「起陽草」

韭菜口感香辛，是人們日常餐桌上常見的食材。其富含維生素B_2、胡蘿蔔素、維生素C及鈣、鐵、鋅、磷等礦物質。最珍貴的是其富含的鋅，使韭菜具有助陽固精的功效，中醫藥典中曾贈其美譽——起陽草。

食用韭菜可以改善早洩、遺精、陽痿、多尿、洩瀉、經閉、腹中冷痛、胃中虛熱、腰膝痛和產後出血等症。

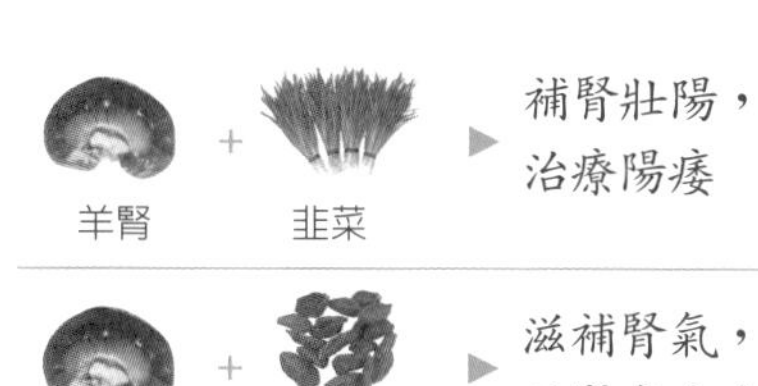

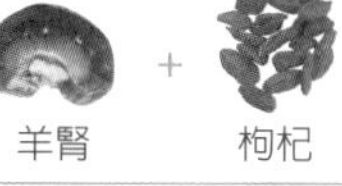

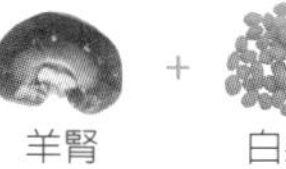

羊肝

lamb liver

補益肝臟、養護眼睛的上等食材

營養成分表（g/100g可食部分）

羊肝	
水分	69.7
脂肪	7.4
蛋白質	3.6

羊肝即羊的肝臟，含有蛋白質、脂肪、維生素A、鐵、磷等營養素，具有養肝、明目、益血的功效。羊肝富含的維生素A可有效防治夜盲症和視力減退，改善多種眼部疾病；羊肝富含的鐵是產生紅血球必需的元素，可有效預防缺鐵性貧血，適量食用可使皮膚紅潤有光澤，改善疲倦、臉色青白等症狀；羊肝富含的維生素B2可幫助細胞進行氧化還原，具有促進身體代謝的功效。

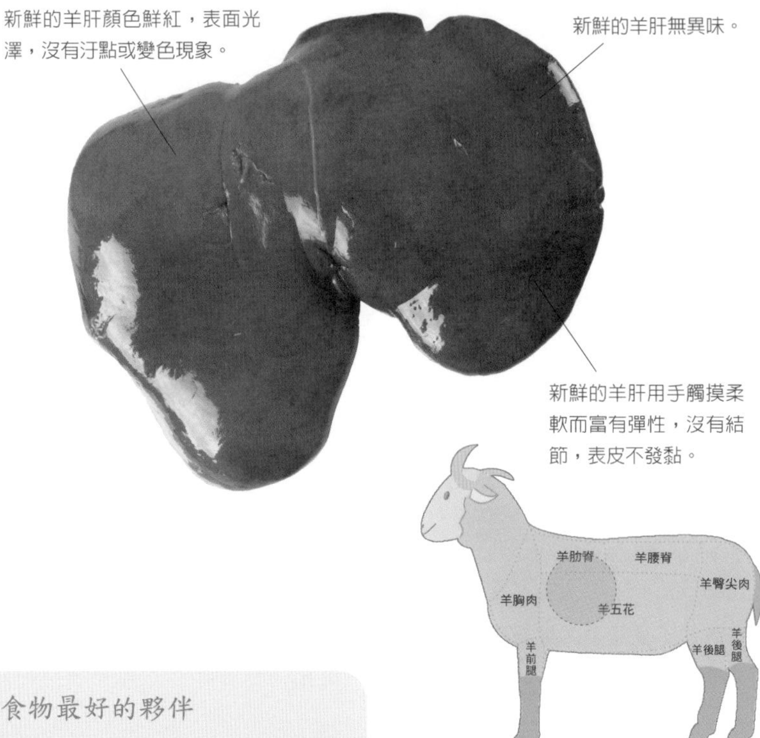

清洗妙招

肝是解毒器官，因此鮮肝不要急於烹飪，首先將其放在水龍頭下沖洗10分鐘，然後放在水中浸泡30分鐘。

保存方法

無論是生的或已煮熟切好的羊肝，可用沙拉油將其塗抹攪拌，再放入冰箱冷藏，可延長羊肝的保鮮期。

烹調油是肝類食物最好的夥伴

由於羊肝等肝類食物中富含的維生素A屬於脂溶性維生素，因此當經過烹調油的烹飪，維生素A更能發揮其營養價值。

日常生活中，我們常常會長時間食用一種烹飪油，這樣便會造成營養的單一性，不妨嘗試經常更換烹調油的種類。大豆油、玉米油、花生油、芝麻油、橄欖油、菜籽油等植物油脂肪酸構成不同，都各具營養價值。

針對症狀

夜盲症 ▶ 羊肝蘿蔔粥 P95

眼睛乾澀　貧血

皮膚粗糙　疲倦

視力下降　青春痘

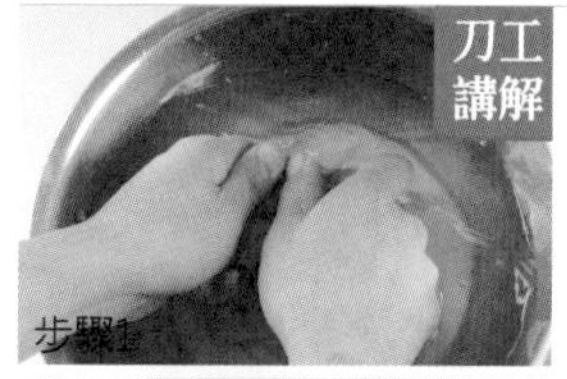

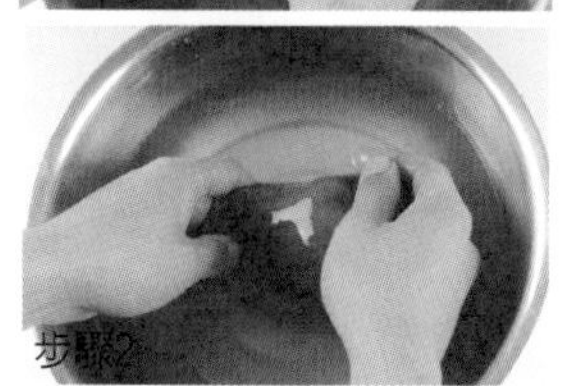

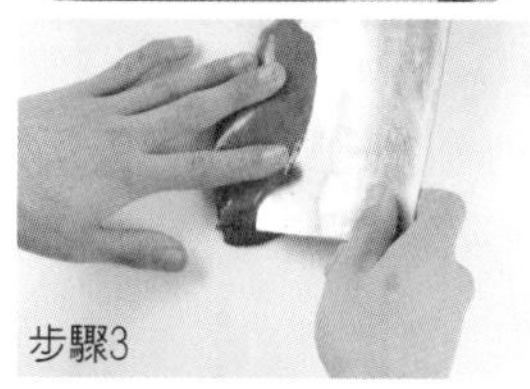

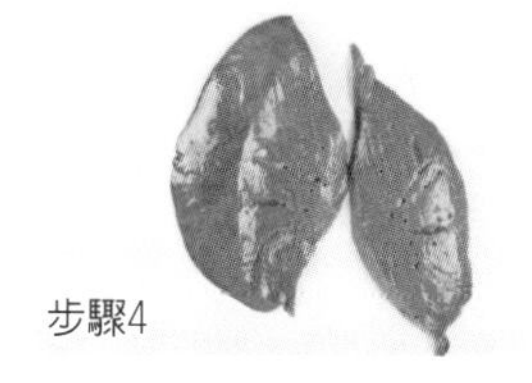

操作步驟

步驟1
用清水浸泡羊肝

步驟2
將羊肝清洗乾淨

步驟3
將羊肝切成片狀

步驟4
完成

羊肝蘿蔔粥

材料：

羊肝150克，胡蘿蔔100克，白米100克，蒜蓉、沙拉油、蔥花、鹽各適量。

做法：

1.羊肝和胡蘿蔔切丁，把肝片用紹酒、薑汁醃製10分鐘。
2.蒜蓉熱油爆香後，入肝片，大火略炒，盛起。
3.將白米用大火20分鐘熬成粥，然後加入胡蘿蔔，燜15～20分鐘，再加入肝片，並下鹽和蔥花即成。

羊肝加胡蘿蔔，預防夜盲症

羊肝含有豐富的維生素A，具有補血明目的功效，可防治夜盲症和視力減退，對多種眼疾的治療都有一定的幫助。胡蘿蔔富含胡蘿蔔素，具有補肝明目的作用，可治療夜盲症。

夜盲症是指在夜間或光線昏暗的環境下看不清，行動出現障礙的一種疾病。而維生素A是構成視覺感光物質的重要元素，可提高眼睛在較暗光線下的適應能力，可有效改善夜盲症。除羊肝和胡蘿蔔外，豬肝、牛肝、雞肝、蛋類、奶油、魚肝油、菠菜、韭菜、油菜、薺菜等都含有豐富的維生素A或胡蘿蔔素，具有預防夜盲症的功效。

魔法的飲食搭配

羊肝不宜與富含維生素C的食材同食

羊肝中鈣、鐵、磷等金屬元素含量非常豐富，而這些元素能使食材中的維生素C氧化為脫氫維生素C，從而使維生素C失去原有的功效。同理，富含金屬元素的豬肝、牛肝、雞肝等其他動物肝臟類食物都不宜與富含維生素C的食材同食。

含豐富維生素C的食物包括奇異果、紅棗、青椒、草莓、柚子、柑橘、西瓜、綠葉蔬菜等。

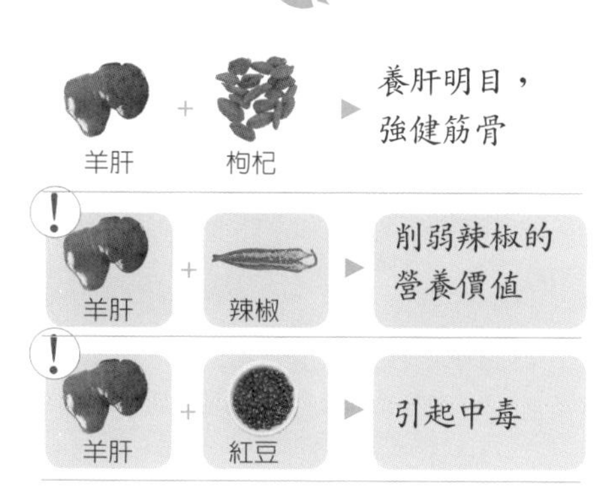

羊腦

goat brain

益陰補髓、潤肺澤肌

羊腦即羊的腦髓，含有蛋白質、脂肪以及磷、鉀、硒、鈣等礦物質，具有益陰補髓、潤肺澤肌的功效，適合治療肺癆、虛勞羸弱、咳嗽無痰、骨蒸勞熱、中老年皮毛憔悴、枯槁無華等症。

羊腦中膽固醇的含量極高，因此中老年人，尤其是心血管疾病患者應忌食羊腦。此外，感冒發熱期間也應忌食羊腦。

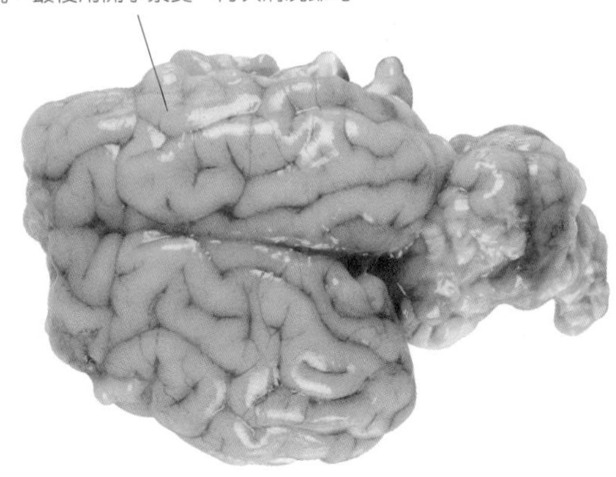

新鮮羊腦呈淡粉紅色且質地細嫩。處理羊腦時先將羊腦用鹽水泡一個小時，然後用清水反覆清洗，最後用開水氽燙，再次清洗即可。

養生妙方

將一副羊腦洗淨，與30克枸杞盛在碗中，加適量的蔥末、薑末、料酒、鹽，攪拌均勻後上鍋蒸製，直至呈豆腐腦狀。本方具有補腦、調養軀體疲勞的功效。

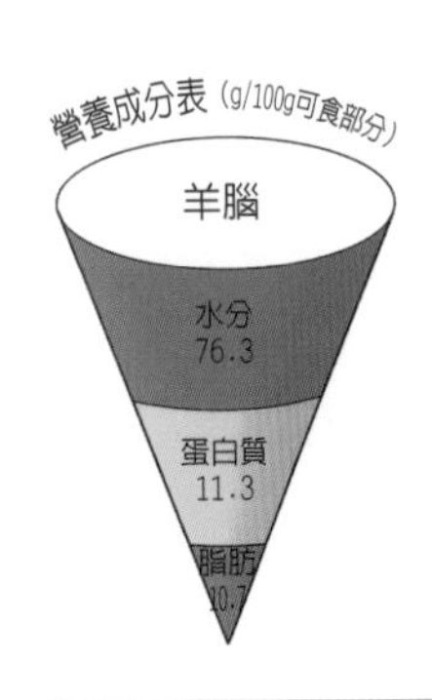

羊肺

goat lung

補益肺氣、利尿行水

羊肺即羊的肺部，含有豐富的蛋白質、脂肪、磷、鐵、維生素E等營養素，具有補益肺氣、利尿行水的功效，適合治療肺痿咳嗽、消渴、小便不利或頻數等症。

人體肺臟主要功能是吐故納新、吸清呼濁，調節人體內氣機的升降出入。除羊肺外，梨、杏、香蕉、蘋果、梅子、草莓、西瓜、橄欖、薏仁、柿子、花生、木耳等蔬果也有補養肺臟的功效。

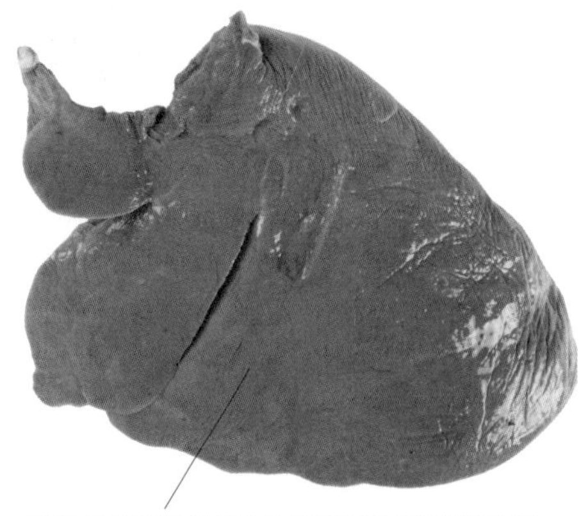

將新鮮羊肺的肺管套在水管下反覆清洗乾淨後，然後放水中煮30分鐘。撈出放涼，切成片，加入油、鹽、蒜汁拌勻即可食用。

養生妙方

將一具羊肺洗淨，將一兩杏仁（淨研）、柿霜、真酥、真粉分別和二兩白蜜入水攪勻，灌入肺中，白水煮熟食用。本方可治療久嗽肺燥、肺痿。

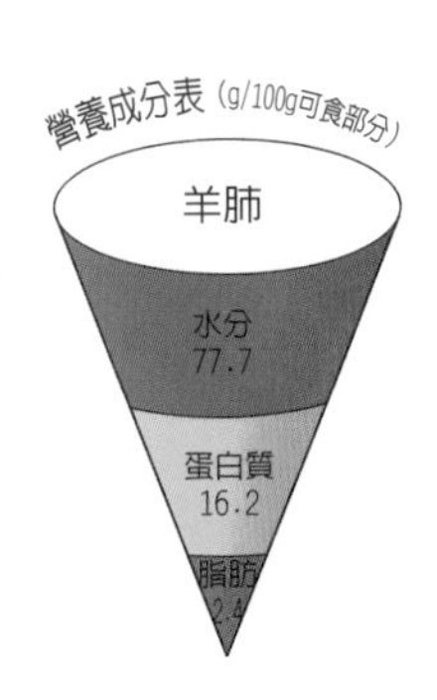

羊血 goat blood

活血補血、止血化淤

羊血含有蛋白質、鈣、鐵、鈉等營養物質，具有活血補血、止血化淤的功效，適合治療腸風痔血、產後血暈、婦女崩漏、外傷出血、跌打損傷等症。

羊血中含有較爲豐富的鈉，如鈉持續處於不足的狀態時，人體便會出現食欲不振、倦怠、精神不安等症，因此每日應適當攝取鈉。

優質羊血一般呈暗紅色，加熱後會出現較均勻的氣孔，摸起來比較硬且容易碎。不要購買顏色十分鮮豔、表面較光滑柔嫩的羊血。

養生妙方

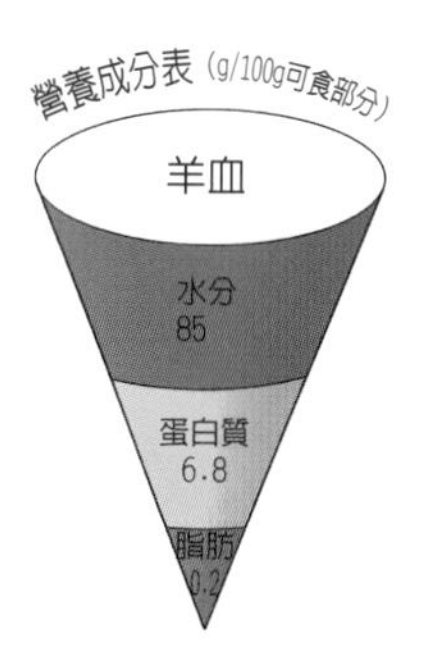

將200克羊血切成小塊，放入碗中，倒入5克米醋，煮熟後用少許食鹽調味。本方具有化淤止血的功效，適合治療內痔出血、大便出血等症。

羊蹄筋 mutton tendon

養顏美容、強筋壯骨

羊蹄筋，又稱羊筋。將羊小腿的韌帶經過剔取、拉直、陰乾等製作工藝，紮成小把的食材即羊蹄筋。

羊蹄筋含有豐富的蛋白質，膠原蛋白尤爲豐富，脂肪和膽固醇的含量很低。羊蹄筋具有養顏美容、強筋壯骨的功效，可使皮膚更富有彈性和韌性，也能預防腰膝痠軟、骨質疏鬆，非常適合中老年女性食用，同樣適合生長發育遲緩的青少年。

新鮮的羊蹄筋呈粉白色，富有彈性。顏色過於發白、有刺激性味道的羊蹄筋大多數是用化學藥劑泡製的，盡量不要購買。

養生妙方

將一具羊蹄筋處理乾淨，用小火燒至黃赤，水煮半熟，放30克胡椒、蓽撥、乾薑，蔥白1升，豉2升，煮至極爛、除藥，每日一具，七日一療程。本方主治五癆七傷。

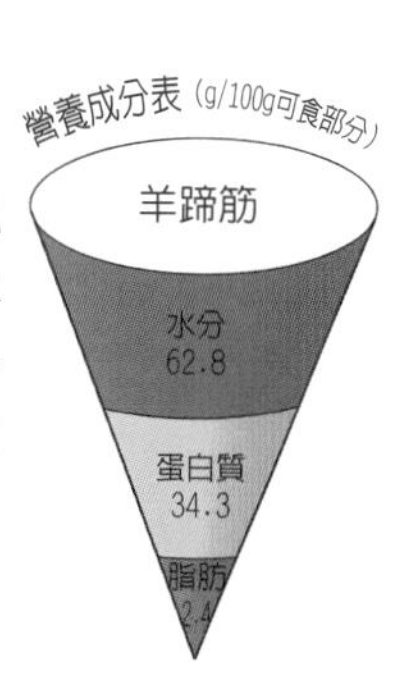

雞肉類 chicken

溫中益氣、補虛填精、增強體力

雞肉肉質細嫩，營養豐富，是營養學倡導的健康「白肉」。

雞翅中含有較多的膠原蛋白，可以強健血管和美化皮膚。

雞腿中的蛋白質種類較多且消化率高，易被人體吸收利用。

烤雞頭、滷雞頭、紅燒雞頭是廣受歡迎的下酒菜。

雞心營養豐富，口感別具一格，肉質柔嫩，富有嚼勁。

雞肝含維生素A、鐵、硒、鋅等，可保護眼睛、皮膚的健康。

雞胗口感脆嫩，常採用炸、爆、滷、烤等多種烹飪方式。

雞爪膠原蛋白含量豐富，具有豐胸美容、軟化血管的功效。

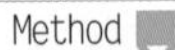

雞肉各部位適合的烹飪法

雞頭

雞頭一般用來熬煮雞高湯，或者做成滷味。

雞爪

雞爪含有豐富的膠質，最好用來做滷味料理。

雞胸肉

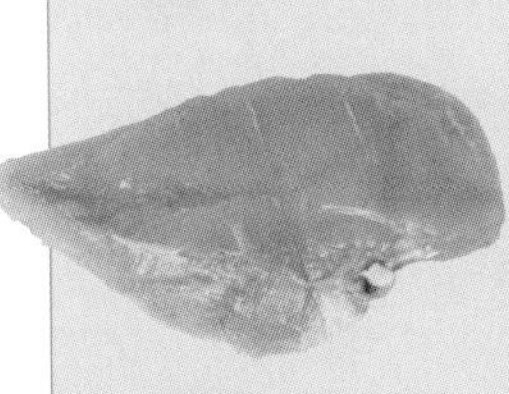

在國外，雞胸肉被認為是純正的白肉，其脂肪含量低，而且富含蛋白質。因為雞胸肉的肌肉纖維比較長，所以口感比較澀，在油炸的時候千萬不要炸得太久，以免影響口感。

雞柳條

雞柳條是雞胸肉中間比較嫩的一塊組織，因為分量少，所以與雞胸肉相比，價錢較貴。雖然同樣是雞胸肉，但是雞柳條吃起來更鮮嫩多汁。

全雞腿

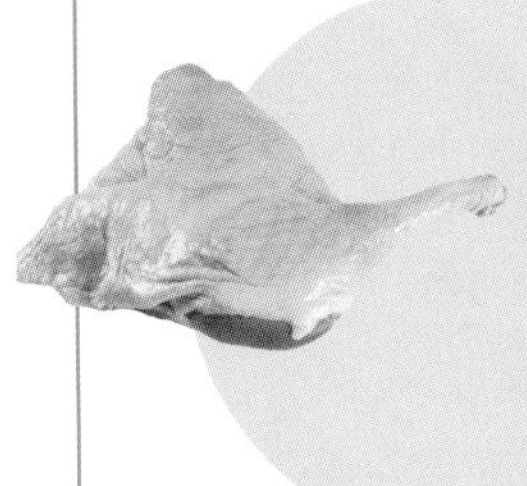

全雞腿是雞大腿上方包括連接軀乾部位的雞腿排部分，這裏的肉質細嫩多汁，適合各種烹飪方法，做炸雞時，通常將雞腿與雞腿排部分切開，分別油炸。

雞脖子

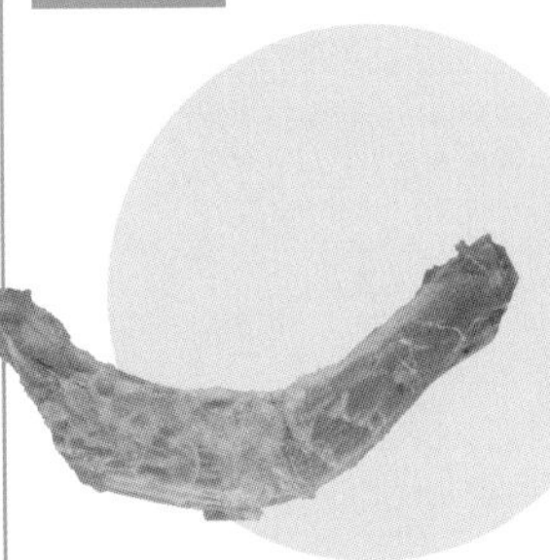

雞脖子肉質比較有嚼勁，不僅食用方便，而且風味獨特，所以適合做成各種料理，做成滷味也很好吃。

雞翅腿

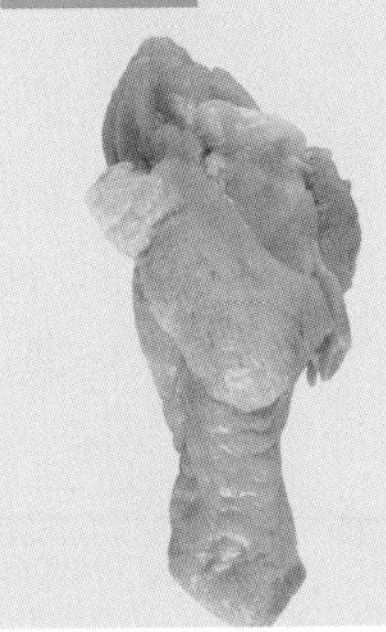

雞翅腿就是連接雞翅和軀乾的臂膀部分，這個部位的運動量比較大，肉質較有韌性。但是雞翅腿的肉不多，而且和骨頭連得很緊，不容易分離。

雞翅

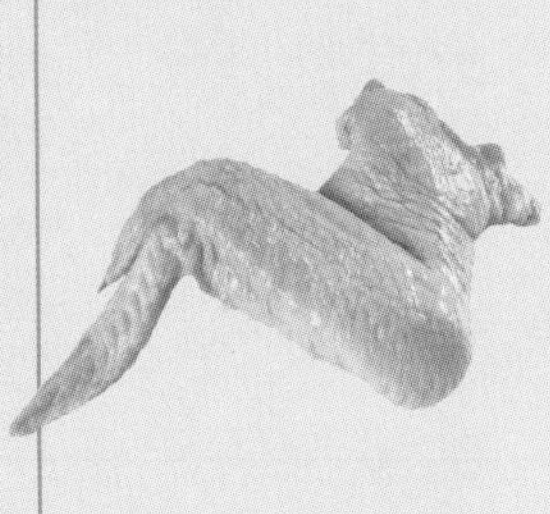

在市場上售賣的有二節翅和三節翅，二者的區別在於是否帶有雞翅腿。雞翅上的肉雖然少，但是皮富含膠質，而且油脂少，多吃可以讓皮膚變得更有彈性。

Method

雞肉處理的五大技巧

整雞分切法

也許你買回一隻全雞後，卻不知道該如何分解。這其實很簡單，先把雞頭和雞爪剁下來，再對著雞腹中間切成兩半，然後分別剁下雞翅和雞腿，其餘的雞肉只要剁成塊狀就可以了。

雞肉分切法

雞肉的肉質比較細嫩，所以在切雞肉的時候，不管是切肉條還是切肉絲，都必須順著紋路切，這樣切出來的雞肉在經過加熱烹調之後，才不會出現捲縮的形狀影響口感。

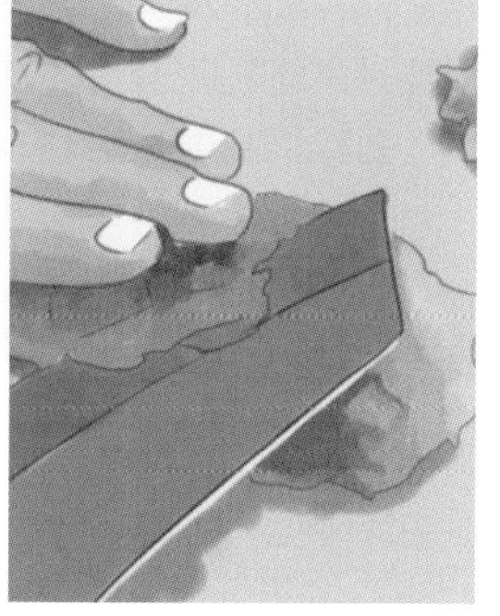

雞胸去骨法

買回家的帶骨雞胸肉先用刀子切出需要的分量，然後把雞胸裏面的骨頭劃開取出來就可以了。如果想做得更細緻一些，那麼可以把影響口感的帶筋的部分去掉。

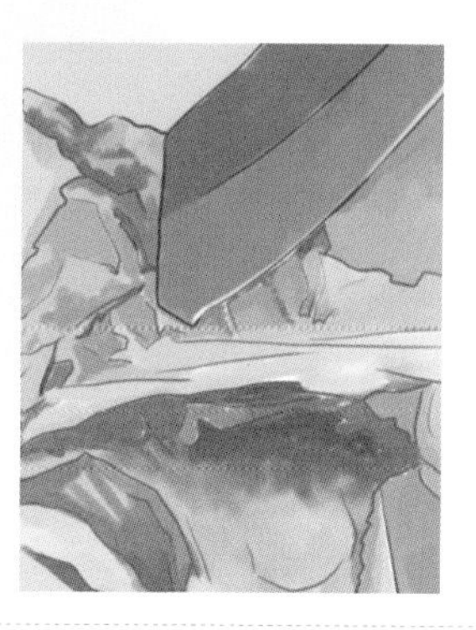

雞腿去骨法

雖然我們時常都用一整隻雞腿做料理，但是有時候也需要先把雞腿中的骨頭去掉。如果想剔除雞腿中的骨頭，可以先把連著雞腿的胸骨部分切掉，然後順延著雞骨邊的內側和外側分別劃開，就會看見完整的雞腿骨，再將雞腿骨的底端敲斷，這樣就能輕輕鬆鬆取出骨頭了。

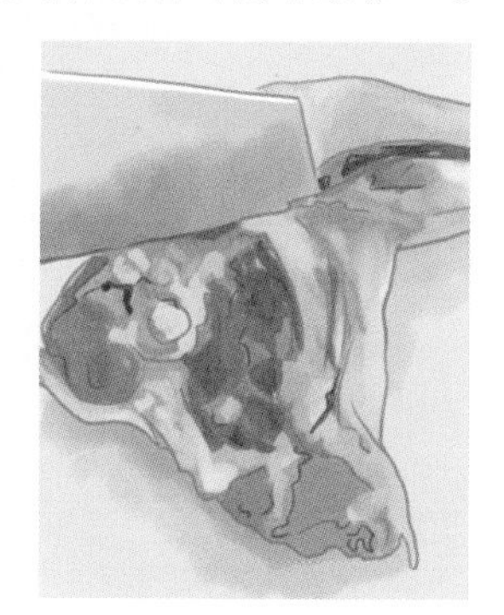

雞翅去骨法

一般來說，把雞翅中的骨頭去掉，是為了能夠往裏面塞餡料。所以，如果需要剔除雞翅骨的話，就要先把雞翅底部的雞肉用刀子切開，再將雞皮朝外拉並向後翻轉，這時就能看見裏面的小節骨頭了，然後用刀子將骨頭剁下取出即可。

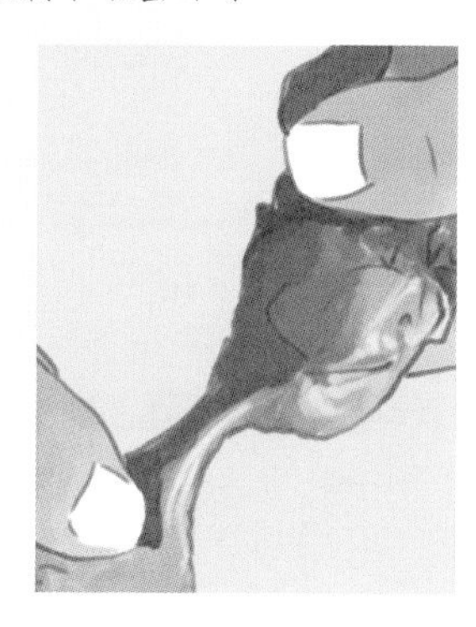

Method

雞肉的烹飪關鍵點及保存要點

雞肉

烹飪雞肉的3個關鍵點

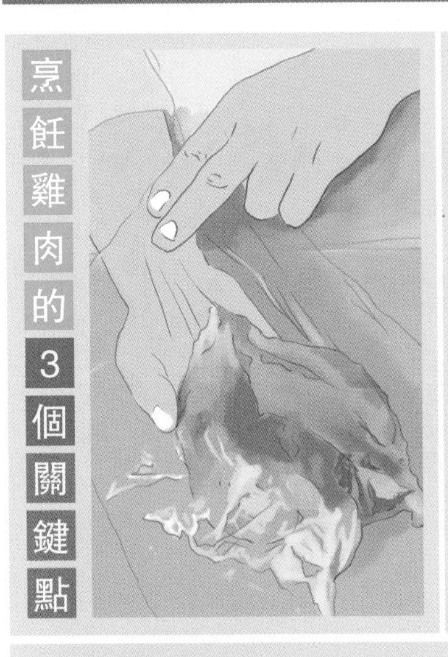

Point1 掌握好溫度是關鍵

一般來說，烹飪全雞或者帶骨的雞塊，最好使用81°C左右的溫度，但是烹飪去骨的雞肉只需要70°C的溫度就可以。

Point2 降低熱量，為健康加分

一般來說，雞肉的脂肪大都在雞皮中，所以，不管是在烹飪前還是在烹飪後，最好能夠將雞皮去掉，這樣能大大降低雞肉的熱量。

Point3 選擇適合的調味料，保留雞肉的天然味道

不管是炸雞還是燉雞，最好能使用天然的食材作為調味料，例如蔥、薑、香菇、胡椒粉等，可以使雞肉更加美味。

雞肉的5大保存要點

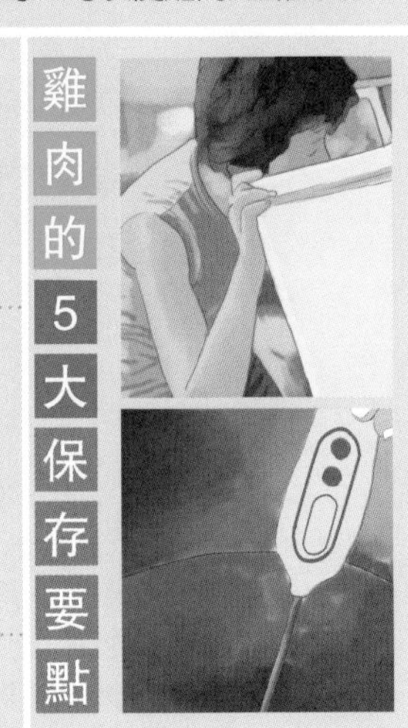

Point1 雞肉用不透氣袋包好

把雞肉放進冰箱保存之前，要先把雞肉用不透氣的或者不浸水的蠟紙或錫箔紙、塑膠袋包裹好，這樣才能防止雞肉在冷藏室中散失水分導致雞肉變乾而影響烹飪後的口感。

Point2 吃剩的雞肉放入冰箱

如果做好的雞肉一頓吃不完，在存放剩餘的雞肉時，最好把肉和肉汁或者配料分開包裝，然後再放入冰箱冷藏，並且要盡快在一兩天內吃完；如果你想讓保存的時間更長一點，可以分開包裝後，放入冰箱的冷凍室內保存。

Point3 解凍後迅速烹飪

為了確保食用安全，雞肉解凍後，一定要迅速料理完畢，避免雞肉腐壞。

Point4 烹飪後要好好保存

一般來說，烹煮好的雞肉料理在室溫中最好別超過兩個小時，如果不能夠在兩個小時內享用，就最好能夠放入冰箱冷藏，以防雞肉變味。

Point5 肉類和內臟分開保存

雞內臟在保存的時候容易滲出血水，所以，為了避免血水滲入雞肉，生雞肉在包裝冷藏時，一定要和內臟分開包裝。

雞肉

chicken

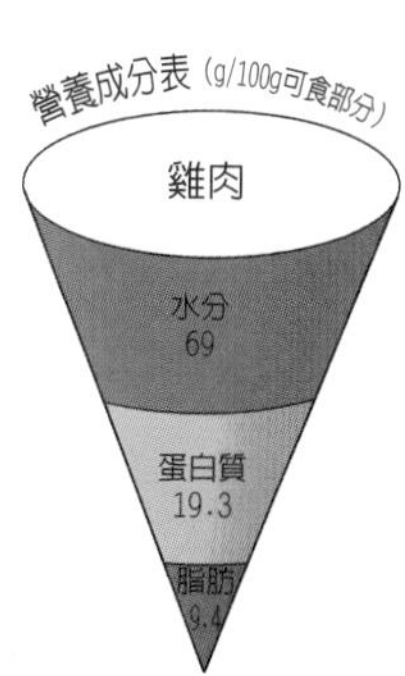

滋補養身、防治疾病的健康「白肉」

雞肉肉質細嫩，營養豐富，是營養學家倡導的健康「白肉」，適合老年人、兒童、腸胃虛弱的人食用。雞肉含有蛋白質、不飽和脂肪酸、維生素A、維生素B群等營養成分。雞肉所含的蛋白質屬於易消化的蛋白質，所含的甲硫胺酸屬於能預防脂肪肝的有效成分，所富含的不飽和脂肪酸則可控制血液中的膽固醇。此外，脂肪多含於雞皮中，只要去除雞皮就可獲得高蛋白、低熱量的肉。因此，雞肉可作爲減肥食材。

飲食禁忌

感冒發熱、肥胖症、高血壓、血脂偏高、膽囊炎、膽結石患者忌食。

保存方法

雞肉容易腐壞，最好在當天吃完。新鮮的雞肉可存放在冰箱的冷藏室中，最理想的保存溫度是2℃～4℃。

新鮮雞肉的肉質結實，排列緊密。表面較乾或含水較多都不宜購買。

新鮮雞肉顏色呈乾淨的粉紅色，具有透明感和光澤。

新鮮雞肉富有彈性，指壓後凹陷能立即恢復。

雞翅
雞翅根
雞胸肉
雞腿

提倡食用雞肉等白肉類食物

禽類、魚類食物在西方國家被稱為「白肉」，其脂肪含量要遠遠低於畜肉，且不飽和和脂肪酸的含量較高，對預防心腦血管疾病和血脂異常有很重要的作用，因此營養學家提倡多食用雞肉等白肉類食物。

雞肉富含多種不飽和脂肪酸。不飽和脂肪酸雖然能預防心腦血管疾病，不過卻容易氧化。因此必須趁鮮食用，最重要的是要搭配富含維生素E等抗氧化作用的食物一同食用。

針對症狀

動脈硬化 ▶ 宮保雞丁 P104
皮膚粗糙 ▶ 老北京捲餅 P105
畏寒怕冷 ▶ 飄香雞火鍋 P105
胃腸虛弱 ▶ 咖哩雞 P105

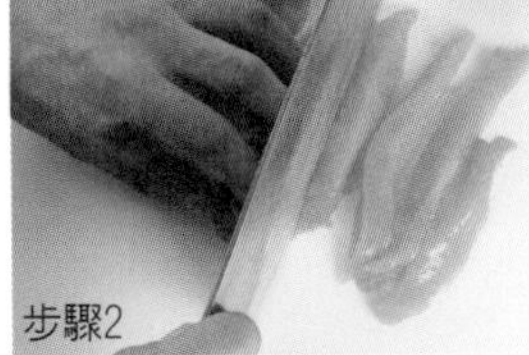

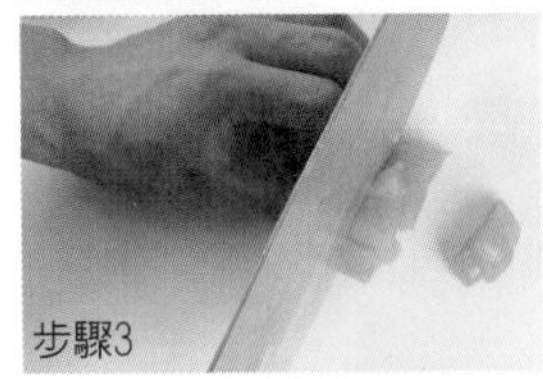

宮保雞丁

操作步驟

步驟1
將雞肉切成厚片

步驟2
再將厚片切成條

步驟3
再將條切成丁

步驟4
完成

材料：

雞脯肉300克，花生50克，鹽、醬油、濕澱粉、白糖、醋、高湯、花椒、乾紅辣椒、料酒、薑、蔥、植物油各適量。

做法：

1.雞丁加鹽、醬油、濕澱粉拌勻；花生炒熟；辣椒切段。

2.白糖、醋、醬油、高湯、濕澱粉製成芡汁。

3.將辣椒炒至棕紅，加雞丁，再加料酒、薑、蔥、花椒炒香，最後倒芡汁，加花生炒勻即可。

雞肉加花生，預防動脈硬化

雞肉中富含亞麻酸和亞油酸等不飽和脂肪酸，搭配富含維生素E的花生一同食用，可以有效防止不飽和脂肪酸被氧化，使不飽和脂肪酸發揮其作用。因此雞肉加花生能降低膽固醇，預防動脈硬化和高血壓，也可促進血液循環，還能改善手腳冰冷。同時，花生中富含的維生素E還可以保持膚色紅潤，創造出有張力的肌膚。

此外，花生中含有屬於維生素B群的可抗脂肪的膽鹼，還含有能防止過氧化脂肪增加的皂草苷及可預防老年癡呆症的卵磷脂，因此花生也是一種預防記憶力減退的優良食品。

肉類在飲食中的死對頭

雞肉不可與鯉魚同食

雞肉性甘溫，鯉魚性甘平。雞肉補中助陽，鯉魚下氣利水，性味不反，但功能相剋。此外，魚類皆含豐富蛋白質、微量元素、酶類，及各種生物活性物質。雞肉成分亦極複雜，二者可發生一些不良的生化反應，不利於身體健康。

此外，李子為熱性之物，雞肉乃溫補之品，若將二者同食，恐助火熱，無益於健康。

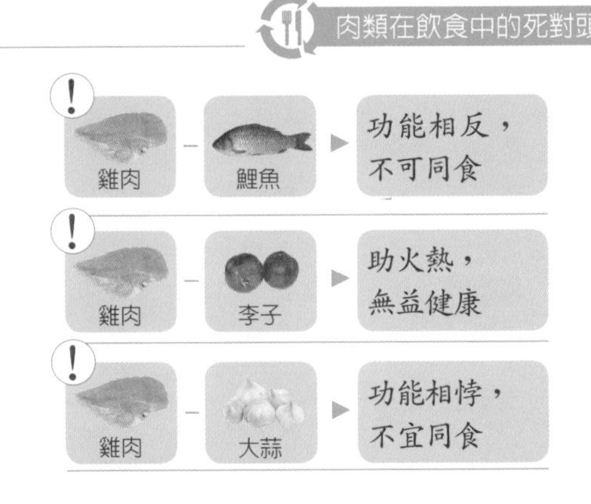

美食

老北京捲餅

美化皮膚，預防肥胖

雞肉　　紫甘藍

膳食功效

雞肉富含維生素 B_2，紫甘藍富含維生素 C，二者同食可美化皮膚，還能預防肥胖。

材料：

雞胸肉一塊，薄餅10張，紫甘藍100克，萵苣100克，醬料1份，鹽、醬油、料酒、澱粉、油、胡椒粉、熟芝麻各適量。

做法：

1.紫甘藍和萵苣切細絲，擺盤；雞肉切塊，放鹽、醬油、料酒抓勻，醃10分鐘，滾上一層澱粉。

2.適量油倒鍋中，燒熱後放雞肉滑炒，加醬油和胡椒粉翻炒至熟。

3.雞肉盛入盤中，均勻撒上芝麻，同時擺入醬料和薄餅。

飄香雞火鍋

補充熱量，改善畏寒怕冷

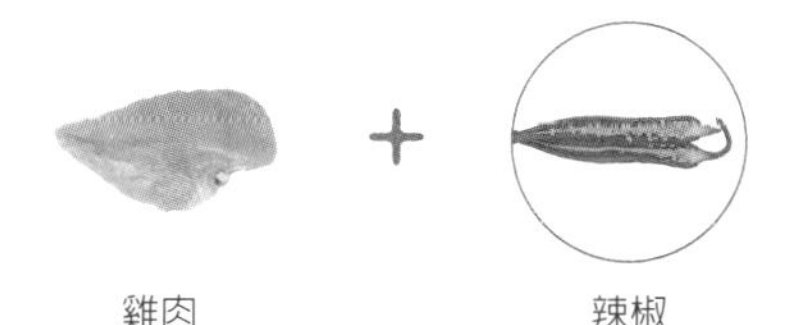

雞肉　　辣椒

膳食功效

本道美食口味麻辣，可為人體補充充足的熱量，改善畏寒怕冷的症狀。

材料：

雞肉500克，紅椒3個，青椒1個，青筍、黑木耳各20克，薑、蔥、八角、小茴香、白湯、雞精、料酒、胡椒粉、油各適量。

做法：

1.青椒、紅椒切圈；青筍切條；雞肉切丁，汆燙。

2.鍋下油加熱；放木耳、青筍、薑、蔥、八角、小茴香和雞肉，炒香後加白湯，放雞精、料酒、胡椒粉、紅椒，燒沸後撇除浮沫，倒入火鍋盆，撒上青椒。

咖哩雞

和胃健中，改善胃腸虛弱

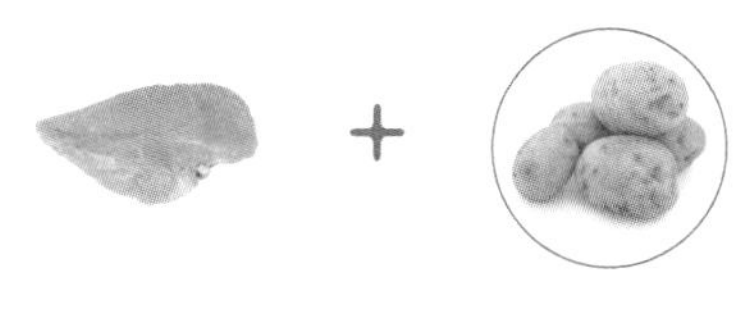

雞肉　　馬鈴薯

膳食功效

馬鈴薯的主要成分為澱粉，能很好地促進脾胃的消化，雞肉與之同食可和胃健中，改善胃腸虛弱。

材料：

全雞1隻，馬鈴薯數顆，鹽、料酒、雞精、咖哩汁、蔥段、薑末等各適量。

做法：

1.馬鈴薯削皮切塊；雞洗淨後瀝乾，切成塊。

2.油鍋置上燒熱，先放蔥、薑爆香，然後把雞塊放進去翻炒，至雞肉發白時倒入咖哩汁。

3.然後放馬鈴薯塊、鹽、雞精、料酒及適量的水，以小火燉。直至馬鈴薯軟爛，鍋中汁水煸乾，即可起鍋食用。

雞翅
chicken wing

溫中益氣、補精添髓、強腰健胃

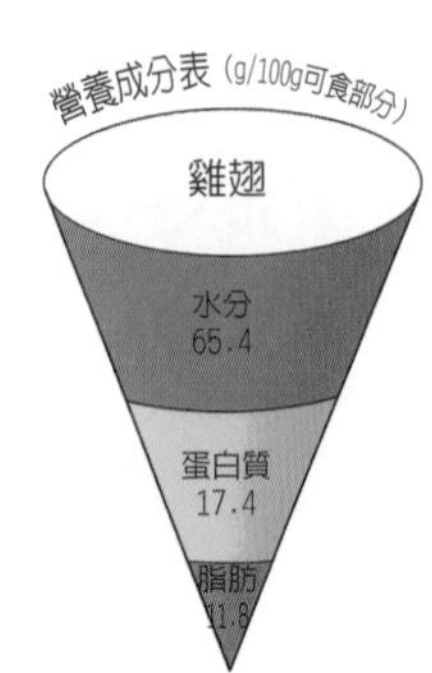

雞翅即雞的翅膀，含有蛋白質、維生素A、磷、鉀等營養成分，具有溫中益氣、補精添髓、強腰健胃等功效。

雞翅中含有較多的膠原蛋白，可以強健血管和美化皮膚，對於保持皮膚光澤、增強皮膚彈性均有一定的作用，對於維持血管和內臟的基本功能也有一定的幫助。此外，雞翅中所含的維生素A對於維持視力、促進皮膚的新陳代謝以及骨骼的發育、胎兒的生長發育都有一定的幫助。

飲食禁忌

雞翅由於包裹著雞皮，因此脂肪含量高於普通雞肉，肥胖者應少食，尤其是油炸過的雞翅熱量更高。

保存方法

新鮮雞翅用保鮮袋或保鮮盒裝好，放入冰箱冷凍室保存。

新鮮的雞翅偏粉白色，顏色不要過於發白，有可能是經化學藥劑浸泡過。
新鮮的雞翅氣味正常，無氨味或酸味。
新鮮的雞翅富有彈性，表面微乾不發黏，不要購買注水後濕潤不發黏的和乾燥發黏的。
雞翅
雞翅根
雞胸肉
雞腿

油炸食品不宜多吃

脂肪是高能量的營養物質，1克脂肪就能提供9大卡的能量，而食物經過油炸後，熱量還會大大增加。例如，100克雞翅可以提供能量240大卡，經油炸後100克雞翅的能量可高達337大卡；100克蒸熟的馬鈴薯能量是70大卡，等重的馬鈴薯炸成薯條後便會成為50克的薯條，能量高達138大卡。這些增加的能量都是來自食用油。油炸食物攝入過多會導致肥胖，對心腦血管造成負擔，應注意不宜多吃。

針對症狀

症狀	食譜
皮膚暗淡	▶ 青椒雞翅 P107
動脈硬化	▶ 鳳蝦釀雞翅 P108
疲勞	▶ 板栗燒鳳翅 P108
便秘	▶ 雞翅香菇麵 P108

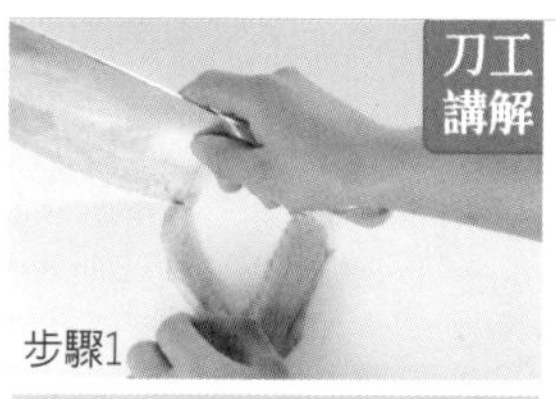

步驟1

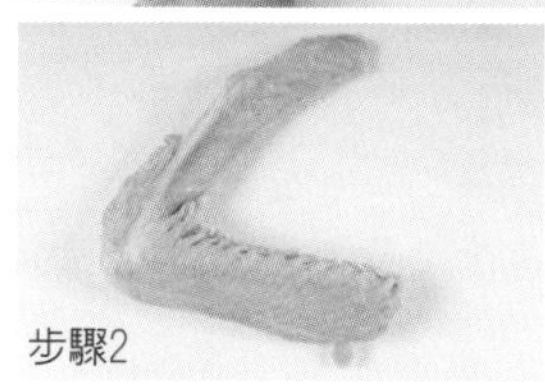
步驟2

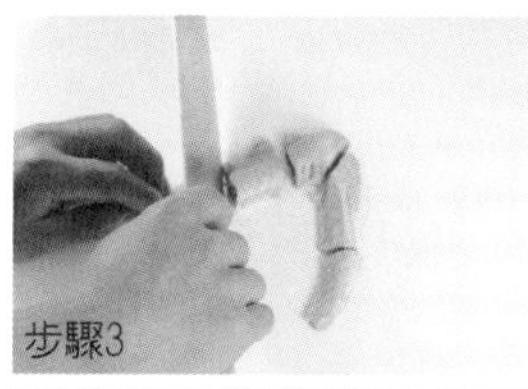
步驟3

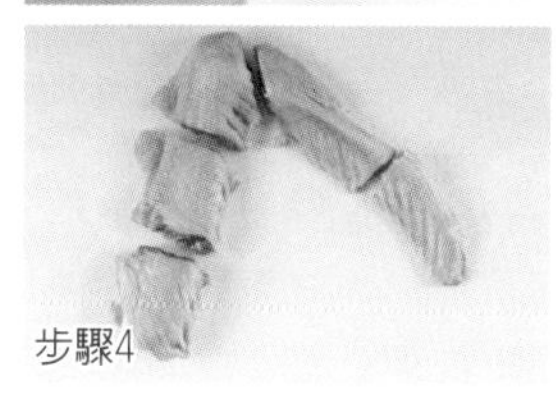
步驟4

操作步驟

步驟1
將雞翅尖端切掉

步驟2
留出雞翅

步驟3
將雞翅中剁成塊

步驟4
完成

青椒雞翅

材料：

雞翅數隻，青椒200克，鹽、雞精、白糖、辣椒、花椒、蔥、料酒、醬油、豆瓣醬各適量。

做法：

1.雞翅洗淨，切半；青椒去籽去蒂，切圈；蔥洗淨，切絲。

2.油鍋置上燒熱，放入花椒和蔥爆香，加入豆瓣醬、雞翅翻炒均勻，炒至雞翅變色時加入其他調料炒至八成熟，放入青椒翻炒均勻即可。

雞翅加青椒，美白肌膚

雞翅富含的膠原蛋白具有美容肌膚的功效，而青椒中同樣富含有美白肌膚功效的維生素C。100克青椒就含有72毫克維生素C。

當皮膚受到紫外線照射後就會增加曼拉寧色素，使皮膚變黑。不過維生素C可預防這種色素的增加，若想要擁有白皙的皮膚，就少不了維生素C。缺乏維生素C時皮膚不僅會黯淡無光，還會長皺紋。除了青椒，奇異果、檸檬、柑橘等水果外，蕃茄、苦瓜、黃瓜等蔬菜中也富含維生素C，是美白肌膚的好幫手。

肉類在飲食中的死對頭

如何辨識電宰雞肉？

如果想要吃到既安全又美味的雞肉產品，在購買時，就要認明（CAS）優良肉品的標誌。電宰雞肉除了在屠宰處理的過程中使用了現代化的技術手段，還能充分反映雞肉產地的價格，不會有太多中間環節的暴利。並且在電宰雞肉的商標上，會標示雞肉的生產日期和有效日期，消費者能夠買得放心、吃得安心。

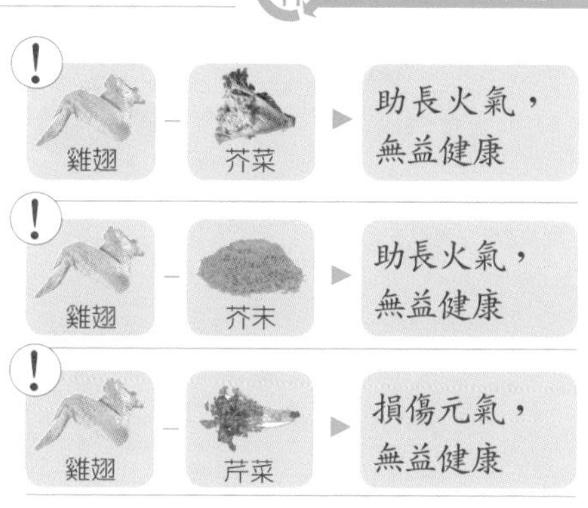

美食

鳳蝦釀雞翅

降低膽固醇，改善動脈硬化

膳食功效

蝦的蛋白質含量很高，基本不含脂肪，雞翅與蝦同食可降低膽固醇，改善動脈硬化。

材料：

雞中翅10隻，蝦10隻，鹽、料酒、糖、胡椒粉、辣椒醬、熟芝麻、油各適量。

做法：

1.將雞翅洗淨，剔骨，放適量鹽、料酒和糖醃30分鐘；蝦處理乾淨，剔去蝦頭，焯水撈出。

2.將燒好的蝦釀入雞翅中。

3.將適量油倒鍋中，燒熱後放釀好的雞翅稍煎，接著放入辣椒醬和適量水，撒胡椒粉，小火燜煮至湯汁變濃，裝盤，撒熟芝麻即可。

板栗燒鳳翅

消除疲勞，緩解壓力

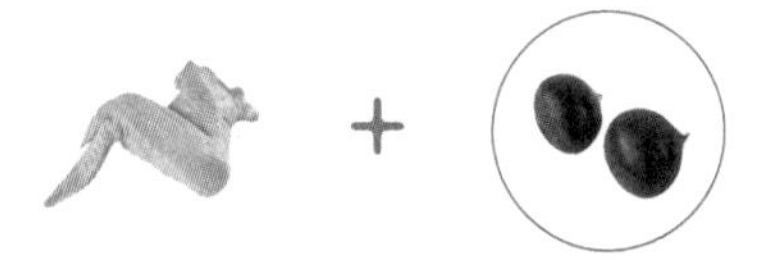

膳食功效

雞肉含有維生素 B_2，栗子含有維生素 C，二者同食可消除疲勞，緩解壓力。

材料：

雞翅數隻，新鮮栗子100克，大蔥、薑、鹽、料酒、冰糖、香油、花生油、高湯各適量。

做法：

1.將雞翅擇洗淨，剁成塊；板栗去皮；將冰糖炒製成糖色。

2.鍋內注油燒熱，加入板栗，炸至外酥時撈起；鍋內留少許油，放入雞翅、鹽、糖色、料酒、蔥、薑，煸炒；再放入板栗、高湯，煮入味，淋香油，裝盤即成。

雞翅香菇麵

改善便秘，預防大腸癌

膳食功效

雞翅中含有甲硫胺酸，香菇含有膳食纖維，二者同食可改善便秘，預防大腸癌。

材料：

醬雞翅2隻，麵條300克，芹菜100克，香菇兩朵，高湯、植物油、蔥段、薑末、鹽、料酒各適量。

做法：

1.芹菜切段。

2.將麵條倒入開水鍋中，煮熟後撈入碗中。

3.鍋中倒入適量的油，燒至六分熱，放入蔥、薑末煸炒出香味，倒入醬雞翅、香菇、芹菜段，入料酒、高湯、鹽，煮沸後倒入碗中，攪拌均勻即可食用。

雞腿

drumstick

富含蛋白質和鐵的美味肉食

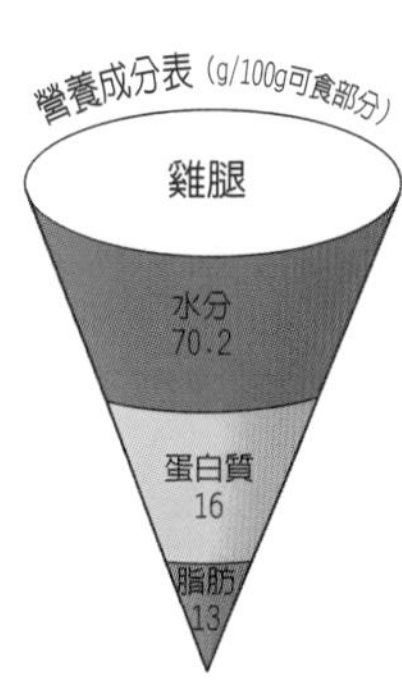

雞腿是指雞帶骨的大腿肉和小腿肉，小腿肉又被稱爲琵琶腿。雞腿肉的肉質較多，含有較豐富的蛋白質。雞腿中的蛋白質種類較多且消化率高，易被人體吸收利用，具有輕身健體、增加體力的功效，對於畏寒怕冷、身體虛弱、營養不良、疲勞乏力等症都有很好的改善作用。

此外，雞腿是整隻雞中含鐵量最多的一部分，因此可以養血補血、抗疲勞、促進人體生長發育，改善體質。

烹飪妙招

雞腿上的脂肪多集中在雞皮，擔心長胖的人只要把皮剝掉後食用就可以減少對熱量的攝入。

保存方法

新鮮的雞腿若是放在冷藏室需當天吃完，放在冷凍室需兩天內吃完。

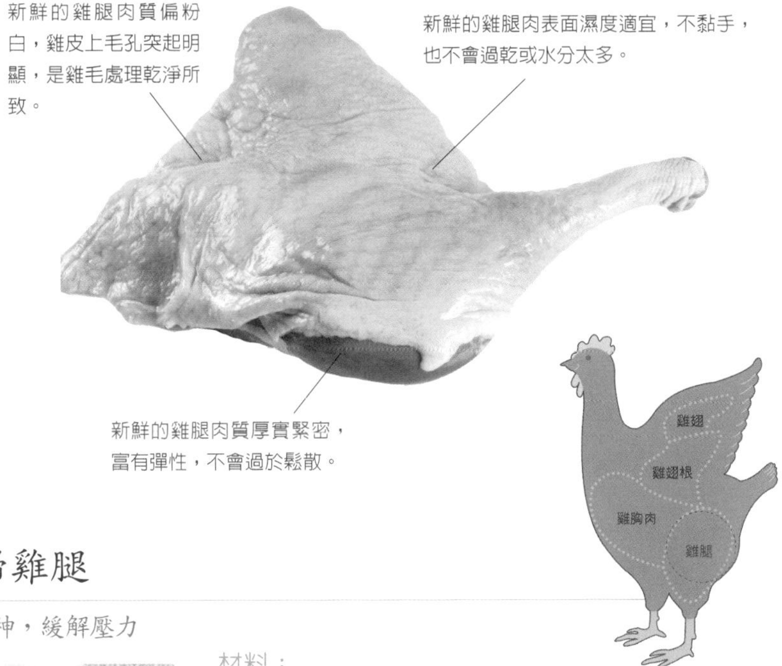

新鮮的雞腿肉質偏粉白，雞皮上毛孔突起明顯，是雞毛處理乾淨所致。
新鮮的雞腿肉表面濕度適宜，不黏手，也不會過乾或水分太多。
新鮮的雞腿肉質厚實緊密，富有彈性，不會過於鬆散。
雞翅
雞翅根
雞胸肉
雞腿

紅棗當歸雞腿

美食

▶ 補血安神，緩解壓力

材料：

雞腿100克，紅棗5克，當歸2克，奇異果80克，油、米酒、醬油各適量。

做法：

1.紅棗、當歸放入碗中，倒入米酒，浸泡3小時左右。

2.雞腿用醬油抹勻，放置5分鐘，入油鍋中炸至兩面呈金黃色，取出，切塊。

3.雞腿塊放入鍋中，倒入紅棗和當歸，轉中火煮15分鐘，取出裝盤，奇異果洗淨、削皮、切片，裝盤即可食用。

功效：

本菜品可以補血安神，幫助腦力工作者補充腦力，幫助工作緊張的人緩解沉重的壓力，舒緩緊張的情緒。紅棗和當歸在一起搭配食用，滋補效果更佳。此外，奇異果還可預防血栓形成，防治前列腺癌和肺癌。

雞頭

chicken brain

老雞頭千萬不能吃

雞頭即雞的頭部，很多人喜歡吃雞，烤雞、滷雞、紅燒雞都是廣受歡迎的下酒菜，但其實雞頭不宜多食，而老雞頭則千萬不能吃。

雞在啄食過程中，不斷將有害金屬及其他有毒物質儲存於腦組織裏，雞齡越大，這類物質儲存得越多，毒性就越強。因此食用時，要盡量挑選雞齡小，一般以1～2年的雞爲好。此外，實在愛吃雞頭，也應盡量不單獨吃，以與其他菜搭配烹飪，配合食用爲好。

烹飪妙招

烹飪雞頭之前最好用開水將雞頭汆燙一下，將雞頭內的血水徹底清理乾淨。

清洗方法

用鹽水浸泡5分鐘，食指從脖子的窟窿伸進去並從雞嘴伸出，將黏液洗淨，拔掉雞頭上的細毛，清洗乾淨。

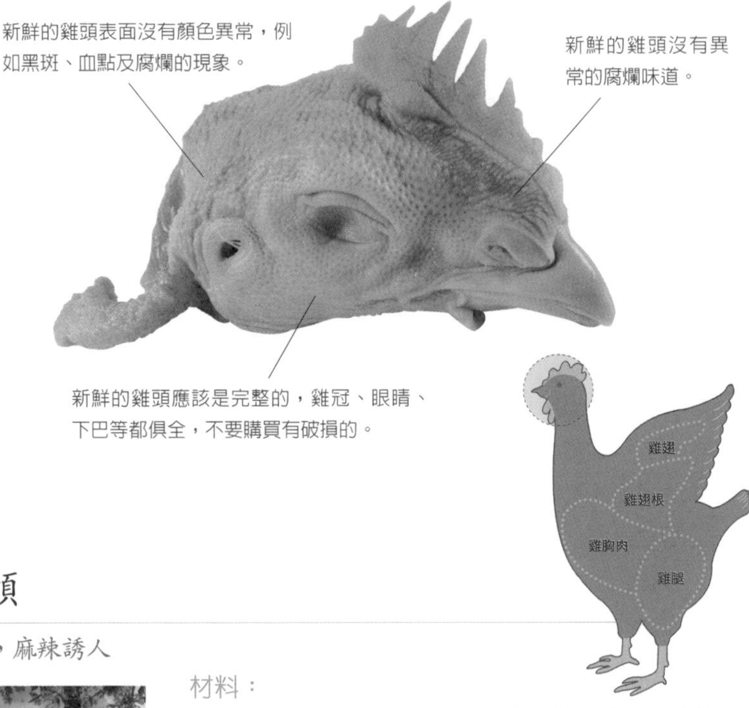

新鮮的雞頭表面沒有顏色異常，例如黑斑、血點及腐爛的現象。
新鮮的雞頭沒有異常的腐爛味道。
新鮮的雞頭應該是完整的，雞冠、眼睛、下巴等都俱全，不要購買有破損的。
雞翅
雞翅根
雞胸肉
雞腿

麻辣醬雞頭

美食

▶ 色澤紅潤，麻辣誘人

材料：

雞頭10個，蔥片、薑片、豆瓣醬、乾紅辣椒、花椒、黃酒、白糖、雞精、鹽、胡椒粉、食用油各適量。

做法：

1.雞頭清洗乾淨，燙透撈出，用清水洗淨；豆瓣醬剁細；辣椒去籽，切小節。

2.鍋燒熱，放入適量油，倒入豆瓣醬，煸炒出香味，然後放入黃酒，加開水3杯，燒開。

3.待出香味後撈出豆瓣渣子，放入雞頭、蔥、薑、辣椒、花椒、白糖、雞精、鹽、胡椒粉，再次燒開，改小火，待湯汁熇稠即可。

功效：

本道美食是以雞頭為主要原料，利用辣椒、豆瓣醬等調味料的輔佐，使之色澤紅潤，麻辣誘人，非常適合作為下酒菜。

雞心

drumstick

補心安神、鎮靜降壓、理氣舒肝

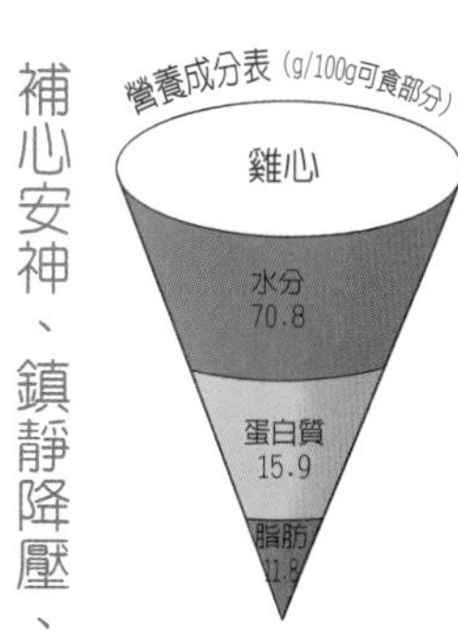

雞心含有蛋白質、鈣、鉀、磷等營養成分，具有補心安神、鎮靜降壓、理氣舒肝的功效，適合治療身體乏力、心慌氣短、心煩失眠和低熱盜汗等症狀。雞心與動物肝臟、腎臟相比，由於不參與廢物的處理和排洩，因此含有的毒物較少。

雞心不僅營養豐富，口感更是別具一格，肉質柔嫩，富有嚼勁，適合炒、爆、烤、炸、滷等多種烹飪方式。滷雞心、麻辣雞心等都是深受人們喜歡的美食。

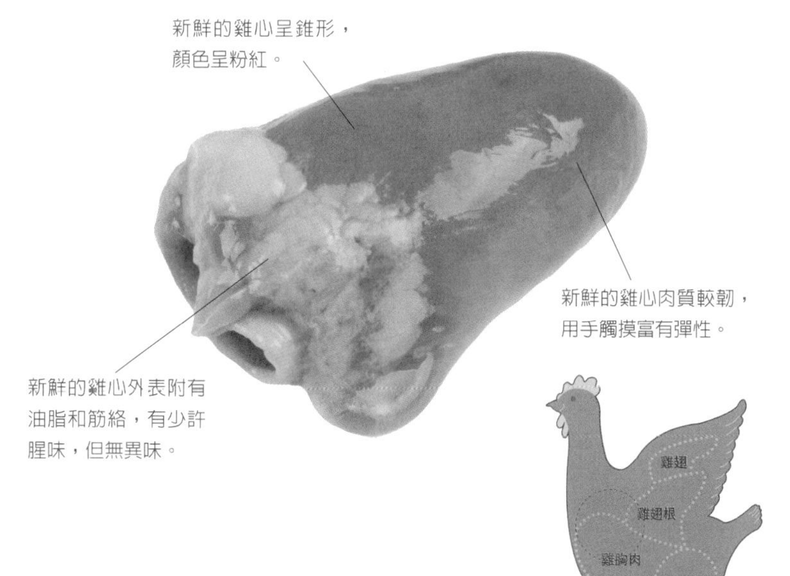

新鮮的雞心呈錐形，顏色呈粉紅。
新鮮的雞心肉質較韌，用手觸摸富有彈性。
新鮮的雞心外表附有油脂和筋絡，有少許腥味，但無異味。

烹飪妙招

將清洗過的雞心用料酒醃10分鐘，烹飪時加入胡椒粉便可去腥。

清洗方法

由於雞心中含有汙血，因此需要浸泡、清洗，最好能在烹飪前進行汆燙。

雞翅
雞翅根
雞胸肉
雞腿

美食

五子下水湯

▶ 調理腎氣，溫腎固精

材料：

雞內臟（雞肺、雞心、雞肝）適量，蒺藜子、覆盆子、車前子、菟絲子、茺蔚子各10克，薑絲、蔥絲、鹽各適量。

做法：

1.將所有雞內臟洗淨、切片備用。

2.將藥材放入紗布包中，紮緊，放入鍋中；鍋中加適量水，至水蓋住所有材料，用大火煮沸，再轉成文火繼續燉煮約20分鐘。

3.轉中火，放入雞內臟、薑絲、蔥絲，待湯沸後，加入鹽調味即可。

功效：

本道美食具有調理腎氣、溫腎固精的功效，可以改善陽痿、遺精、腰痠體冷等症狀，還可以通利小便、清熱化濕，改善腎功能。

雞肝

chicken liver

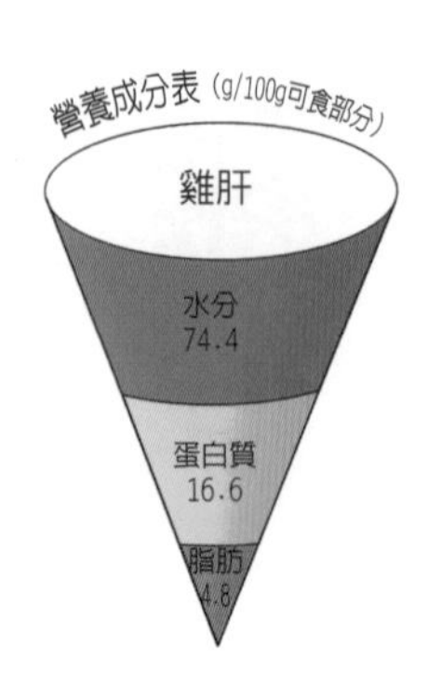

補肝益腎、養血明目

雞肝即雞的肝臟，含有豐富維生素A、維生素B_1、維生素B_2、維生素B_6以及鐵、硒、鋅等多種營養物質，具有補肝益腎、養血明目等功效。

適量食用雞肝可以保護眼睛、改善眼睛疲勞、視力下降、眼睛痛、怕光、暗適應能力降低等眼部症狀，防治白內障、夜盲症等眼部疾病。雞肝同時有益於皮膚的健康生長，適合臉色暗淡無光、萎黃、粗糙、乾燥的人食用，尤其適用於長時間面對電腦的人。

飲食禁忌

雞肝含高膽固醇，有高膽固醇血症、冠心病及高血壓患者應少食。

清洗方法

雞肝中容易聚集有毒物質，因此食用前要在水中浸泡1小時，然後反覆清洗。

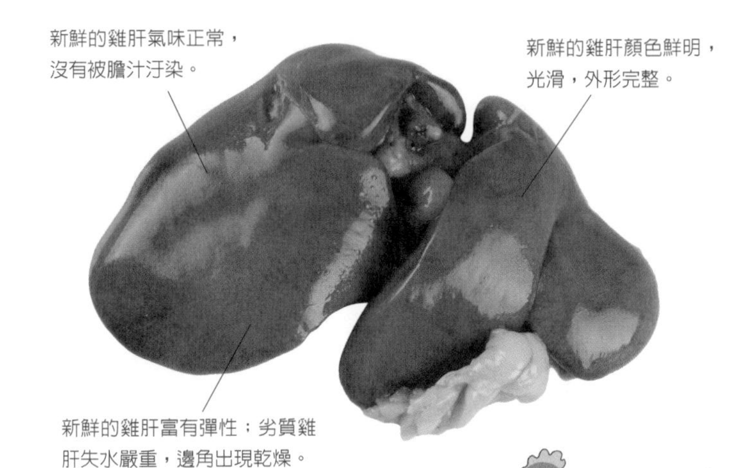

新鮮的雞肝氣味正常，沒有被膽汁汙染。

新鮮的雞肝顏色鮮明，光滑，外形完整。

新鮮的雞肝富有彈性；劣質雞肝失水嚴重，邊角出現乾燥。

雞翅
雞翅根
雞胸肉
雞腿

孕前期婦女適當多攝入雞肝

如果孕婦在孕前期出現缺鐵現象，容易導致早產、新生兒體重不足等後果，因此孕前期女性應補充足夠的鐵為長達十個月的孕期作好準備。建議孕前期女性適當多攝入含鐵豐富的食物。除雞肝外，豬肝、牛肝等其他動物肝臟及動物血，以及紅棗、木耳等食物都富含鐵。缺鐵嚴重或貧血的孕婦可在醫生的指導下補充鐵劑。補鐵的同時，要攝入富含維生素C的食物，來促進鐵的吸收利用。

針對症狀

貧血 ▶ 木耳炒雞肝 P113

青春痘 ▶ 無花果煎雞肝 P113

眼睛疲勞 ▶ 核桃雞肝鴨片 P113

視力下降　夜盲症

美食

木耳炒雞肝

養肝補血，預防貧血

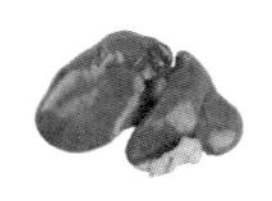

雞肝　黑木耳

膳食功效

黑木耳中鐵含量極為豐富，可防治缺鐵性貧血，並能生血養顏。雞肝與其同食可養肝補血，預防貧血。

材料：

雞肝150克，黑木耳80克，薑絲、黃酒、鹽、植物油各適量。

做法：

1.將雞肝洗淨，切片；黑木耳用溫水泡發，洗淨，切成絲。

2.旺火起鍋下油，先放薑絲爆香，再放雞肝片炒勻，隨後放黑木耳絲、黃酒和鹽，翻炒5分鐘。

3.加少許水，蓋上鍋蓋，稍燜片刻再調勻即可。

無花果煎雞肝

排除毒素，美膚養顏

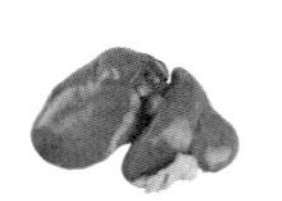

雞肝　無花果

膳食功效

無花果所含的水溶性食物纖維可促進腸胃蠕動，消除便秘。雞肝與之同食可排除毒素，美膚養顏。

材料：

雞肝3副、無花果乾3粒、砂糖1大匙、植物油1匙。

做法：

1.雞肝洗淨，放入沸水中汆燙，撈起瀝乾；將無花果洗淨，切小片。

2.平底鍋加熱，加1匙油，待油熱後將雞肝、無花果乾一同爆炒，直到雞肝熟透、無花果飄香。

3.砂糖加適量水，煮至溶化；待雞肝煎熟盛起，淋上糖汁調味。

核桃雞肝鴨片

滋陰明目，益智補腦

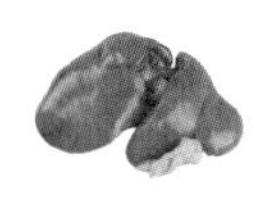

雞肝　核桃

膳食功效

核桃所含的亞油酸、亞麻酸、離胺酸可促進腦細胞發育。雞肝與核桃同食可滋陰明目，益智補腦。

材料：

雞肝50克，鴨肉75克，核桃100克，蔥段、薑末、澱粉、植物油、黃酒各適量。

做法：

1.將鴨肉切片，用一半澱粉加水拌勻；再將雞肝片好，用沸水煮至緊熟。

2.燒鍋放油，把鴨片、雞肝放入炸至熟，濾油撈出。

3.將鍋放置爐上，將蔥、薑、鴨片、雞肝放鍋中，加黃酒，用剩下的澱粉勾芡，加入核桃炒勻裝碟便成。

雞胗
chicken gizzard

消食健胃的常見中藥材

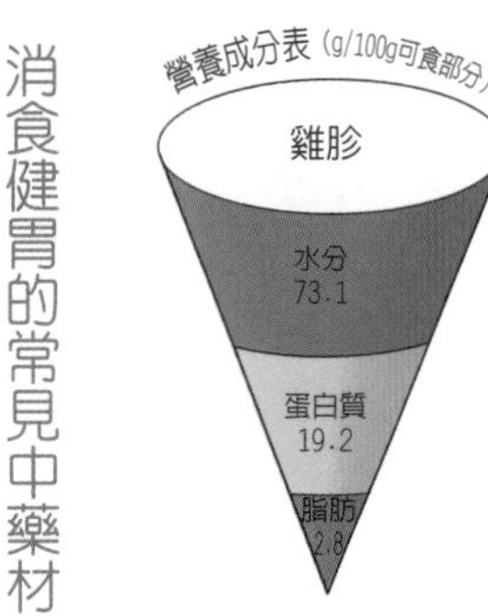

雞胗，又稱雞肫即砂囊，爲雞胃臟的一部分，幫助雞消化吞食下去的食物。雞胗含有蛋白質、菸鹼酸、鉀、磷、鎂等營養成分，具有消食健胃的功效，適合治療嘔吐反胃、食積脹滿、瀉痢、便秘、小兒疳積、消渴、口瘡等症。現代藥理學認爲雞胗含胃激素、角蛋白胺基酸等成分，可增加胃液分泌量，增強胃腸消化能力，是很常見的中藥材。

雞胗口感脆嫩，可用炸、爆、滷、烤等多種烹飪方式。

烹飪妙招

將買回來的雞胗放入冰箱冷凍室凍硬，比較容易切薄片。

清洗方法

首先將雞胗裏面的黃膜去掉，然後放在清水中浸泡半小時，清洗乾淨即可。

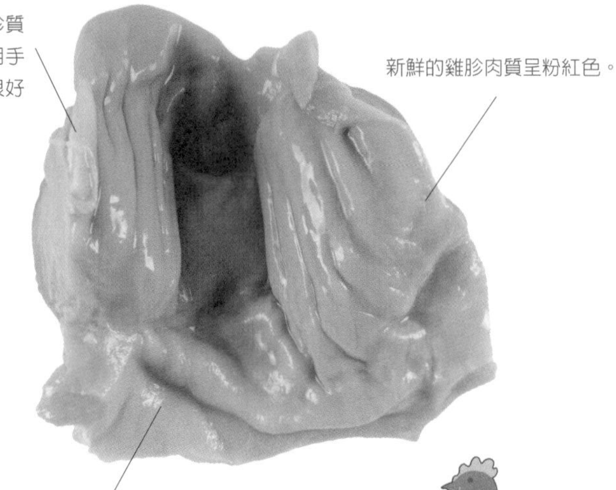

新鮮的雞胗質韌，因此用手按壓會有很好的彈性。

新鮮的雞胗肉質呈粉紅色。

新鮮的雞胗外形扁圓，外有筋膜，內有胗皮，兩側為胗肉。

雞翅
雞翅根
雞胸肉
雞腿

吃燒烤時注意搭配

吃燒烤時要注意以下幾點，才能在品嘗美食的同時，保證營養與健康。

1.盡量不吃明火燒烤，選擇油煙較少的鐵板燒烤，可以減少致癌物質的攝取；

2.不吃烤焦和沒烤熟的食物；

3.搭配富含維生素C的食物食用，例如青椒、蕃茄、奇異果等，維生素C可抑制致癌物質的形成；

4.搭配大蒜、醋、大麥茶、果汁食用。

針對症狀

消化不良 ▶ 蘿蔔乾炒雞胗 P115

便　秘 ▶ 花椰菜炒雞胗 P115

糖尿病 ▶ 雞胗燉馬鈴薯 P115

小兒疳積　嘔吐反胃

美食

蘿蔔乾炒雞胗

消食健胃，改善消化不良

  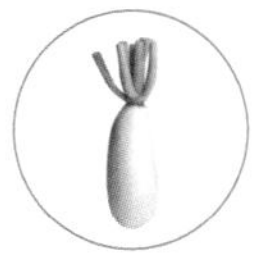

雞胗　白蘿蔔

膳食功效

白蘿蔔能分解食物中的澱粉和脂肪，幫助腸胃蠕動，與雞胗同食可消食健胃，改善消化不良。

材料：

雞胗300克，蘿蔔乾半碗，大蒜100克，紅椒1個，料酒、豆瓣醬、花椒、鹽、白糖、醬油、澱粉、油各適量。

做法：

1.雞胗、蘿蔔乾、紅椒切片；大蒜切段。

2.雞胗放料酒、鹽和澱粉抓勻，醃10分鐘，再焯熟。

3.鍋中放油燒熱，放豆瓣醬煸炒，加紅椒、花椒爆香。

4.將蘿蔔乾、大蒜和雞胗倒入鍋中，加鹽、白糖、醬油，翻炒至熟。

花椰菜炒雞胗

清熱瀉火，改善便秘

雞胗　花椰菜

膳食功效

花椰菜可燥濕通便，與雞胗同食可清熱瀉火，改善便秘，適合熱結便秘、熱盛心煩等症患者食用。

材料：

雞胗250克，花椰菜200克，雞湯、醬油、花椒水、料酒、醋、澱粉、蔥、薑、蒜、油各適量。

做法：

1.雞胗切花刀，花椰菜掰小塊，分別焯一下瀝水。

2.雞湯、醬油、花椒水、料酒、醋、澱粉水兌成調味汁。

3.油燒至八分熱，放雞胗翻炒一下盛出，瀝油。

4.鍋內放少量油，加蔥薑蒜爆鍋，放花椰菜、雞胗翻炒，倒入調味汁，翻炒均勻即可。

雞胗燉馬鈴薯

預防糖尿病與大腸癌

雞胗　馬鈴薯

膳食功效

馬鈴薯中富含抗性澱粉，與雞胗同食對預防糖尿病與大腸癌有獨特的功效。

材料：

雞肫200克，馬鈴薯300克，鹽、雞精、醬油、料酒、蔥、薑、料酒、香油各適量。

做法：

1.馬鈴薯去皮，洗淨，切塊；蔥洗淨，切段；薑洗淨，切片。

2.雞胗洗淨，放入沸水中焯去血汙。

3.燉鍋置上燒熱，加入雞胗和調料燉30分鐘，放入馬鈴薯燉熟，熄火後淋入香油即可。

雞爪 chicken claw

豐胸美容，軟化血管

雞爪，即雞的腳爪、又稱鳳爪、雞掌等，含有豐富蛋白質、鈣、鉀、磷、菸鹼酸等營養成分，營養價值頗高。由於膠原帶白含量豐富，具有豐胸美容、軟化血管的功效，可以改善皮膚鬆弛、皺紋、膚色暗淡等皮膚問題，還可改善乳房發育不良、乳汁不足等乳房問題，同時軟化血管，預防高脂血症、動脈粥樣硬化等症。

雞爪多皮、筋，膠質較多，口感柔韌，適合滷、醬，是餐桌上常見的美味佳肴。

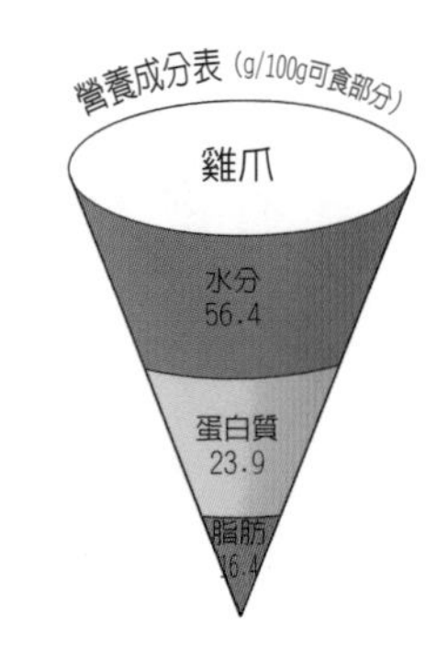

烹飪妙招

將雞爪剁開再醃製，更容易入味。

清洗方法

先把雞爪在清水中浸泡5分鐘，然後將各個爪子間殘留的老皮剝乾淨，最後沖洗乾淨即可。

挑選雞爪時應挑選大小均勻、外表乾淨的，最好沒有指甲。

挑選雞爪時應挑選顏色較淡，呈淡粉色、新鮮的，不要購買皮下呈紅色的。

挑選雞爪時應挑選肉筋較多的，不要挑選過於乾瘦的。

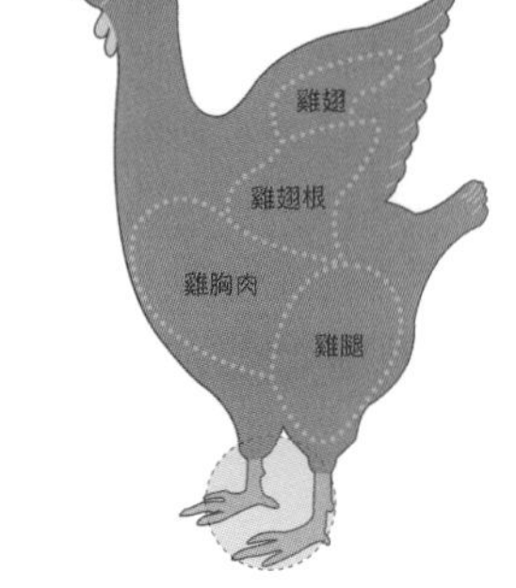

醃製食品不宜多吃

滷雞爪因為口味獨特，是很多人喜歡的零食。但醃製食品中常常需要添加亞硝酸鹽等添加劑來確保它的色澤和保存時間。亞硝酸可造成人體內維生素C、維生素B_1、胡蘿蔔素、葉酸等多種維生素的破壞。更加可怕的是，亞硝酸鹽可發生反應變為致癌物質亞硝胺，長期食用可破壞人體健康，甚至致癌。

此外，由於醃製食品中常常含鹽量很高，經常食用對身體健康不利。

針對症狀

動脈粥樣硬化 ▶ 粉絲雞爪 P117

皮膚鬆弛 ▶ 紅燒雞爪 P117

乳房發育不良 ▶ 泡椒鳳爪 P117

乳汁不足　膚色暗淡

美食

粉絲雞爪

軟化血管，預防動脈粥樣硬化

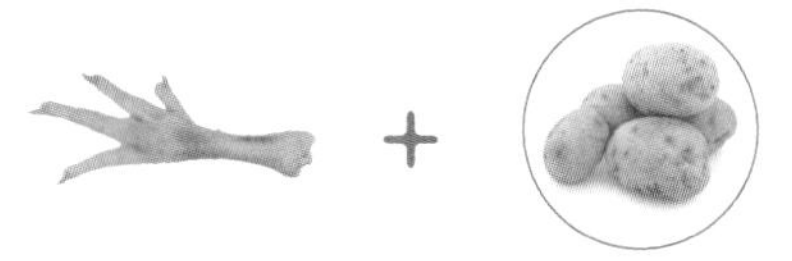

膳食功效

粉絲的原料馬鈴薯含大量黏液蛋白，可預防脂肪沉積，與雞爪同食可軟化血管，預防動脈粥樣硬化。

材料：

雞爪若干個，粉絲若干，鹽、雞精、辣椒、蒜末、料酒、紅糖各適量。

做法：

1.雞爪洗淨，辣椒去籽切碎。

2.雞爪放水中煮十幾分鐘，撈出，放涼水中沖涼或放冰水中浸泡。

3.粉絲泡發，煮熟，撈出過涼水，瀝乾，加紅糖拌勻。

4.將調料拌勻，澆入雞爪，蓋上保鮮膜密封，放冰箱裏醃製數小時，取出放在粉絲上即可。

紅燒雞爪

美容肌膚，增強食欲

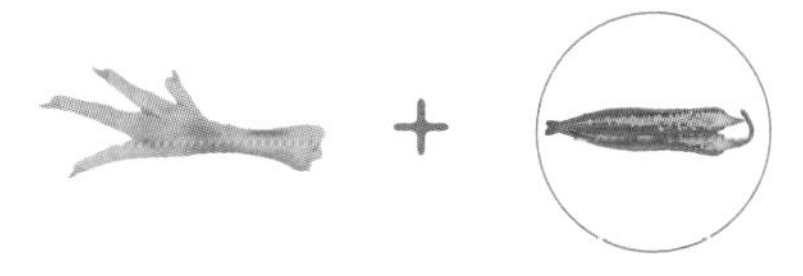

膳食功效

本道美食油而不膩，香辣爽口，既可以美容肌膚，使肌膚光滑有彈性，還可增強食欲。

材料：

雞爪500克，辣椒、鹽、料酒、醬油、八角、白糖、蔥、蒜等各適量。

做法：

1.雞爪清洗乾淨；蔥洗淨，切段；蒜切片；辣椒去籽去蒂，洗淨，切碎。

2.水鍋置上燒熱，放入鹽、醬油、辣椒、八角等燒開，放入雞爪煮20分鐘，撈出。

3.油鍋置上燒熱，放入蔥蒜爆香，加入白糖使之糖化，加入雞爪翻炒數下，加入料酒、醬油及少許鹽，翻炒均勻即可。

泡椒鳳爪

消熱降暑，豐胸美白

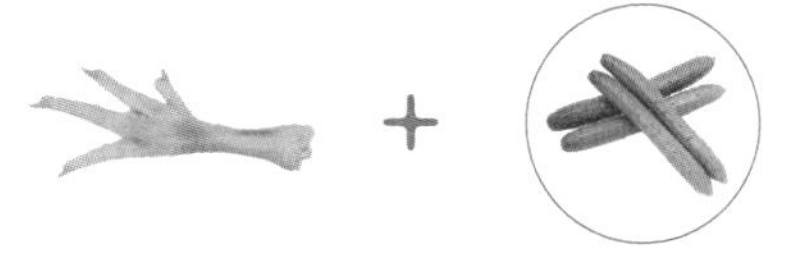

膳食功效

黃瓜可降低體溫，改善夏季食欲不振，與雞爪同食不僅可消熱降暑，還能豐胸美白。

材料：

雞爪300克，紅辣椒3個，胡蘿蔔1個，黃瓜1根，鹽、雞精、胡椒粉、花椒、蒜末、泡菜水各適量。

做法：

1.辣椒切絲；黃瓜、胡蘿蔔切條，用泡菜水醃片刻；雞爪剁開，焯熟。

3.向裝開水的大碗中倒蒜末和辣椒，晾涼，加泡菜水、花椒、胡椒粉、雞精、鹽攪勻。

4.放入雞爪泡半小時，再蒸十幾分鐘。

5.將雞爪、黃瓜、胡蘿蔔盛盤中即可。

雞血 chicken blood

補血養血、排毒清腸

雞血含有蛋白質、鈣、鐵、磷等營養成分，具有補血養血、排毒清腸的功效。

雞血中鐵的含量很高，且是以血質鐵的形式存在，因此容易被人體吸收利用，非常適合處於生長發育階段的兒童、孕婦和哺乳期的女性食用，具有補血養血的功效，可有效預防缺鐵性貧血。此外，雞血還具有排毒清腸的作用，可清除人體腸道中的各種有害物質，例如食物廢物、金屬顆粒等，可保護腸道健康。

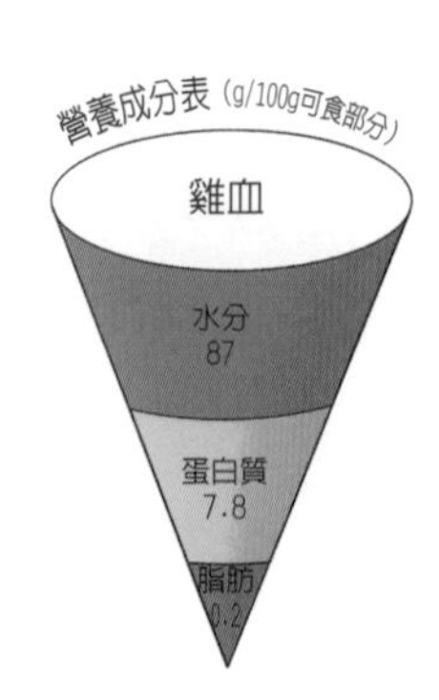

飲食禁忌

有肝病、膽固醇血症、高血壓和冠心病患者應少食。

保存方法

放在清水盆中浸泡，放入冰箱中，每日換水，可保存2～3天。

購買雞血時挑選表面光滑，血塊完整的。

購買雞血時挑選顏色是純正的暗紅色，新鮮有光澤的。

購買雞血時挑選有些許腥味的，不要挑選有腐臭或刺激味道的。

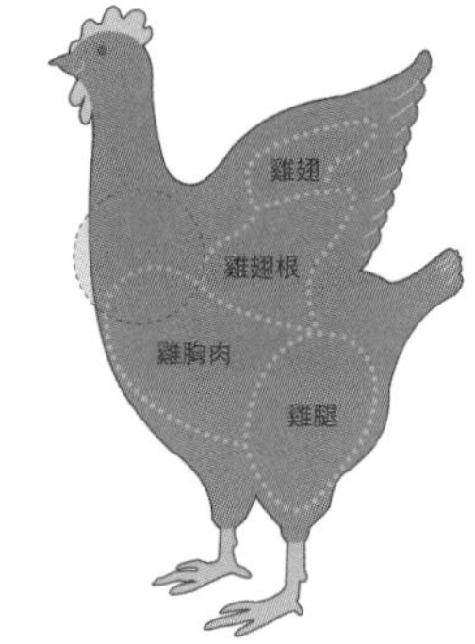

老年人要積極預防貧血

老年人隨著年齡增長，器官功能、新陳代謝都會發生退化，相比於年輕人更易貧血。貧血會導致身體免疫力下降，記憶力減退，出現疲倦乏力、心慌、面色蒼白等症，因此老年人應該積極預防貧血。

除了適量增加攝入雞血等含鐵豐富的食物外，還可以適當使用營養素強化劑，例如鐵製劑、維生素C片。此外，還要積極治療慢性疾病，以免這些慢性疾病導致貧血。

針對症狀

貧血 ▶ 雞血豆腐湯 P119

營養不良　容易疲勞

月經不調　崩漏失血

支氣管炎　慢性肝炎

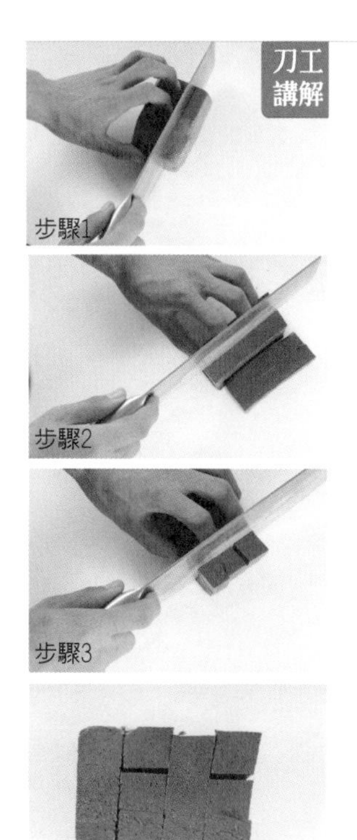

雞血豆腐湯

操作步驟

步驟1
將雞血切成塊狀

步驟2
塊狀再切成條狀

步驟3
再將條狀切成丁

步驟4
完成

材料：

雞血150克，嫩豆腐250克，蔥、香油、醬油各適量。

做法：

1.將雞血蒸熟，放涼，切成丁，用清水洗淨；嫩豆腐同樣切成丁，放入開水鍋中稍滾，撈出瀝乾；將蔥洗淨，切成蔥花。

2.鍋置火上，加水燒開，倒入雞血、豆腐。

3.等到豆腐漂起，加入蔥花、醬油，再次燒開時放入香油，拌勻即成。

雞血加豆腐，補血又補鈣

雞血富含血質鐵，具有補血功效，可以預防缺鐵性貧血。豆腐富含鈣，可以為人體補充鈣質，預防骨質疏鬆、小兒佝僂症等症。二者搭配食用，有補血和補鈣的雙重功效，非常適合處於生長發育階段的青少年或者懷孕的準媽媽食用。

此外，豆腐富含必需胺基酸、優質蛋白質、代謝膽固醇的亞油酸、維生素 B_1、維生素 E、鋅、鉀等營養成分，具有防止動脈硬化、心臟病、糖尿病的作用，同時還可健腦、防止老化，同樣非常適合中老年人食用。豆腐適合與豬腿肉、牛奶、綠色蔬菜同食。

魔法的飲食搭配

柳橙——富含維生素C的療疾佳果

柳橙含有豐富的維生素 C、維生素 P、鈣、磷、β－胡蘿蔔素、檸檬酸、果膠以及醛、酮、烯類物質，因而有「療疾佳果」的美譽。

柳橙中豐富的維生素 C 不僅能增強抵抗力，增加血管的彈性，還能將脂溶性有害物質排出體外，是名副其實的保健抗氧化劑，經常食用有益身體，還有醒酒功能。

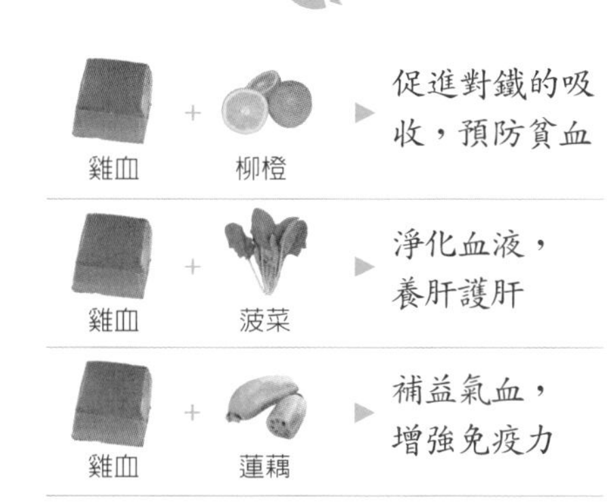

鴨鵝肉類 | duck & goose meat

滋養肺胃、健脾利水、止咳化痰

鴨肉中蛋白質、鐵和鋅的含量比雞肉多，且脂肪含量少。

鴨翅肉質緊密，屬於鴨肉中味道最好的部位，深受人們喜愛。

鴨掌具有皮厚、無肉、筋多的特點，烹飪後別具風味。

正宗烤鴨脖和滷鴨脖麻、辣、鮮、香俱全，味香入骨。

鵝肉含有多種必需胺基酸，不飽和脂肪酸的含量高達66.3%。

鵝翅適合滷、炸、燉、烤，佐以辣椒，香辣可口，美味誘人。

鵝肝是西方人非常喜歡的一種食材，常常被製作成美味的鵝肝醬。

Method 

整鴨的脫骨技巧

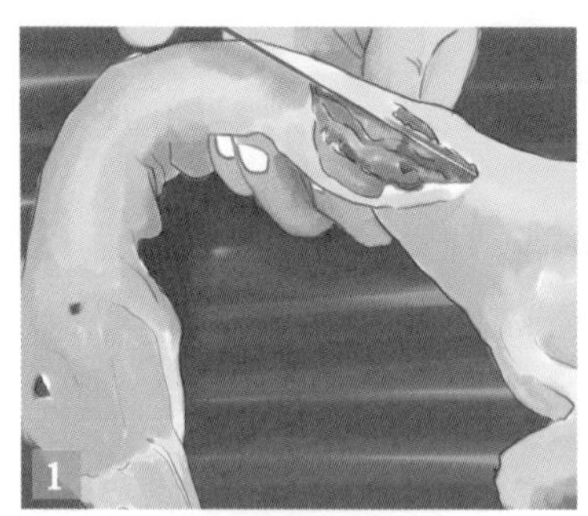

將宰殺完的鴨子清洗乾淨，在脖頸表皮切開一刀。

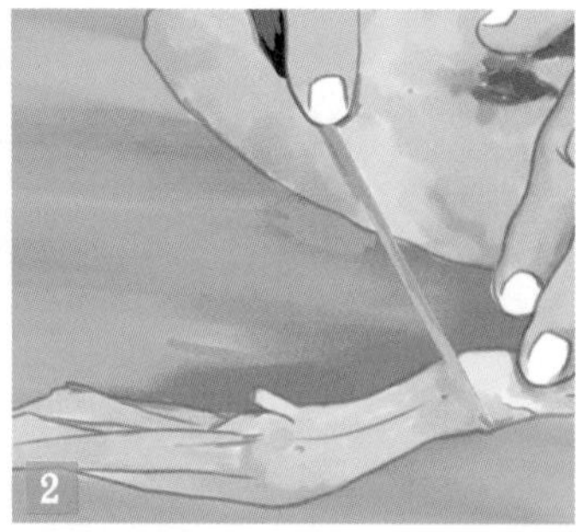

將鴨爪切下去。

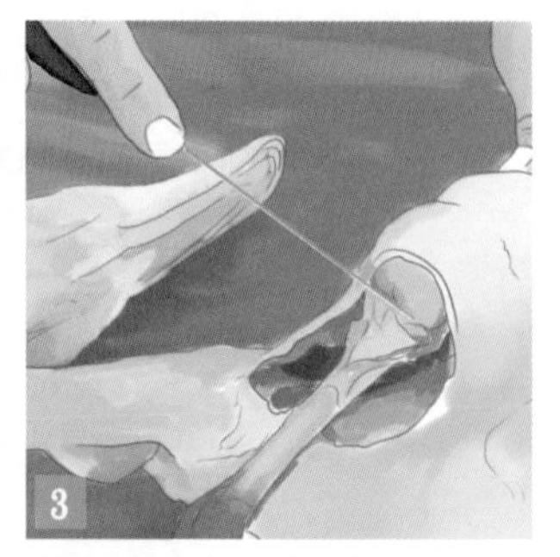

將鴨翅骨取出並切斷。

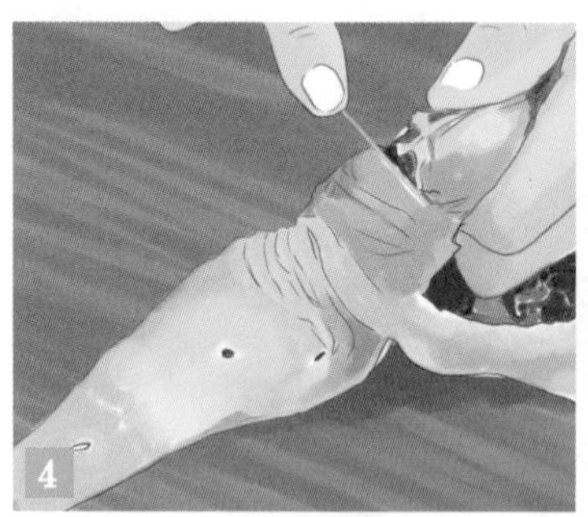

將鴨脖與頭部連接處切斷。

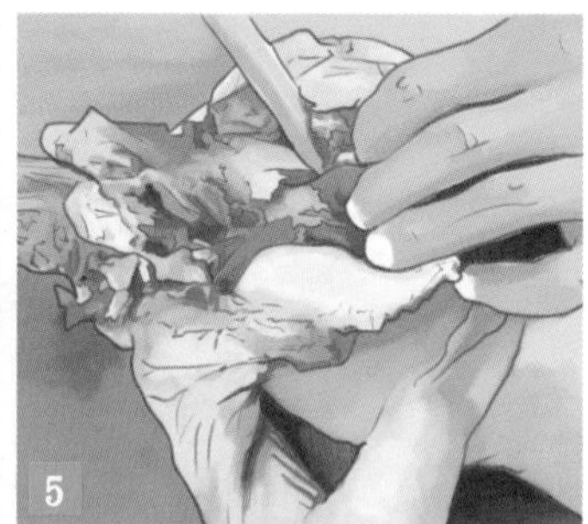

將鴨脖與胸骨連接處切斷。

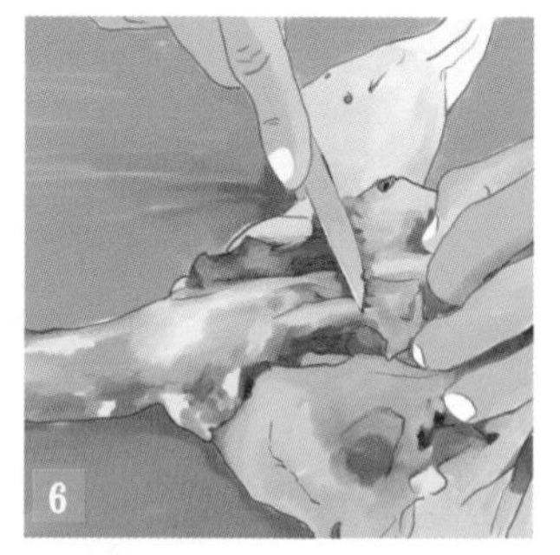

將鴨脖取出。

完成

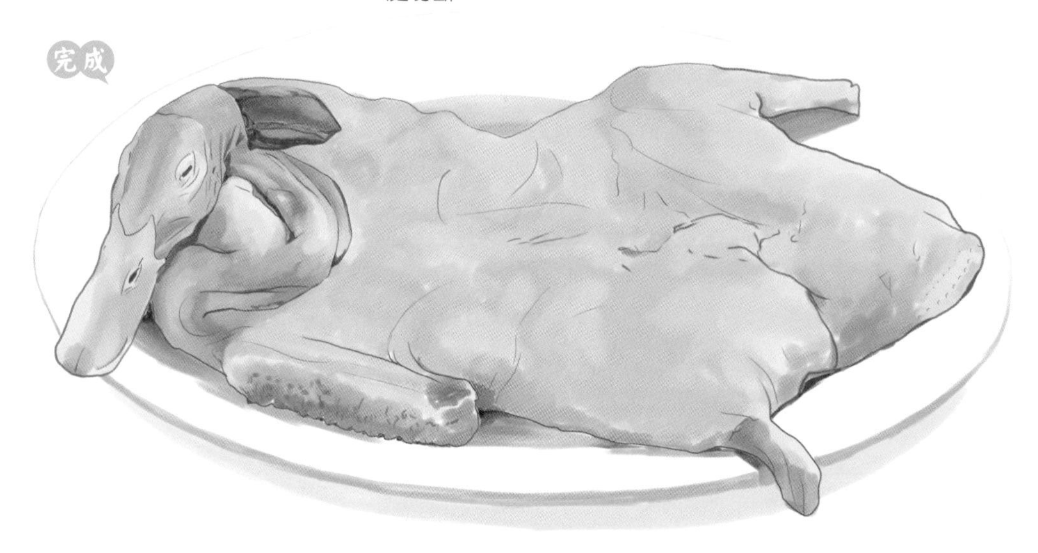

Method

製作美味滷鴨的秘訣

適合製作滷味的肉類食材…

像鴨心、鴨翅、鴨掌、鴨舌、鴨腸、雞爪、雞翅、雞胗這些材料，適合用來做冰鎮滷味。因為雞和鴨的體型都比較小，腳與翅膀部位的骨頭、肉質、膠質的比例不但最適合滷，方便食用，並且皮薄，沒有厚厚的脂肪層，吃起來既爽口又清涼。在被一層凍汁封住後，外皮入口即化，就連骨髓都能夠散發出一種濃郁的香味。

用雞、鴨的內臟做材料，是因為它們的膠質含量不怎麼高，不會入口即化。但是因為內臟的肉質特別結實，所以口感別具特色，例如鴨腸爽脆、雞胗脆韌，吃起來的口感都很不錯。

製作滷味前的3個處理步驟

步驟1…清洗

如今，絕大多數的肉類，在消費者購買前，都經過了處理。所以消費者買回家後，一般都不需要自己動手拔毛或者刮洗。不過，食材上多多少少還是會沾有血汙或者灰塵，所以一定要在烹飪前徹底清洗乾淨，多沖幾次水。

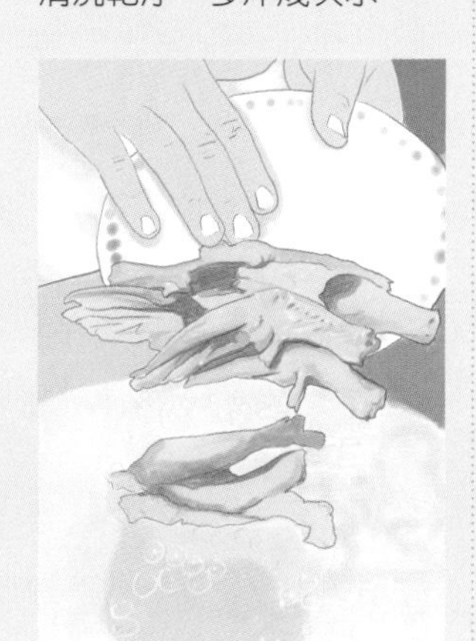

步驟2…汆燙

之所以汆燙，不僅是為了要將食材稍微燙熟，還能進一步清除那些洗不掉的臟汙和雜味。在汆燙之後，千萬不要忘記沖洗乾淨。

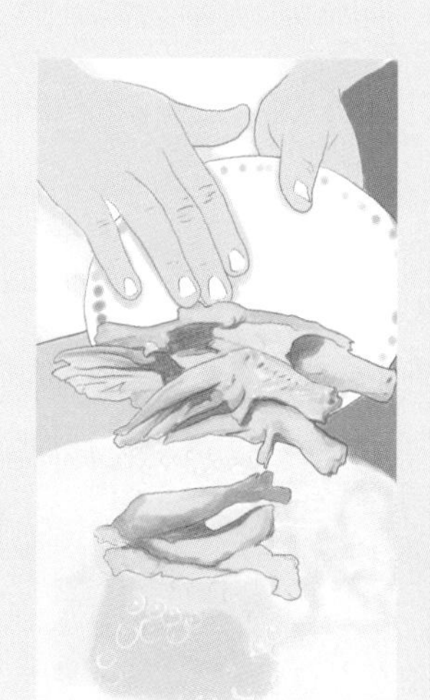

步驟3…泡涼

為了讓口感嚼勁柔軟，在汆燙之後先洗乾淨，然後馬上浸泡在冷水中，經過快速冷卻能夠保持肉質的彈性，透過充分冷卻也才能吸收更多的滷汁，才能讓滷味既多汁又美味。

鴨肉 duck

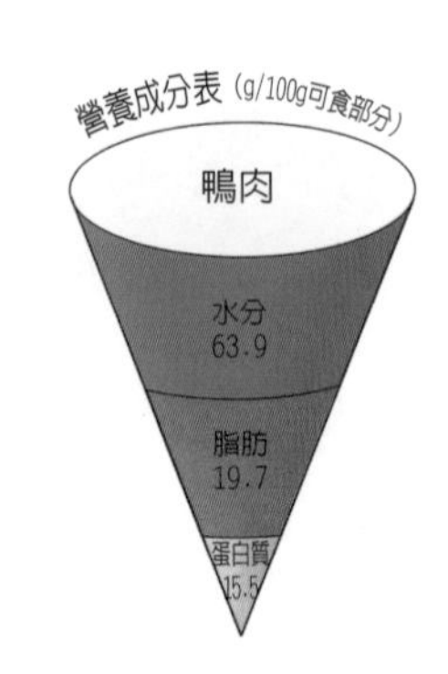

滋陰清熱、利水消腫

鴨肉含有豐富蛋白質、維生素B群、維生素A、鋅、鐵、鈣、磷、鉀等營養成分，具有滋陰清熱、利水消腫、養血、養胃生津等多種功效。

鴨肉中蛋白質、鐵和鋅的含量比雞肉多，且脂肪含量又少，脂肪屬於不飽和脂肪酸，因此滋補作用很好。此外，鴨肉性寒涼，對於大便乾燥、水腫、食欲不振、低燒、身體虛弱等症有很好的效果，特別適合上火的人食用。

飲食禁忌

有腹部冷痛、痛經、體寒、腰痛、大便稀瀉等症患者少食。

保存方法

最好當天食用，如果一兩天內吃不完，則將鴨肉分割成塊，分裝進保鮮袋中，放入冰箱冷凍室保存。

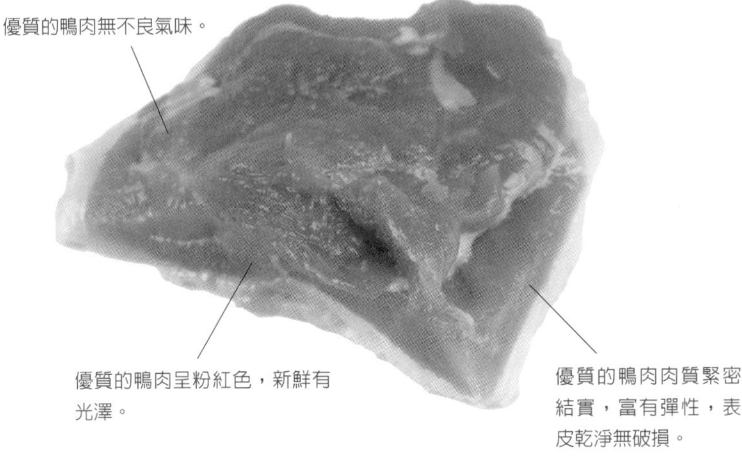
優質的鴨肉無不良氣味。

優質的鴨肉呈粉紅色，新鮮有光澤。

優質的鴨肉肉質緊密結實，富有彈性，表皮乾淨無破損。

冬季吃雞，夏季吃鴨

雞肉和鴨肉都屬於禽類，功效卻不盡相同。雞肉是適合冬季進補的食材。而鴨肉由於性寒，具有滋陰清熱的功效，適用於緩解肺熱咳嗽、腎炎水腫、低燒、頭痛、小便不利、失眠等病症，尤其適合夏季食用，可清除人體燥熱。

此外，西瓜、綠豆、冬瓜、蓮藕、絲瓜、黃瓜等蔬果糧食都適宜在炎熱的夏季食用。

針對症狀

水腫	▶ 冬瓜薏仁鴨 P125
食欲不振	▶ 涼拌鴨絲 P126
身體虛弱	▶ 茶樹菇燒鴨 P126
便秘	▶ 養心鴨子 P126

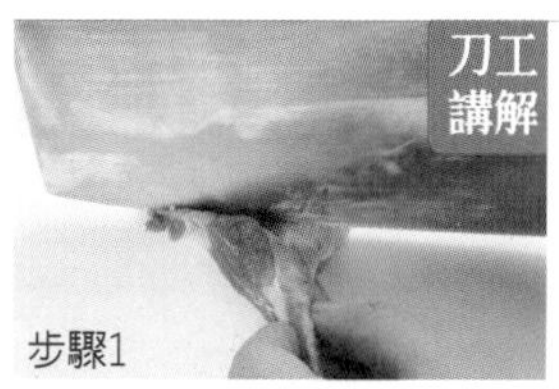

步驟1

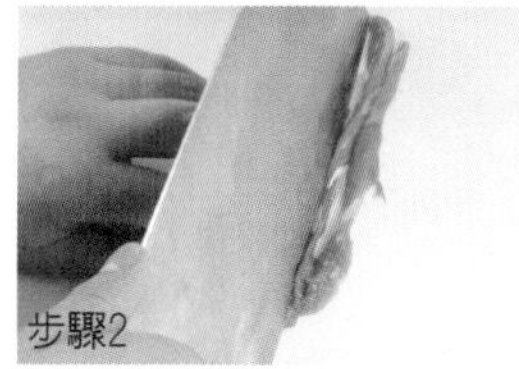
步驟2

步驟3

步驟4

美食

冬瓜薏仁鴨

操作步驟

步驟1
切去油層部分
步驟2
將鴨剁成長條
步驟3
將長條剁成塊
步驟4
完成

材料：

鴨肉500克，薏仁20克，枸杞10克，冬瓜250克，油、蒜、米酒、高湯各適量。

做法：

1.將鴨子處理乾淨，切成塊；冬瓜洗淨，切塊。
2.在砂鍋中放油，油燒熱後放入蒜爆鍋炒香，然後放入鴨肉一起翻炒，再放米酒和高湯，攪拌均勻。
3.煮開後放入薏仁、枸杞，用大火煮1小時，再放入冬瓜，小火煮熟後食用。

鴨肉加冬瓜，預防水腫

鴨肉富含蛋白質、不飽和脂肪酸、鋅、鈣等營養成分，具有清潤滋補的作用；冬瓜中鈉含量少，是營養不良性水腫、慢性腎炎水腫、孕婦水腫患者的消腫佳品。二者合用滋陰清熱，可有效預防水腫，也是夏季消除暑熱的首選。

此外，冬瓜中膳食纖維含量占0.7%，具有改善血糖、降低體內膽固醇、降血脂、防止動脈粥樣硬化的作用。冬瓜中富含丙醇二酸，能有效控制體內的醣類轉化為脂肪，還能把多餘的脂肪消耗掉，防止體內脂肪堆積，對防治高血壓、減肥有良好的效果。

肉類在飲食中的死對頭

鴨肉不適合的兩種吃法

1.與富含維生素C的檸檬搭配烹飪

鴨肉富含的銅會將檸檬中的維生素C氧化，使其失去營養；檸檬中富含的檸檬酸會與鴨肉中的蛋白質結合，使蛋白質固化阻礙人體消化吸收。

2.與雞肉、臘肉等多種肉類食材同食

這些肉類食材中都富含蛋白質，會造成人體消化系統的負擔，導致消化不良。

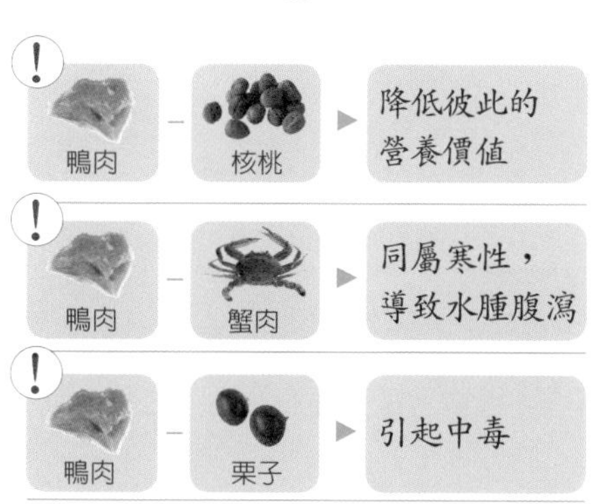

美食

涼拌鴨絲

幫助消化，改善食欲不振

鴨肉　　　　青椒

膳食功效

青椒含有芬芳辛辣的辣椒素，能增進食欲、幫助消化，與鴨肉同食可改善食欲不振。

材料：

鴨1隻，青椒2個，鹽、雞精、料酒、香油、薑、米酒、植物油各適量。

做法：

1.青椒切段；鴨子處理乾淨，焯水瀝乾。
2.鍋倒入油燒熱，放薑爆香，放鴨肉煎炸至金黃，舀出多餘油，倒料酒、鹽、米酒、雞精及少許清水燒開，改小火燉煮至鴨肉入味。
3.將鴨肉取出，剔去骨頭，撕成細絲。
4.將青椒和肉絲放入盤中，淋入適量的香油即可。

茶樹菇燒鴨

強身健體，改善虛弱體質

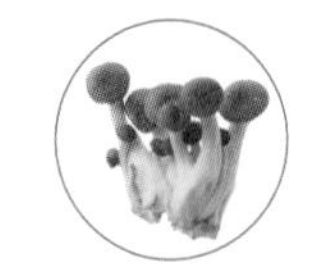

鴨肉　　　　茶樹菇

膳食功效

茶樹菇中人體必需的8種胺基酸齊全，還富含維生素B群，與鴨肉同食可強身健體，改善虛弱體質。

材料：

鴨1隻，茶樹菇200克，鹽、雞精、料酒、醬油、白糖、薑、蒜、食用油各適量。

做法：

1.茶樹菇泡發洗淨；鴨子處理乾淨，焯水瀝乾，涼涼剁塊。
2.油鍋燒至五分熱，放鴨肉炸至金黃色。
3.鍋底留油，放薑、蒜爆香，倒茶樹菇煸炒，放適量的水、鹽、料酒、醬油、白糖，燒至沸騰。
4.倒入鴨塊，撒入雞精，翻炒均勻即可。

養心鴨子

潤腸通便，改善便秘

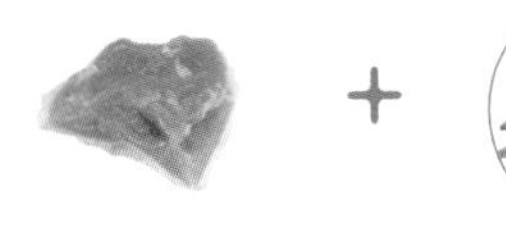

鴨肉　　　　金針花

膳食功效

金針花富含的膳食纖維能刺激胃腸蠕動，促使食物排洩，二者合用可潤腸通便，改善便秘。

材料：

鴨1隻，肉末、金針花適量，鹽、雞精、料酒、蔥段、薑片、冬蟲夏草、黨參、枸杞各適量。

做法：

1.鴨子處理乾淨，焯水瀝乾；金針花泡發切碎；肉末洗淨。
2.上述材料加蔥段、薑片、鹽、料酒拌勻，塞入鴨肚子。
3.砂鍋放清湯燒開，加冬蟲夏草、黨參、枸杞、蔥、薑、鹽及鴨子，小火燉至鴨肉酥爛，放雞精調味即可。

鴨翅

duck wing

養胃生津、清熱健脾

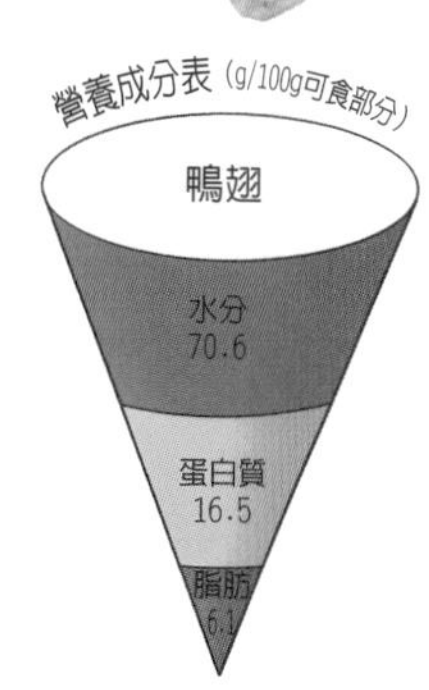

鴨翅含有蛋白質、脂肪、維生素A、鈣、鎂、鉀等營養成分，具有養胃生津、清熱健脾的功效，可有效改善食欲不振。同時鴨翅也具備鴨肉滋陰清熱、利水消腫的功效，可改善水腫、食欲不振、低燒、身體虛弱等症。

由於鴨翅是鴨子經常運動的部位，因此肌肉較多，肉質緊密，屬於鴨肉中味道最好的部位，深受人們喜歡。鴨翅適合滷、醃、炸等多種烹飪方式，是人們餐桌上的常見美食。

烹飪妙招

將鴨翅煎至出油，表面微微焦黃，再加料酒，可以去腥增香。

清洗方法

新鮮鴨翅在水龍頭下沖洗，注意將鴨翅邊緣的絨毛擇乾淨；如果是冷凍鴨翅，則需自然解凍，不要用熱水。

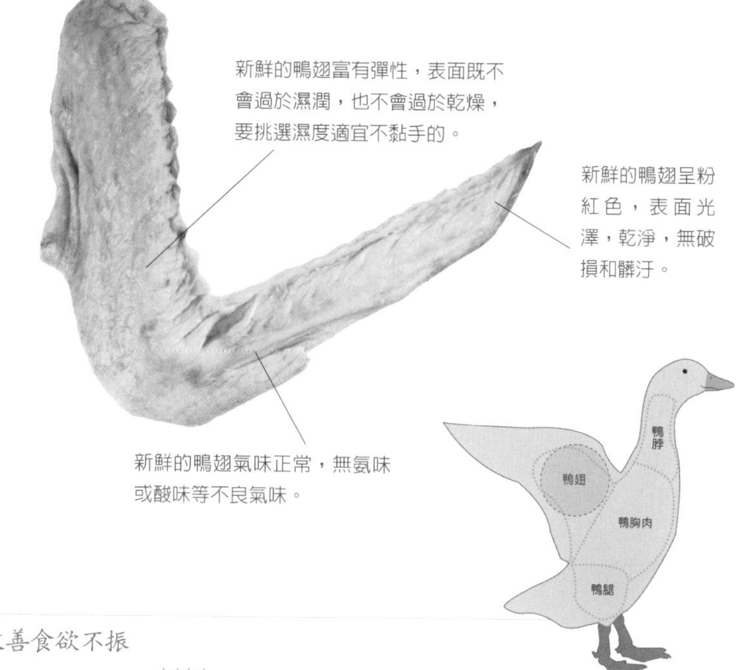

新鮮的鴨翅富有彈性，表面既不會過於濕潤，也不會過於乾燥，要挑選濕度適宜不黏手的。
新鮮的鴨翅呈粉紅色，表面光澤，乾淨，無破損和髒汙。
新鮮的鴨翅氣味正常，無氨味或酸味等不良氣味。
鴨脖
鴨翅
鴨胸肉
鴨腿

紅燒鴨翅

美食

▶ 促進食欲，改善食欲不振

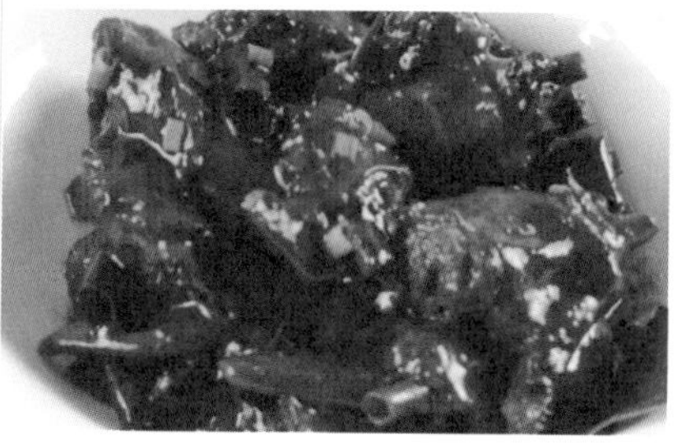

材料：

鴨翅數隻，蔥、薑、花椒、桂皮、香葉、乾辣椒、八角、白糖、鹽、料酒、醬油、油各適量。

做法：

1.鴨翅清洗乾淨，在關節處斬斷，在翅膀的兩面用刀劃幾刀以便入味。

2.將鴨翅放在盛水的鍋中，大火燒開，撇去浮沫。

3.鍋中放油燒熱，放蔥、薑、花椒、桂皮、香葉、乾辣椒、八角爆香，倒入鴨翅，加醬油翻炒均勻。

4.向鍋中加適量白糖、鹽、料酒、水，蓋過鴨翅。

5.大火燒沸，小火收汁，鴨翅熟透即可。

功效：

本道美食色香味俱全，不僅味道誘人，還可促進食欲，改善食欲不振，是男女老少皆宜的菜品。

鴨掌

duck web

高蛋白、低脂肪、低醣的減肥佳品

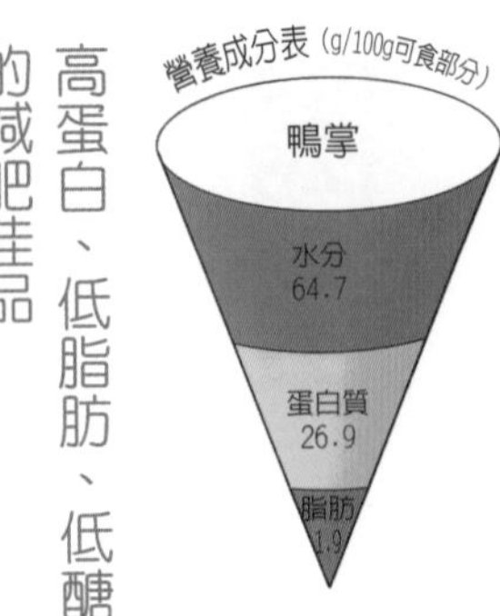

鴨掌的蛋白質含量豐富，尤其是膠原蛋白，又由於鴨掌脂肪和醣類的含量非常低，因此是女性減肥美容的最佳選擇之一。

鴨掌是鴨子活動量最大的部位，因此形成了皮厚、無肉、筋多的特點，口感別具風味，筋多則使鴨掌柔韌有嚼勁，皮厚則容易包含湯汁，肉少則容易入味。鴨掌適合滷、醬、醃等多種烹飪方式，是餐桌上常見的美味佳肴。

烹飪妙招

鴨掌在煮食的時候應盡量多煮一會，以免過硬不熟。

清洗方法

用剪刀將鴨掌的趾甲依次剪下，然後清洗，注意腳蹼間容易隱藏汙垢，要仔細清洗。

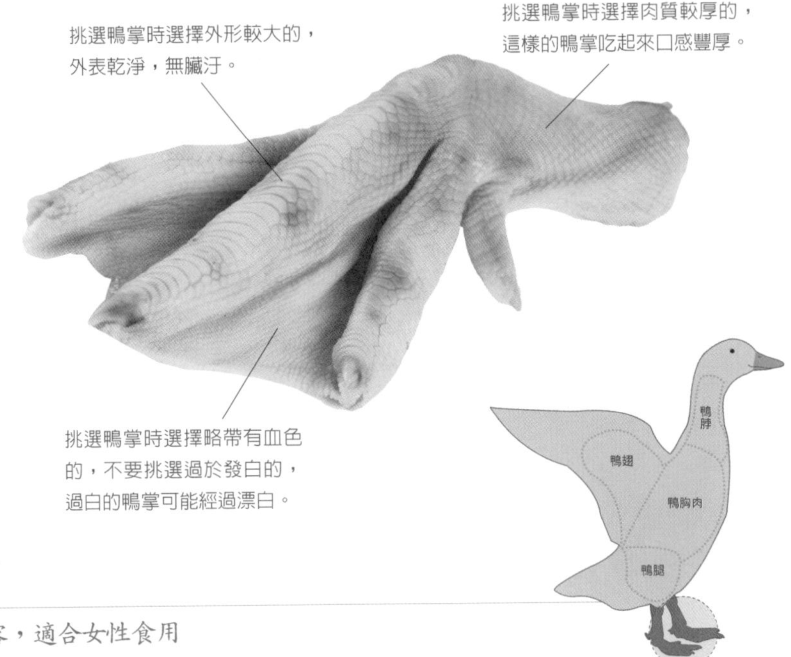

挑選鴨掌時選擇外形較大的，外表乾淨，無髒汙。
挑選鴨掌時選擇肉質較厚的，這樣的鴨掌吃起來口感豐厚。
挑選鴨掌時選擇略帶有血色的，不要挑選過於發白的，過白的鴨掌可能經過漂白。
鴨脖
鴨翅
鴨胸肉
鴨腿

麻油鴨掌

美食

▶ 瘦身美容，適合女性食用

材料：

鴨掌400克，鹽、雞精、辣椒油、香油、料酒、蔥、植物油各適量。

做法：

1.鴨掌清洗切片，放入沸水中煮，同時倒入適量的料酒，煮熟後將鴨掌撈出瀝乾。

2.將焯過的鴨掌擺入盤中，加入鹽、雞精、辣椒油、香油，拌勻。

3.蔥洗淨切碎，將適量的油倒入鍋中，燒熱，放入蔥爆香，熄火，做成蔥油。

4.將蔥油淋入盤中，拌勻即成。

功效：

鴨掌含有豐富的膠原蛋白，可以幫助皮膚細胞吸收和貯存水分，保持肌膚的彈性，從而防止肌膚乾燥起皺紋；又由於鴨掌中的脂肪和醣類含量很低，可使想要瘦身的女性在品嘗美食的同時不會攝入過多熱量。

鴨腸

duck intestine

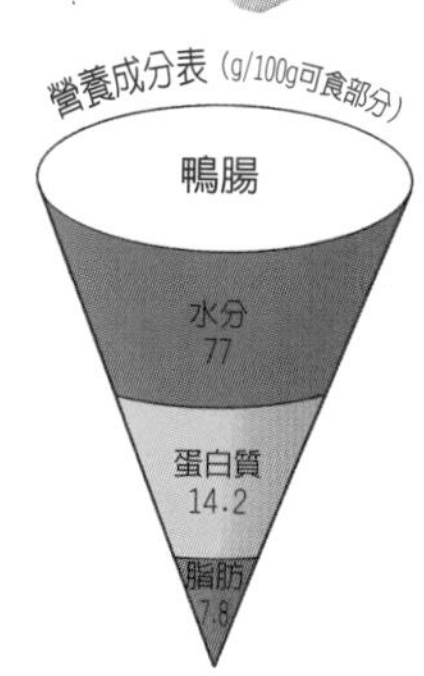

促進人體新陳代謝，維護人體各項功能

鴨腸含有蛋白質、脂肪、維生素B群、維生素A和鈣、鐵、鉀、磷等營養成分，可促進人體新陳代謝，對維護人體神經、心臟、消化和視覺正常功能有一定的幫助。

鴨腸口味獨特，是人們非常喜歡的美味佳肴，經常會出現在火鍋的食材中。但值得注意的是，有些鴨腸是經過甲醛泡發過的，吃了這樣的鴨腸極易引起人體過敏或食物中毒，嚴重時，還會對人體肝、腎和中樞神經造成損害甚至致癌。

挑選鴨腸時選擇新鮮無臭味的，避免購買有刺鼻性異味的。

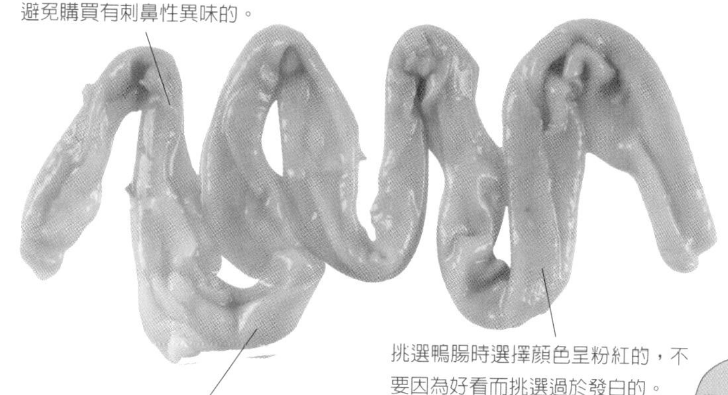

挑選鴨腸時選擇顏色呈粉紅的，不要因為好看而挑選過於發白的。

挑選鴨腸時選擇比較有韌性的，不要購買易破碎或者過於光滑的。

烹飪妙招

鴨腸煮製的時間不宜太長，至略熟即可，防止過老，影響口感。

清洗方法

將鴨腸剖開，用清水沖洗，可放入少許醋和鹽用力揉搓，出現泡沫後用清水洗淨即可。

涼拌鴨腸

美食

▶ 香辣可口，刺激食欲

材料：

鴨腸500克，辣椒250克、香菜、蔥、鹽、料酒、醋、香油、辣椒油各適量。

做法：

1.清洗鴨腸，然後放入開水中燙熟，撈出後放入涼水盆中過涼，瀝乾水分，切成段。

2.將辣椒、香菜、蔥分別清洗乾淨，辣椒切成與鴨腸長短相等的段，香菜、蔥切末。

3.將鴨腸放入一大碗內，放入辣椒段、香菜末、蔥末，然後加入鹽、料酒、醋、香油、辣椒油，調拌均勻即可。

功效：

本道美食以鴨腸為主要材料，輔以辣椒，因此色澤美觀，吃起來香辣可口，脆嫩多汁，可刺激食欲，是人們餐桌上的佐酒佳肴。

鴨肫

duck gizzard

增強脾胃功能的佳肴珍品

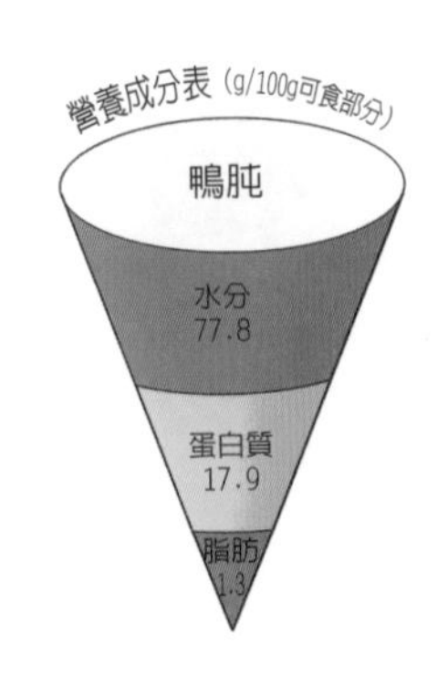

鴨肫，又稱鴨胗即砂囊，爲鴨胃臟的一部分，含有蛋白質、醣類、菸鹼酸、維生素E和鈣、鎂、鐵、鉀、磷、鈉等營養成分，具有養胃健脾的功效，可以增強脾胃功能，促進消化，尤其適合腹脹、消化不良、食欲不振、打嗝、嘔吐、慢性胃炎、胃潰瘍等胃部病症患者食用。

鴨肫可炸、滷、拌、烤，烹飪方法多種多樣，並且吃起來肉質緊密耐嚼，香嫩多汁，沒有油膩感，深受各年齡層人群喜歡。

挑選鴨肫時選擇形狀扁圓，外形完整無破損的。
挑選鴨肫時選擇呈粉紅色的。
挑選鴨肫時可用手按壓，選擇肉質緊密、富有彈性的。
鴨脖
鴨翅
鴨胸肉
鴨腿

飲食禁忌

孕婦忌食。

保存方法

首先從新鮮鴨肫右側的中間斜剖開半邊，然後剝去鴨肫皮，再用清水清洗。

鹽水鴨肫

美食

▶ 養胃健脾，改善消化不良

材料：

鴨肫500克，鹽、雞精、薑、蔥、料酒、花椒各適量。

做法：

1.鴨肫洗淨，放入開水中焯一下，撈出並用清水洗淨，瀝乾備用。

2.水鍋置上燒熱，放入鴨肫及鹽、雞精、薑、蔥、料酒、花椒，大火燒開，改小火燜煮。

3.兩小時後掀開鍋蓋，加入料酒和雞精，繼續燒至入味。

4.撈出鴨肫，放涼，切片裝盤即可。

功效：

當我們的腸胃不能正常工作時，就會出現消化不良，不僅會帶來不適，還會影響身體對營養的吸收利用。本道美食具有養胃健脾的功效，可有效改善消化不良，增強胃功能。此外，雞胗、山楂、山藥、紅棗、白扁豆等食物也具有類似功能，可適量多食。

鴨脖

duck intestine

暖胃生津、除濕去煩的美食

鴨脖是大眾非常喜歡的美食，最常見的是烤鴨脖和滷鴨脖，配料常常佐以辣椒，形成麻辣鮮香的味覺特點。鴨脖不僅口感鮮美，還具有暖胃生津、除濕去煩的功效，由於其高蛋白、低脂肪的特點，更是很多人追求的養顏美容的美食。

烤鴨脖和滷鴨脖麻、辣、鮮、香俱全，味香入骨，人們喜歡把它當做下酒菜和作爲休閑消遣的零食。應注意，鴨脖雖美味，但食用量應有所節制。

烹飪妙招

無論是烤鴨脖還是滷鴨脖，最好在烹飪前將鴨脖用開水焯熟，排出血水，以免不熟。

清洗方法

盡量去掉鴨脖上的白色脂肪，放在清水中浸泡一段時間，然後清洗即可。

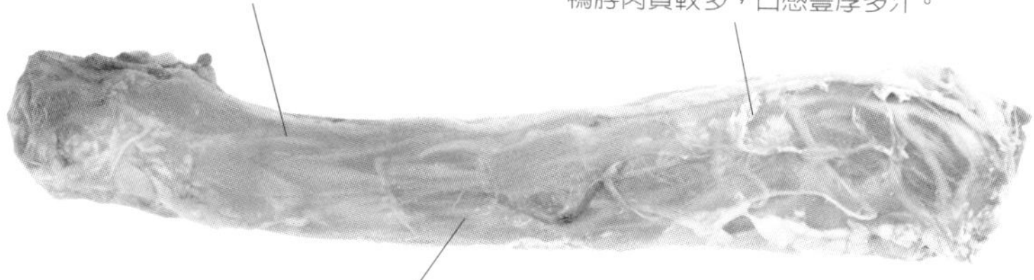

烤鴨脖

美食

▶ 鮮香麻辣，暖胃生津

材料：

鴨脖500克，鹽、白糖、孜然、五香粉、辣椒末、蒜末、醬油、蠔油、沙拉油、檸檬汁、白芝麻各適量。

做法：

1.鴨脖清洗乾淨，在上面劃幾刀以便入味。
2.將所有調味料混合均勻，製成調料汁。
3.將鴨脖浸泡在調料汁中，放入冰箱醃製一晚。
4.將鴨脖放入烤箱，溫度設為200℃，時間設為15分鐘，然後拿出，刷一次調料汁，再烤15分鐘，直到烤熟為止。
5.最後撒些白芝麻即可。

功效：

本道美食味道鮮香麻辣，具有暖胃生津、發散風寒的功效，同時可促進新陳代謝和血液循環，增強消化液的分泌，有助於增進食欲、促進消化。

鴨血 duck blood

補血養肝、清熱解毒

鴨血含有蛋白質、醣類、維生素E、鐵、鉀、磷等營養成分，具有補血養肝、清熱解毒的功效，適合治療缺鐵性貧血、中風眩暈、藥物中毒、勞傷吐血、痢疾等症。

鴨血富含的鐵是以血紅素鐵的形式存在，易被人體吸收利用，可以防治缺鐵性貧血，同時可有效預防冠心病、動脈硬化等症；鴨血所含的維生素K可以促使血液凝固，具有止血的功效；鴨血還可淨化人體，排出毒素。

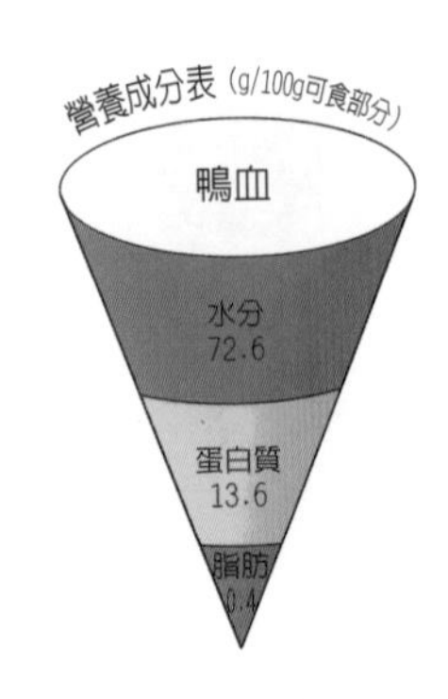

挑選鴨血時選擇顏色呈暗紅的，一般來說，鴨血的顏色要深於豬血。

挑選鴨血時選擇表面細膩而嫩滑的；不要挑選空隙多的，那可能是與其他血混製而成的。

挑選鴨血時選擇富有彈性的，鴨血通常還有一股較濃的腥味。

烹飪妙招

將鴨血浸泡在鹽水中一段時間，然後放入開水中汆燙，烹飪時加入蔥、蒜、醋等調味便可去腥。

保存方法

當天烹飪可將鴨血放在保鮮盒中冷藏，若是隔天烹飪則需放進冷凍室。應盡早食用，以免營養流失。

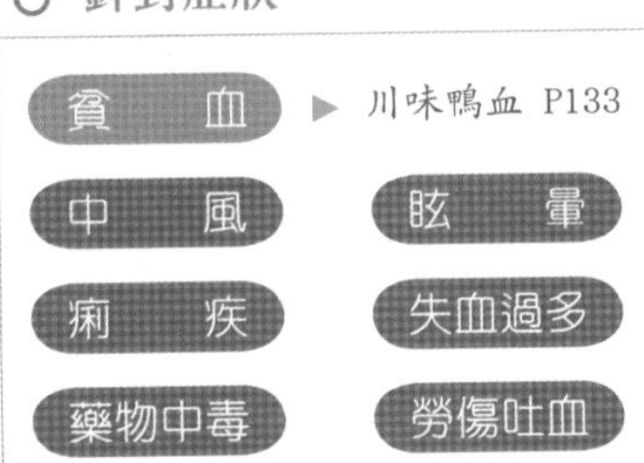

粉塵、紡織、環衛工作者應常吃動物血

鴨血、雞血、豬血等動物血中富含血漿蛋白，血漿蛋白經胃酸分解後可產生一種具有解毒滑腸功效的分解物，這種分解物可將侵入人體的頭髮、粉塵、有害金屬排出體外，清除腸腔的沉渣濁垢，對人體有淨化作用，從而避免積累性中毒。正因如此，動物血又被營養專家譽為「人體清潔工」。因此粉塵、紡織、環境衛生、採掘工作者應該常吃動物血。

針對症狀

貧血 ▶ 川味鴨血 P133

中風　眩暈

痢疾　失血過多

藥物中毒　勞傷吐血

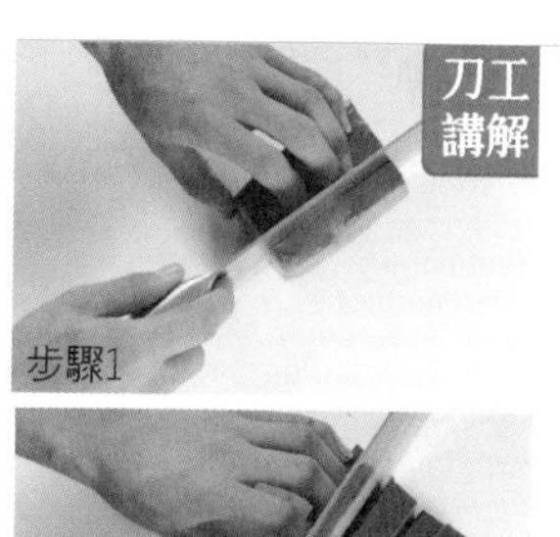

步驟1

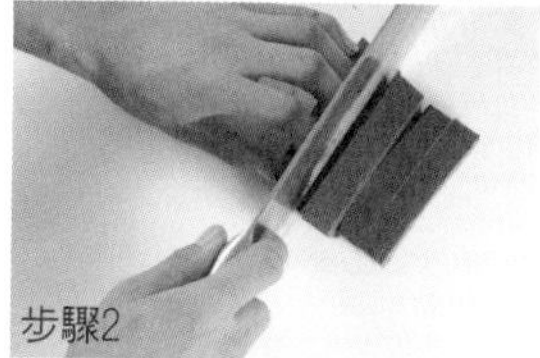
步驟2

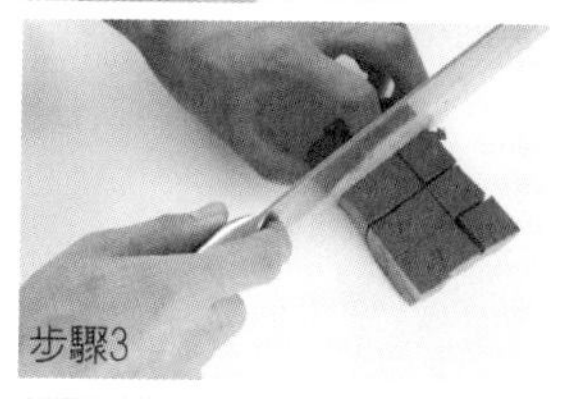
步驟3

步驟4

川味鴨血

操作步驟

步驟1
將鴨血切成塊狀
步驟2
將塊狀切成條狀
步驟3
將條狀切成丁狀
步驟4
完成

材料：

鴨血400克，黑木耳、鴨腸、毛肚各適量，蔥、鹽、雞精、花椒、八角、胡椒粉、紅椒各適量。

做法：

1.鴨血切丁，焯熟；木耳泡發切片；毛肚切片；鴨腸焯熟。

2.鍋中放油燒熱，放紅椒炸至紅色，下花椒爆香，製成辣椒油。

3.砂鍋倒水和火鍋料燒開，加所有材料共煮。煮至八分熟時倒入辣椒油，攪勻即可。

鴨血加黑木耳，潤腸通便

黑木耳最特別的作用是可以把殘留在人體消化系統內的灰塵、雜質吸附集中起來排出體外，從而清理腸胃。這是因為木耳中含有一種特殊的膠質，這種膠質還能化解膽結石、腎結石等體內異物。木耳還可以促進纖維類物質的分解，對不易消化的物質有溶解與消化作用。黑木耳和具有相同作用的鴨血搭配食用有潤腸通便的功效，可改善便秘等症。

此外，鴨血和黑木耳中鐵的含量都極為豐富，因此還能生血養顏，令人肌膚紅潤，防治缺鐵性貧血。

魔法的飲食搭配

鴨血的食用禁忌事項

雖然鴨血具有補血養肝、清熱排毒的功效，但不是所有人都能食用鴨血。

1. 心血管疾病患者不宜多食鴨血。

鴨血食用過多會增加人體內膽固醇的含量。

2. 腹瀉患者不宜多食鴨血。

鴨血具有潤腸通便的功效，適合便秘患者食用。腹瀉患者食用後則會加重症狀。

鴨頭
duck brain

利水消腫，清除濕熱

鴨頭具有利水消腫、清除濕熱的功效，適用於治療治水濕內停所致的小便不利、水腫脹滿，濕熱下注所致的小便短赤、淋漓澀痛。

鴨頭適合滷、烤、燉等多種烹飪方式。烹飪前如何處理鴨頭是關鍵，首先將鴨頭放入清水中自然解凍，然後將其劈成兩半，再次放入清水中浸泡，最後用開水汆燙，以去除鴨頭中的血水。

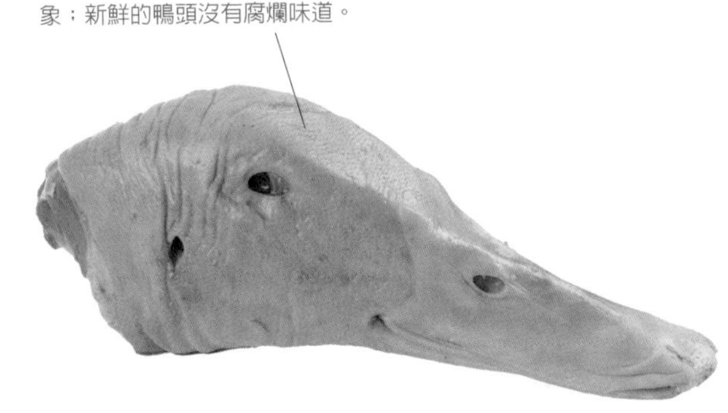

購買鴨頭時應選擇外形完整的，眼睛、下巴等俱全；新鮮鴨頭表面沒有黑斑、血點及腐爛的現象；新鮮的鴨頭沒有腐爛味道。

養生妙方

將若干鴨頭焯熟，加適量鹽、雞精、蔥、薑、五香粉、料酒、醬油及清湯，小火煮十幾分鐘，撈出鴨頭整齊放入燻籠，燻至鴨頭變色。本方具有利水消腫的功效。

鴨心
duck heart

美味滷鴨心，血脂高者慎食

鴨心含有蛋白質、脂肪、醣類、維生素E、鈣、磷、鉀等營養成分。鴨心最常見的烹飪方式就是滷，滷鴨心是一道老少皆宜的美味菜肴。不過鴨心中膽固醇含量頗高，因此患有高血脂症、心臟病、高血壓等心腦血管疾病的患者應盡量避免食用，以免造成血液中膽固醇含量升高，而使病情惡化。

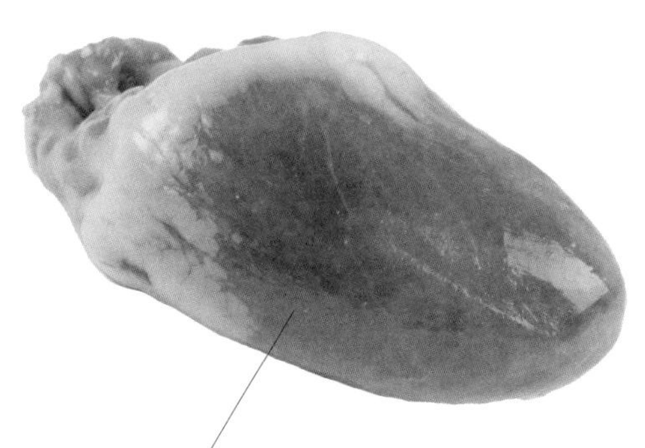

購買鴨心時選擇外形呈錐形、顏色呈紫紅的。新鮮的鴨心肉質較韌而富有彈性，外表附有油脂和筋絡，有少許腥味，但無臭味。

養生妙方

鴨心切片焯一下；花椒、八角、桂皮、香葉、蔥、薑、滷汁、鹽各適量，加一大碗水燒開。放涼後倒鴨心，浸泡2小時即可。本方美味可口，可促進食欲。

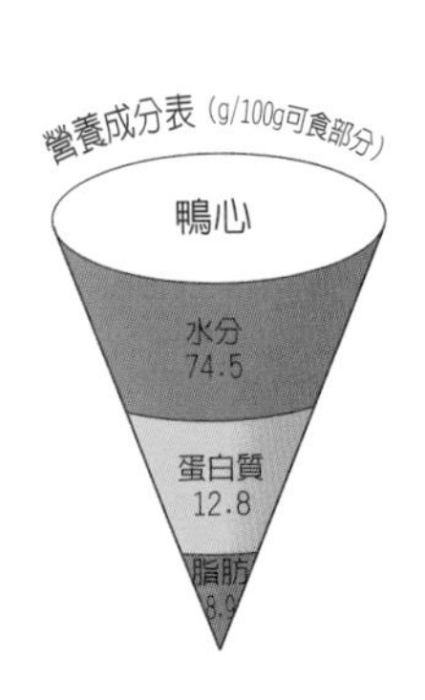

鴨肝

duck liver

補血明目、養肝益肝

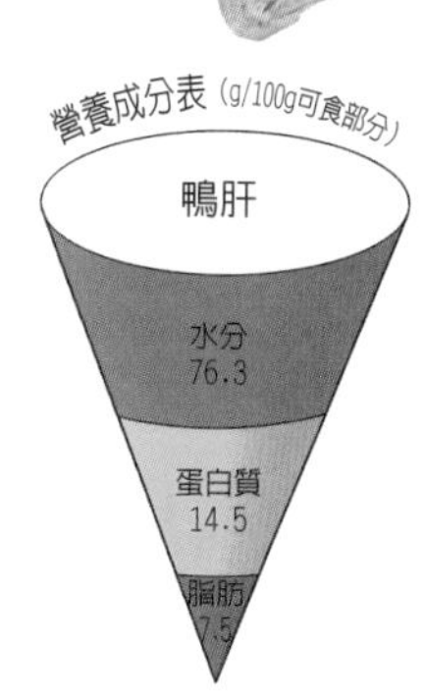

鴨肝，即鴨的肝臟，含有蛋白質、脂肪、維生素A、維生素B_2、維生素C、鐵、磷、鉀等營養成分，有補血明目、養肝益肝的功效。

鴨肝富含的維生素A可護眼明目，防止眼睛乾澀，對夜盲症等眼疾有一定改善作用；鴨肝富含的鐵是人體合成紅血球的必需成分，因此可以預防貧血，改善臉色青白、疲倦等症；鴨肝中還含有一般肉類食材不具備的維生素C，可抗衰老，提高機體免疫力。

飲食禁忌

每100克鴨肝中膽固醇含量高達341毫克，高血脂症、心臟病、高血壓等心腦血管疾病患者忌食。

清洗方法

鴨肝是排毒器官，因此烹飪前要浸泡半小時，烹飪時也應炒至鴨肝完全變色為止。

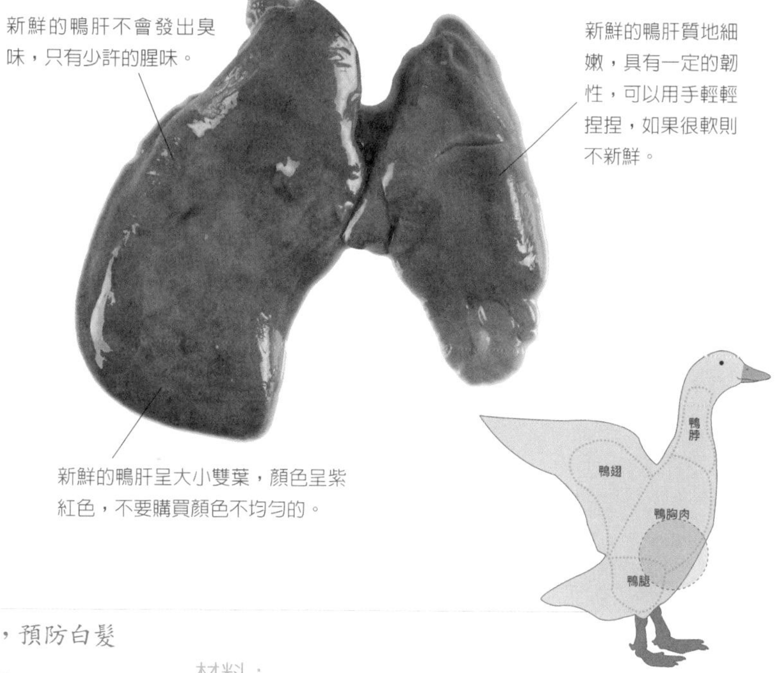

新鮮的鴨肝不會發出臭味，只有少許的腥味。
新鮮的鴨肝質地細嫩，具有一定的韌性，可以用手輕輕捏捏，如果很軟則不新鮮。
新鮮的鴨肝呈大小雙葉，顏色呈紫紅色，不要購買顏色不均勻的。
鴨脖
鴨翅
鴨胸肉
鴨腿

芝麻鴨肝

美食

▶ 美化肌膚，預防白髮

材料：

鴨肝500克，白芝麻50克，鹽、料酒、蔥花、薑片、香油、雞蛋清、澱粉、麵粉、植物油各適量。

做法：

1.鴨肝洗淨，剔去筋膜，切片。

2.取一大碗，放入鹽、料酒、蔥花、薑片、香油，攪拌均勻，將鴨肝放入，醃製10分鐘。

3.將雞蛋清打出泡沫，加入麵粉和澱粉，攪拌拌勻成雞蛋糊。

4.將鴨肝兩面撲上麵粉，再蘸上雞蛋糊，再蘸些芝麻。

5.油放入鍋中燒熱，將鴨肝放入炸至金黃色即可。

功效：

芝麻中含有大量的維生素E，可有效預防過氧化脂質對皮膚的危害，從而使皮膚白皙有光澤；所富含的礦物質能維持毛髮健康。鴨肝與芝麻同食可美化肌膚，預防白髮。

鵝肉

goose meat

益氣補虛、和胃止渴

鵝肉含有蛋白質、脂肪、維生素E以及鈣、磷、鉀、鈉等礦物質，具有益氣補虛、和胃止渴的功效，適合治療氣短乏力、食欲不振、慢性氣管炎等症。

鵝肉含有人體生長發育所必需的多種胺基酸，並且接近人體所需的胺基酸比例，因此易被消化吸收，有強身健體的功效，適合病後體虛者食用；鵝肉的脂肪含量很低，但其中不飽和脂肪酸與亞油酸的含量很高，這對於大腦發育有很大的好處。

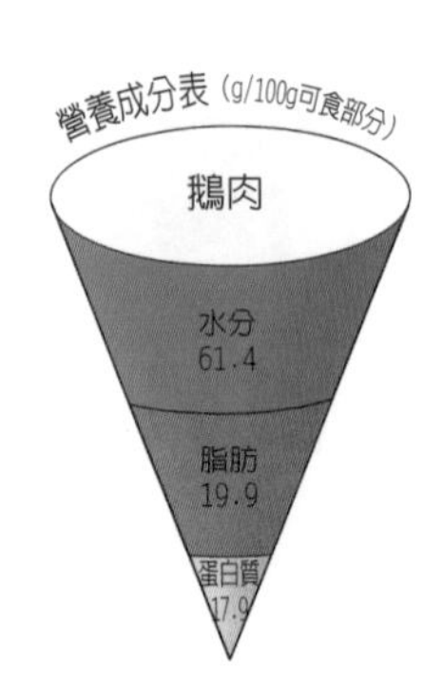

飲食禁忌

腸胃虛弱、濕熱積滯、內有虛汗以及皮膚敏感或皮膚瘡毒者忌食。

保存方法

鵝肉洗淨，瀝乾水分，切成大小合適的塊狀，用保鮮袋分裝好，放入冰箱冷凍室可保存1～2個月。

挑選鵝肉時應選擇表面無黏液的，不要挑選有血水滲出的。

挑選鵝肉時應選擇肉質呈粉紅色，肌肉切面光滑平整，肉質飽滿的。

挑選鵝肉時應選擇肉質富有彈性的。

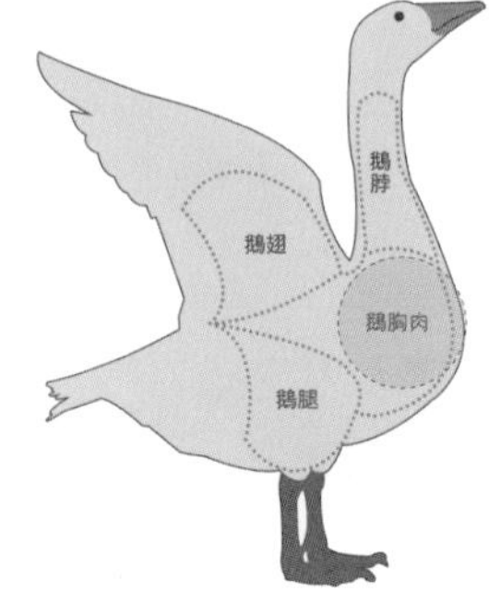

五月是品嘗鵝肉的最佳時節

吃鵝也有時節之分，五月鵝、菜花鵝、夏至鵝、冬至鵝……諸如此類。其中，五月鵝具有體型適中、肉厚骨小、肥腴鮮美的特點，在眾多鵝肉中無論從營養還是口味上都堪稱上等。

鵝經過春天的成長，到五月前後已經最為肥嫩新鮮。也就是說，初夏時節是吃鵝的大好時節，因鵝肉具有養胃、止咳、補氣的功效，這時吃鵝還可以有效預防咳嗽。

針對症狀

食欲不振 ▶ 鵝肉馬鈴薯湯 P137
慢性氣管炎 ▶ 鵝肉燉蘿蔔 P138
慢性腎炎 ▶ 鵝肉冬瓜湯 P138
口唇乾裂 ▶ 山藥燉鵝肉 P138

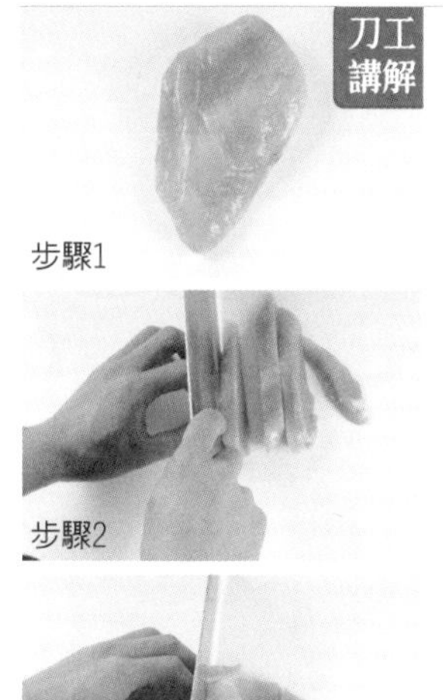

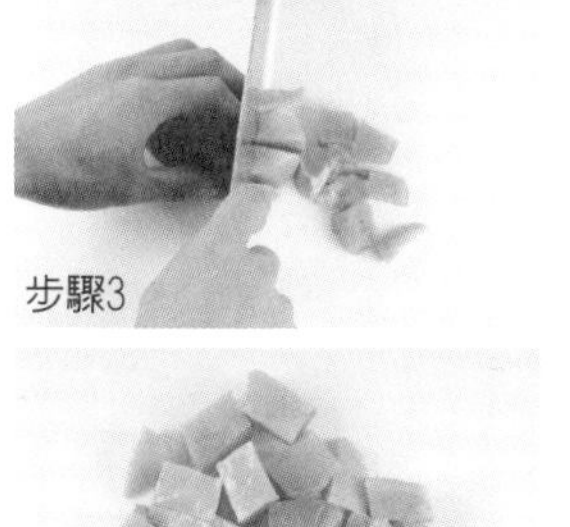

步驟4

鵝肉馬鈴薯湯

操作步驟

步驟1
分割出鵝胸肉

步驟2
將鵝肉切成條狀

步驟3
將條狀切成塊狀

步驟4
完成

材料：

鵝肉500克，馬鈴薯200克，紅棗50克，枸杞50克，薑片、蔥段、香油、鹽、胡椒粉、料酒各適量。

做法：

1.鵝肉切塊，馬鈴薯去皮切塊。

2.鍋中加水煮沸，倒入鵝塊汆燙，撈起瀝乾。

3.鍋中燒清水，放薑片、紅棗、枸杞和鵝塊，加鹽、胡椒粉、料酒，大火燉爛後放馬鈴薯，小火燉半小時，放香油、蔥段即可。

鵝肉加馬鈴薯，改善食欲不振

馬鈴薯具有和中養胃、健脾利濕的功效，富含的抗性澱粉可以促進脾胃的消化功能，可促進腸道毒素的分解與排出，改善結腸微生物群落，從而幫助促進腸道有益微生物的繁殖。而鵝肉結締組織少，肉質較為細膩，且富含多種易被人體吸收利用的胺基酸。因此，鵝肉和馬鈴薯搭配食用，可以消除胃部脹氣，促進消化，調理腸胃不適，從而改善消化不良等症。

此外，馬鈴薯富含的鉀可促使鹽分排出體外，降低血壓，消除水腫。同時馬鈴薯還是一種鹼性蔬菜，可保持體內酸鹼平衡，具有美容和抗衰老的作用。

肉類在飲食中的死對頭

煙燻鵝肉搭配啤酒致癌

煙燻鵝肉在製作過程中要添加大量亞硝酸類的物質，這類物質有致癌的危險，長期食用會對身體造成極大的危害，提高胃癌的發病率。

啤酒中的酒精會加重肝臟的負擔，損害肝臟組織，影響肝臟的正常功能。有很多人在食用煙燻鵝肉時喜歡搭配啤酒，這就使亞硝酸類致癌物質更加容易進入肝臟，損害肝臟，甚至誘發肝癌。

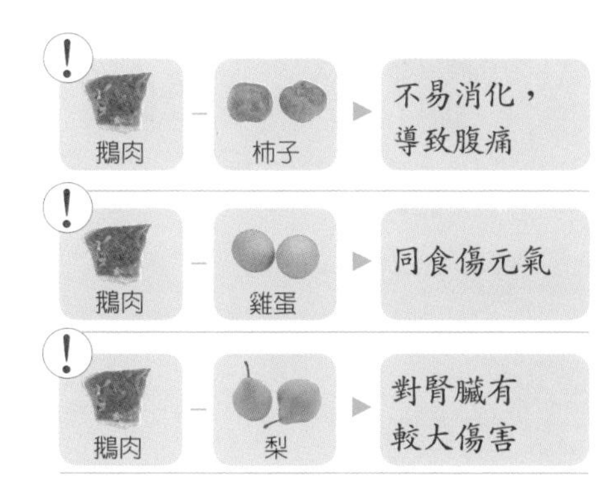

美食

鵝肉燉蘿蔔

清肺化痰，改善慢性氣管炎

鵝肉

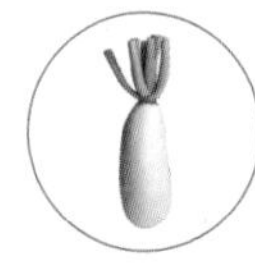
白蘿蔔

膳食功效

白蘿蔔具有化痰止咳、清熱解毒的功效，鵝肉與之同食可清肺化痰，改善慢性氣管炎。

材料：

鵝肉500克，白蘿蔔250克，薑、鹽、麻油各適量。

做法：

1.鵝肉洗淨切塊；白蘿蔔去皮洗淨，切成與鵝肉同等大小的塊；薑切片。

2.將鵝肉塊和蘿蔔放入砂鍋內，加入適量水，沒過鍋中材料，開大火，燒開時向鍋內加入薑片和適量鹽。

3.改小火，直至鵝肉燉爛，然後淋入麻油即可。

鵝肉冬瓜湯

利水消腫，改善慢性腎炎

鵝肉

冬瓜

膳食功效

冬瓜具有清熱解毒、利水消炎、除煩止渴的功效，鵝肉與之同食可利水消腫，改善慢性腎炎。

材料：

鵝肉250克，冬瓜500克，蔥、薑、鹽各適量。

做法：

1.將鵝肉洗乾淨切塊；冬瓜洗淨，去皮，切塊；蔥切段；薑切片。

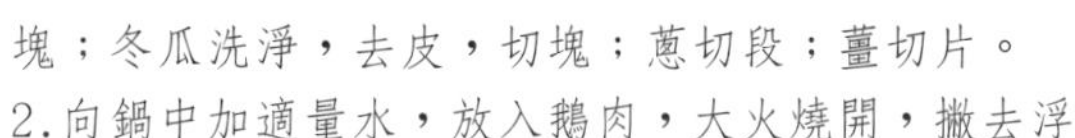

2.向鍋中加適量水，放入鵝肉，大火燒開，撇去浮沫，將鵝肉撈出，瀝乾水分備用。

3.將鵝肉放入燉鍋中，加適量清水、蔥段、薑片，大火燒開，轉小火燉1小時。

4.向鍋中倒入冬瓜，加鹽，小火燉10分鐘即可。

山藥燉鵝肉

清熱生津，預防口唇乾裂

鵝肉

山藥

膳食功效

山藥具有益氣養陰、補脾肺腎的功效，鵝肉與之同食可清熱生津，預防口唇乾裂。

材料：

鵝肉250克，山藥50克，豬肉200克，枸杞、蔥段、薑片、料酒、鹽、醬油、植物油各適量。

做法：

1.將鵝肉和豬肉分別洗淨，切塊，用沸水焯一下。

2.將山藥洗淨，去皮，切長條。

3.將油倒入鍋內燒熱，放入蔥段、薑片爆鍋，倒入鵝肉、豬肉和山藥，翻炒均勻，加入適量清水、料酒、鹽、醬油、枸杞，小火燉爛即可。

鵝翅

goose wing

肉質飽滿豐富的美容佳品

鵝翅是鵝經常運動的部位，因此肉質較嫩。鵝翅相比於雞、鴨等其他禽類翅膀來講，外型更大，因此肉質也更爲飽滿豐厚。鵝翅除了富含蛋白質、脂肪、維生素E以及鈣、磷、鉀、鈉等鵝肉含有的營養成分外，膠原白含量頗爲豐富，是美容養顏的保健佳品。

鵝翅適合滷、炸、燉、烤等多種烹飪方式，常常佐以促進食欲的辣椒，成菜香辣可口，美味誘人，是很多人喜愛的美食。

烹飪妙招

鵝翅烹飪前需要放在開水中汆燙，去掉血水。

清洗妙招

清洗前要將鵝翅上的毛處理乾淨，可用鑷子夾去，不可用刀刮斷，去毛後需反覆清洗。

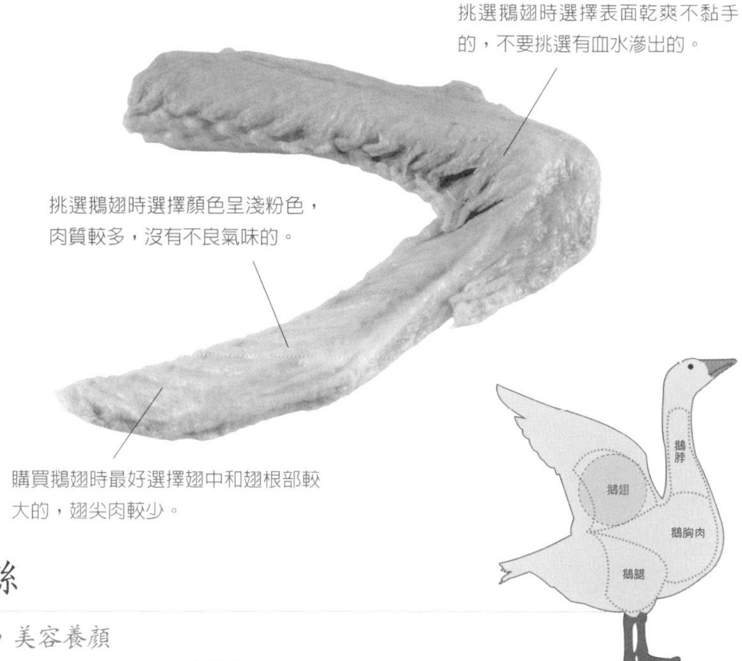

挑選鵝翅時選擇表面乾爽不黏手的，不要挑選有血水滲出的。
挑選鵝翅時選擇顏色呈淺粉色，肉質較多，沒有不良氣味的。
購買鵝翅時最好選擇翅中和翅根部較大的，翅尖肉較少。

鵝脖
鵝翅
鵝胸肉
鵝腿

麻辣鵝膀絲

美食

▶ 健脾開胃，美容養顏

材料：

鵝翅500克，大蔥1棵，薑一小塊，醬油、鹽、食用油、糖、香油、花椒、料酒、紅油辣椒各適量。

做法：

1.鵝翅清洗乾淨；蔥切段；薑切片。

2.燒開半鍋水，將鵝翅倒入鍋中，焯熟撈出，去骨，切成絲，捆紮起來。

3.將適量的油倒入鍋中，燒開後放入花椒、蔥、薑、紅油辣椒炒香，接著放入醬油、鹽、糖、香油、料酒和少量水，燒開。

4.將鵝膀絲放入鍋中煮至上色，撈出，盛入盤中即可。

功效：

本道美食味道香辣誘人，色澤鮮豔，主料為鵝翅，佐以辣椒等香辛料，因此具有健脾開胃、美容養顏的功效。

鵝肝

goose liver

養肝明目、補血養顏

鵝肝即鵝的肝臟，因此具備動物肝臟典型的營養成分，含有蛋白質、脂肪、醣類、維生素A、維生素E、維生素B_2以及鐵、鉀、銅等礦物質，有養肝明目、補血養顏等功效，可以維持眼睛、皮膚的健康，防止眼睛乾澀、疲勞，預防缺鐵性貧血，改善臉色蒼白、易感疲倦等症。此外，鵝肝還含有少量的維生素B_2，可促進人體新陳代謝。

鵝肝是西方人非常喜歡的一項菜肴，常常被製作成美味的鵝肝醬。

清洗方法

將鵝肝瓣膜中的纖維和血管去掉，處理時小心，鵝肝非常易碎，然後用清水沖洗。

保存方法

新鮮鵝肝放入保鮮盒冷凍保存，製成鵝肝醬可延長鵝肝的保存時間。

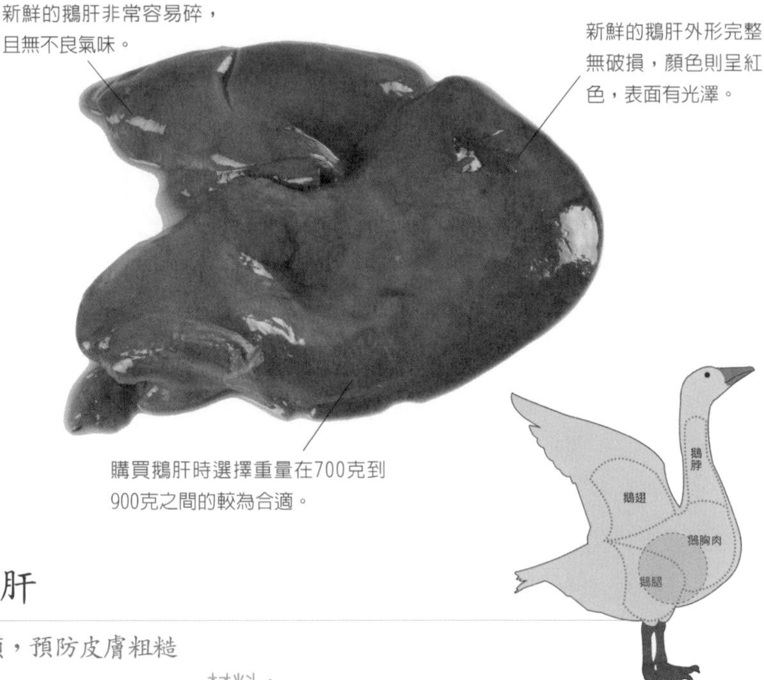

新鮮的鵝肝非常容易碎，且無不良氣味。
新鮮的鵝肝外形完整無破損，顏色則呈紅色，表面有光澤。
購買鵝肝時選擇重量在700克到900克之間的較為合適。

鵝脖
鵝翅
鵝胸肉
鵝腿

法式煎鵝肝

美食

▶ 美容養顏，預防皮膚粗糙

材料：

法式鵝肝若干片，鮮橙1個，橄欖油1小匙，鹽、胡椒粉、麵粉各適量。

做法：

1.法式鵝肝洗淨，切片去筋，用紙巾吸乾表面水分，在表面撒上鹽和胡椒粉調味，兩面沾上麵粉。

2.鮮橙對切，取一半果肉，榨汁備用。

3.將橄欖油倒入鍋內燒熱，鵝肝抖去多餘的麵粉放入鍋中，煎至兩面金黃即可。注意動作要快速，鵝肝易化掉。裝盤，表面淋上鮮橙汁即可。

功效：

鵝肝口感細膩濃郁，入口即化，是法國人鍾愛的美食，與松露、魚子醬並列為世界三大珍饈。本道美食以法式鵝肝為主要原料，因此，不僅味道誘人，還可美容養顏，防止皮膚粗糙。

鵝腸

goose intestine

口感脆滑、益氣補虛

鵝腸外形細嫩、口感脆滑、色澤鮮美，可謂色香味俱全，是人們非常喜愛的一樣食材。鵝腸含有豐富的蛋白質及多種礦物質，具有益氣補虛、溫中散血、行氣解毒的功效。

烹飪鵝腸的關鍵在於如何處理鵝腸，清洗方法正確的鵝腸香脆誘人，處理不當則有難聞的腥味殘留。首先將鵝腸放在清水中浸泡一段時間使之吸水膨脹，用小刀將其內壁的汙穢刮去，清洗，最後將腸內的油膜撕去，反覆清洗即可。

烹飪妙招

將鵝腸擦乾水再炒，放入鍋中必須迅速炒勻，這樣做出的炒鵝腸才會爽脆，口感極好。

保存方法

鵝腸應該現買現吃，不適合冷凍，否則口感不爽滑。

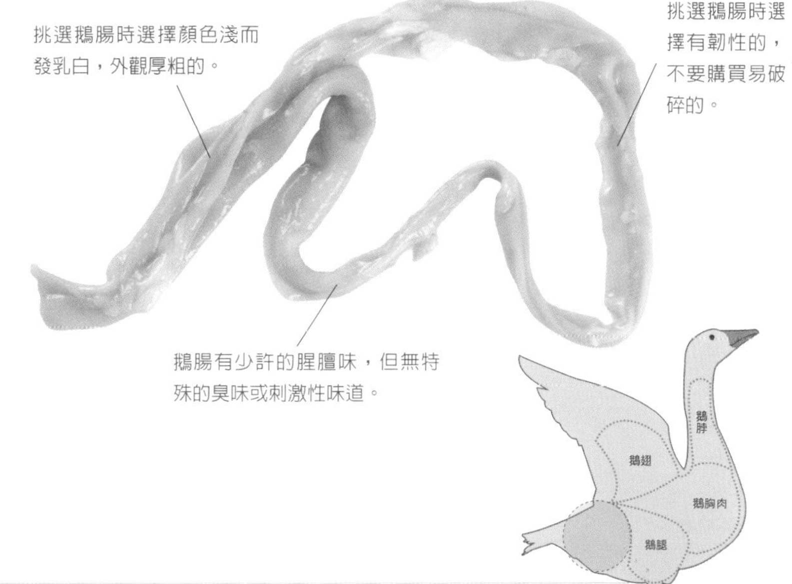

挑選鵝腸時選擇顏色淺而發乳白，外觀厚粗的。
挑選鵝腸時選擇有韌性的，不要購買易破碎的。
鵝腸有少許的腥膻味，但無特殊的臭味或刺激性味道。
鵝脖
鵝翅
鵝胸肉
鵝腿

滷鵝腸

美食

▶ 益氣補虛，促進食欲

材料：

鵝腸500克，滷汁1000克，薑、蔥各適量。

做法：

1.將薑和蔥切絲備用。

2.將鵝腸清洗乾淨，放入涼水中浸泡10分鐘，撈出，瀝乾。

3.將滷汁倒入鍋中，放入鵝腸，大火燒開，轉小火煮燒5分鐘。

4.關火，等待鵝腸冷卻。冷卻後取出，將鵝腸切成段裝盤，淋上少許滷汁，撒上薑絲、蔥絲即成。

功效：

蔥含有具刺激性氣味的辣素和揮發油，可以幫助祛除鵝腸中的腥味，使之產生特殊香氣。此外，還具有殺菌的功效，可刺激消化液的分泌，促進食欲。鵝腸佐以蔥，可益氣補虛，促進食欲，適合大病初癒者食用。

其他肉類 other meat

食物多樣化，營養均衡才是最佳飲食

驢肉對動脈硬化、高血壓、冠心病有保健作用。

兔肉富含蛋白質，脂肪含量較低，有「葷中之素」的美稱。

馬肉營養豐富，可恢復肝臟機能，防止貧血，促進血液循環。

田雞肉質細嫩，味道鮮美，勝似雞肉。

烏骨雞營養價值遠遠高於雞肉，被人們譽為「名貴食療珍禽」。

鴿子營養價值高，對老人、病人、孕婦有極強的調補作用。

蝸牛具有高蛋白、低脂肪的特點，膽固醇含量幾乎為零。

蛇肉具有強壯神經、延年益壽的功效。

驢肉

donkey meat

補氣血，益臟腑

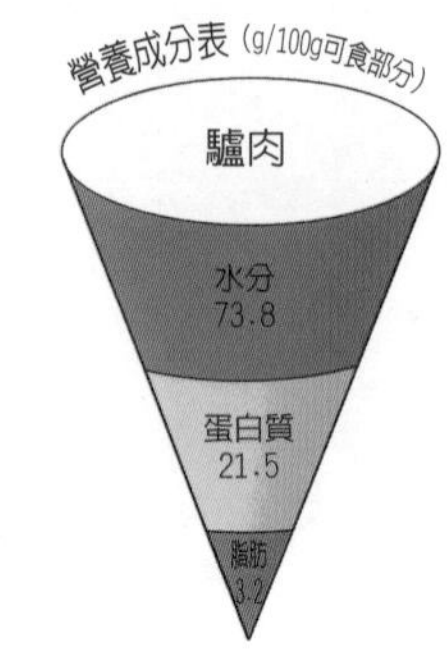

從營養學的角度來看，驢肉營養豐富，富含蛋白質、脂肪、維生素以及人體必需胺基酸和十種非必需胺基酸，具有補氣血、益臟腑等功效。因此，驢肉對動脈硬化、高血壓、冠心病有保健作用。此外，它所含的動物膠等成分可爲人體補充充足的營養。

在中國福建、山東、河北、陝西等地都有很多獨具特色的驢肉小吃，如河間驢肉火燒、曹記驢肉等等。

飲食禁忌

驢肉的營養豐富，而金針菇含有多種生物活性酶，二者同時食用，可誘發心絞痛。

烹飪妙招

烹製時加少量蘇打水可去除驢肉的腥味。製作驢肉時，可配些薑末、蒜汁，既殺菌，又除味。

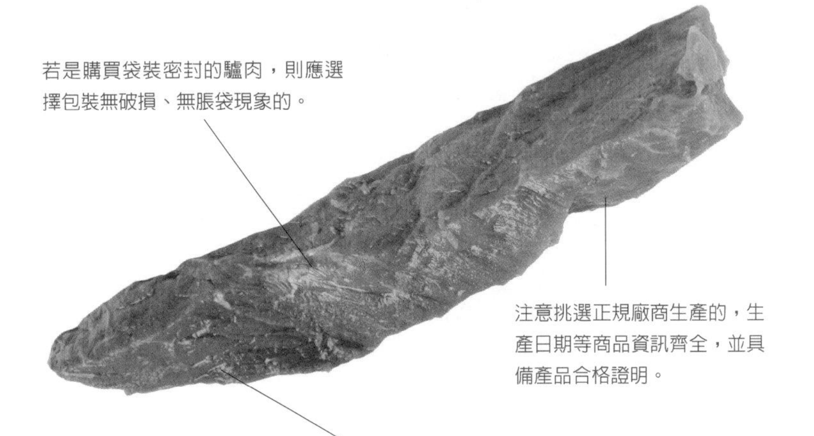

若是購買袋裝密封的驢肉，則應選擇包裝無破損、無脹袋現象的。
注意挑選正規廠商生產的，生產日期等商品資訊齊全，並具備產品合格證明。
驢肉的顏色呈褐色或暗紅色，但不要挑選色澤太鮮豔的，那樣的驢肉可能是添加人工色素而成。

防治心血管疾病適合的營養食材

1.適合食用綠葉蔬菜和水果，富含多種維生素和微量元素，可保護血管、降低血壓。這類食材包括菠菜、蘋果、香蕉、葡萄、柚子、山楂、西瓜等

2.適合食用魚類，魚中含有豐富的不飽和脂肪酸，可幫助改善血管彈性。

3.適合食用富含膳食纖維的食物，可以將多餘膽固醇排出體外，這類食材包括粗糧、芹菜、馬鈴薯、山藥、蘋果等。

針對症狀

陽痿遺精 ▶ 砂鍋燉驢肉P145

氣血虧虛 ▶ 風味驢盤腸P145

失眠頭暈 ▶ 驢肉蒸餃P145

健　忘　　心　悸

砂鍋燉驢肉

溫腎壯陽，改善陽痿遺精

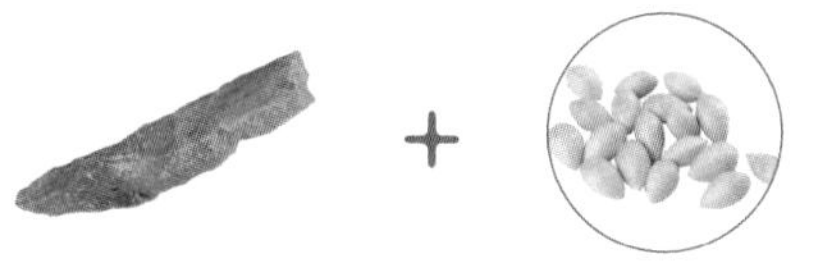

驢肉　　銀杏

膳食功效

本道美食具有溫腎壯陽、驅寒除濕的功效，可改善陽痿、遺精、小便頻數、遺尿等症。

材料：

驢肉1250克，銀杏100克，鮮冬筍100克，雞清湯1000克，花生油、胡椒粉、鹽、白糖、芝麻油、紹酒、蔥、薑、大茴香、花椒、醬油各適量。

做法：

1.驢肉切塊，下鍋中煮透，撈出放涼水中泡1小時，取出瀝水備用。

2.砂鍋上火，加花生油燒熱後放蔥、薑、驢肉塊、冬筍、銀杏及各種調料、雞清湯，大火燒開，改小火燉約2小時，待肉酥爛，撒胡椒粉即成。

風味驢盤腸

滋陰補血，改善氣血虧虛

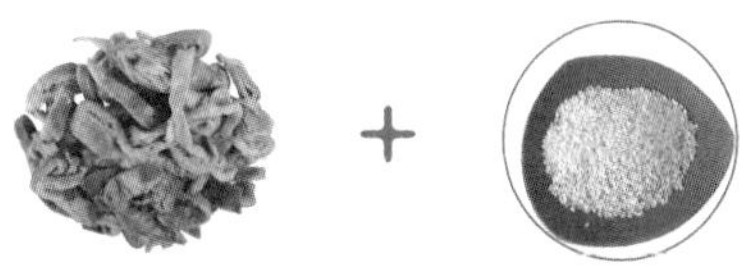

驢盤腸　　芝麻

膳食功效

本道美食具有滋陰補血、清心潤肺的功效，可強健血管、恢復體力、消除疲勞，改善氣血虧虛。

材料：

驢盤腸500克，熟芝麻50克，鹽、雞精、醬油、辣椒油、香油各適量。

做法：

1.將驢盤腸清洗乾淨，放入開水中焯熟，撈出切成薄片，擺入盤中。

2.取一個碗，將適量鹽、雞精、醬油、辣椒油、香油倒入其中，攪拌均勻，製成料汁。

3.將製好的料汁淋在驢盤腸中。

4.撒上熟芝麻，即可上桌食用。

驢肉蒸餃

熄風安神，改善失眠頭暈

驢肉　　芹菜

膳食功效

芹菜具有清熱解毒、消除煩躁的功效，驢肉與芹菜同食可息風安神，改善失眠頭暈等症。

材料：

驢肉500克、麵粉500克，芹菜200克，蔥、植物油、麻油、鹽各適量。

做法：

1.向裝麵粉的盆中加鹽，邊加開水邊攪拌，然後揉成麵團，醒30分鐘。

2.將驢肉洗淨切成肉餡；芹菜、蔥分別洗淨，切碎。

3.將驢肉、芹菜、蔥放一大碗中，加適量的麻油和植物油攪拌，即蒸餃肉餡。

4.將麵團揉成劑子，擀麵餅，包餃子。

5.將驢肉餃蒸15分鐘即可。

兔肉

rabbit meat

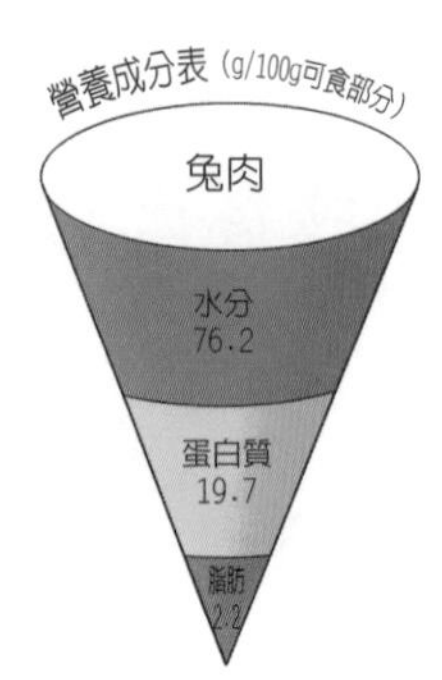

滋陰涼血、益氣潤膚、解毒祛熱

兔肉含有豐富的蛋白質，因脂肪和膽固醇含量較低，肉質細嫩，結締組織和纖維少，容易消化吸收，特別適合老年人食用。中醫學認爲，兔肉性涼，有滋陰涼血、益氣潤膚、解毒祛熱的功效。經常食用兔肉，既能增強體質，使肌肉豐滿健壯、抗鬆弛衰老，又不至於使身體發胖。它還富含大量有健腦益智功效的卵磷脂。高血壓患者經常食用，可保護血管壁，防止血栓的形成。

飲食禁忌

經期女性、有明顯陽虛症狀的女性、脾胃虛寒者及孕婦忌食。

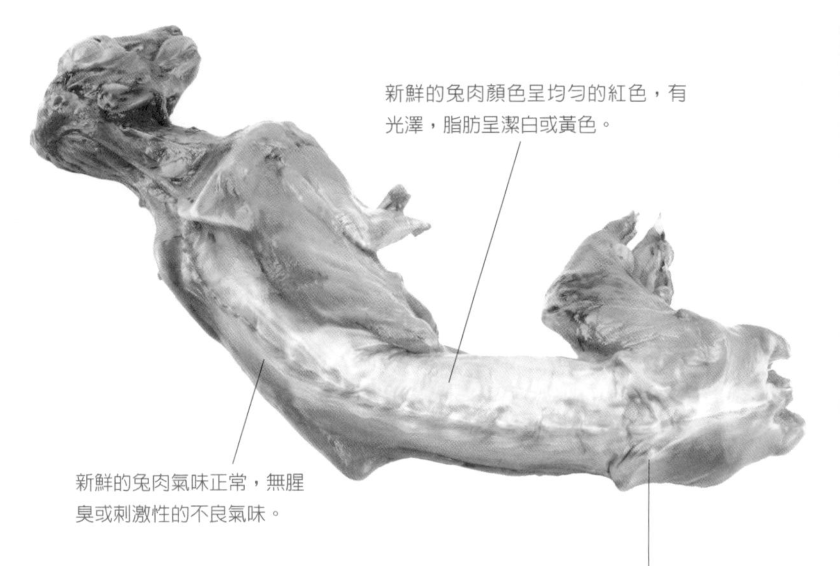

新鮮的兔肉顏色呈均勻的紅色，有光澤，脂肪呈潔白或黃色。
新鮮的兔肉氣味正常，無腥臭或刺激性的不良氣味。
新鮮的兔肉富有彈性，用手指按壓表面，凹陷可恢復原有的狀態。

烹飪妙招

兔肉肉質細嫩，肉中筋絡少，切肉時需順著纖維紋路切。若切法不當，烹製後會變成粒塊狀，且不易熟爛。

老年人適合的營養食材

1.老年人消化能力弱，適合補充富含優質蛋白質的食物，如豆製品。

2.老年人隨年齡增加，骨礦物質逐漸流失，易發生骨折和骨質疏鬆，適合補充含鈣和維生素D的食物，如牛奶、豆製品、海帶、魚類等。

3.老年人體內的過氧化物會加快機體衰老，適合食用含維生素C的蔬果，如苦瓜、蕃茄、奇異果、酸棗、橘子等。

針對症狀

血壓偏高 ▶ 菊花薺菜兔肉湯P14

腦疲勞 ▶ 花匯兔丁P147

皮膚鬆弛 ▶ 紅棗燉兔肉P147

消渴口乾

疲倦乏力

美食

菊花薺菜兔肉湯

穩定血壓，預防高血壓

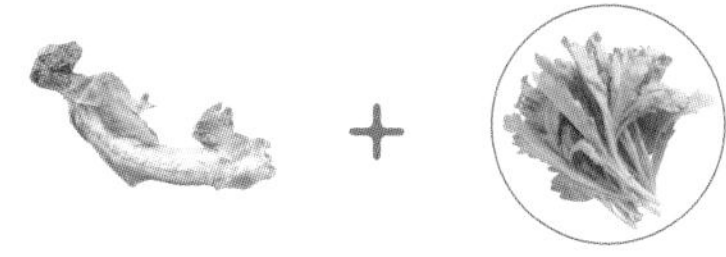

膳食功效

薺菜所含的乙醯膽鹼等物質可降低血壓，兔肉與之同食可穩定血壓，預防高血壓。

材料：

兔肉250克，薺菜200克，菊花120克，生薑、鹽各適量。

做法：

1.兔肉處理乾淨，洗淨切塊；薺菜洗淨，切段；生薑切片。

2.將兔肉與生薑片一齊放入鍋內，加入適量清水，小火煮約1.5小時，直至兔肉熟爛。

3.向鍋內加入薺菜段、菊花，再煮約半小時。

4.去除湯內的菊花和薺菜渣，加鹽調味後即可飲湯食肉。

花匯兔丁

健腦益智，緩解腦疲

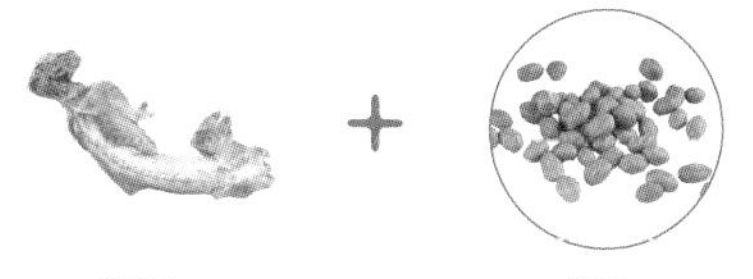

膳食功效

兔肉和花生富含大腦發育不可缺少的卵磷脂，本道美食具有健腦益智的功效，可緩解腦疲勞。

材料：

兔肉250克，油酥花生仁50克，豆瓣、豆豉、白糖、蔥丁、辣椒油、花椒粉、芝麻油、熟芝麻、蒜泥、鹽、植物油各適量。

做法：

1.兔肉處理乾淨，焯熟切丁；將豆瓣和豆豉剁碎。

2.油放入鍋內燒至三分熱，倒入豆瓣炒香，再放豆豉，一同炒成醬料。

3.兔肉放入大碗中，加所有調味料，攪拌均勻。

4.倒入盤中，撒入油酥花生仁即可。

紅棗燉兔肉

美容瘦身，預防肥胖

膳食功效

紅棗富含的鐵、維生素C等可緊致肌膚，改善膚色，兔肉與之同食還可美容瘦身，預防肥胖。

材料：

兔肉400克，紅棗15顆，熟豬油、薑片、蔥段、鹽各適量。

做法：

1.兔肉洗淨，剁塊，汆燙，洗淨；紅棗洗淨，去核。

2.鍋內放熟豬油燒至五分熱，放薑片、蔥段爆鍋，倒兔肉煸炒，再放紅棗、鹽和適量清水燒沸。

3.將鍋中所有材料倒入蒸碗中。

4.鍋洗淨，倒清水，放蒸碗，小火燉1小時至兔肉熟爛，去除薑片、蔥段即可。

馬肉

horseflesh

營養成分表（g/100g可食部分）

馬肉	
水分	74.1
蛋白質	4.6
脂肪	0.1

恢復肝臟功能，促進血液循環

由於馬並不像豬、牛、羊能其他家畜得到大規模的飼養，因此不是普遍食肉的肉類。

而馬肉已有五千多年的食用史，馬肉曾是遊牧民族經常食用的肉食之一。馬肉在水煮或煎炒時會產生泡沫，另外在烹飪的過程中會散發出惡臭味，因此很多人並不喜歡食用馬肉。

但馬肉營養豐富，可恢復肝臟功能，防止貧血，促進血液循環，預防動脈硬化，增強人體免疫力。相對雞肉或牛肉而言，馬肉含有更豐富的蛋白質。

優質的馬肉呈現紅色，表現有光澤。
優質的馬肉肉質較脆，嫩度較強，但韌性不是很好。
優質的馬肉肉質纖維較粗，橫切面的顆粒感較明顯，肌纖維間脂肪含量較少。

飲食禁忌

慢性腸炎、瘡瘍患者忌食。

烹飪妙招

烹飪前馬肉需要反覆用清水漂洗乾淨，除盡血水。不宜炒食，適宜煮熟食用。

馬肉米粉

美食

▶ 溶解膽固醇，預防動脈硬化

材料：

醬馬肉、馬骨湯、米粉、蔥花、花生油、辣椒醬、蒜末各適量。

做法：

1.將馬骨湯燒沸，將繞成小團的米粉放進煮沸的馬骨湯內焯一焯後拿出。

2.取一碗，裏面放進適量的馬骨湯，然後將汆燙好的米粉放進碗中。

3.將醬馬肉切成片，擺進碗中。

4.在米粉表面撒入撒上蔥花，淋上花生油，放少許辣椒醬和蒜末即可。

功效：

馬肉中的脂肪質量優於其他畜肉，富含的不飽和脂肪酸可溶解膽固醇，阻止其在血管壁上沉積，有效預防動脈硬化。

田雞肉

sora

大補元氣，潤澤肌膚

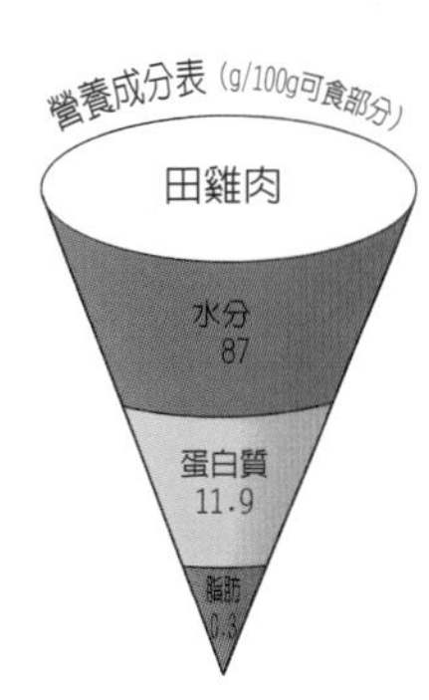

田雞的肉質細嫩，味道鮮美，勝似雞肉，含有豐富的蛋白質、醣類和少量脂肪。田雞肉含有的鈣和磷有助於青少年的生長發育和緩解更年期骨質疏鬆；所含的維生素E和鋅、硒等微量元素則可延緩衰老，潤澤肌膚，抗癌防癌。

在中醫裡，田雞肉還是大補元氣、治脾虛的營養食品，可以治陰虛牙痛、腰痛及久痢，適宜於低蛋白血症、精力不足、乳汁不足、肝硬化和神經衰弱者食用。

購買田雞時挑選田雞肚子瘦但田雞腿較肥壯的，肚大而腿瘦則屬次品。
購買田雞時挑選雄性田雞為佳，雄性田雞身形狹長、頷下有兩小點。
新鮮的田雞肉富有彈性，用手指按壓表面，凹陷可恢復原有的狀態。

清洗方法

首先用清水洗淨，放入開水鍋中，加生薑、鹽，燒開，撈出洗淨即可。

烹飪妙招

田雞肉體內易有寄生蟲卵，需加熱至熟透方可食用。一旦食用田雞肉出現腹痛、嘔吐、流淚等症狀時，要儘速治療。

香辣田雞腿

美食

▶ 味鮮可口，有益健康

材料：

田雞腿500克，小紅辣椒50克，鹽、醬油、濕澱粉、花椒粉、大蒜、植物油各適量。

做法：

1.田雞腿清洗乾淨，放入一碗中，加少許鹽和醬油拌勻，再用濕澱粉漿好。

2.鍋中放植物油燒熱，放入田雞腿，將田腿腳炸至焦酥呈金黃色撈出。

3.鍋內留底油，下入紅椒後加鹽炒一下，再放入花椒粉、大蒜、田雞腿，翻炒均勻，裝盤即成。

功效：

田雞腿是田雞中肉質較多，且口感較嫩的部位，佐以辣椒，不僅麻辣香酥，味鮮可口，還具有較高的營養價值。本道美食富含維生素E、鈣、磷等營養物質，非常適合處於發育中的青少年食用，對於身體、頭髮、肌膚的健康都有一定幫助。

烏骨雞肉

taihe chicken

高營養的『名貴食療珍禽』

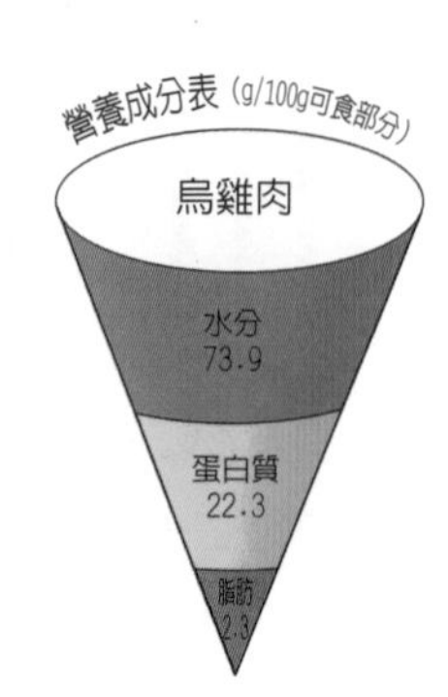

烏骨雞富含蛋白質、維生素A、維生素B群、鐵、鋅、鈣等營養成分，其營養價值遠遠高於普通雞肉，被人們譽爲「名貴食療珍禽」。烏骨雞所含的鈣可預防骨質疏鬆和佝僂症，適合老年人和兒童食用；所含的鐵可預防缺鐵性貧血，適合女性食用；此外，烏骨雞的脂肪含量很低，熱量少，礦物質含量豐富，是心血管疾病患者、病後或產後調養者的補養佳品。由於含糖量少，也適合肥胖者和糖尿病患者食用。

飲食禁忌

食欲不振、大便溏稀、脾胃濕滯者忌食。

保存方法

宰殺後應放入冰箱冷凍室保存，及早食用，不可保存太長時間。

購買帶羽毛的烏骨雞時，要挑選喙、眼睛和雞爪烏黑，羽毛潔白的。

購買已處理好的烏骨雞則選擇皮膚、雞肉、骨頭都是烏黑色的。

購買烏骨雞時挑選體型較大、黑色較深的，營養含量高於淺色烏骨雞。

女性經期應適當食用補血食物

月經對女性身體的影響主要在於失血，如果失血過多還會造成貧血。同時，身體內激素的變化還會引起身體水腫、疲勞困乏、精神不振，甚至頭痛。有的人還會有痛經、失眠的煩惱。應注意以下飲食宜忌：

1.經期因失血，應補充雞蛋、鵪鶉蛋、豬肉、牛肉、烏骨雞等有生血、養血作用的食物。

2.忌食冷飲、冷食及性寒的食物。

3.不宜食用性涼的蔬果，如梨、冬瓜、苦瓜等。

針對症狀

疲勞 ▶ 白果蓮子烏骨雞湯P1

骨質疏鬆 ▶ 人參雪梨烏骨雞湯P15

貧血 ▶ 紅棗烏骨雞湯P151

體質虛弱

神經衰弱

美食

白果蓮子烏骨雞湯

清火健胃，消除疲勞

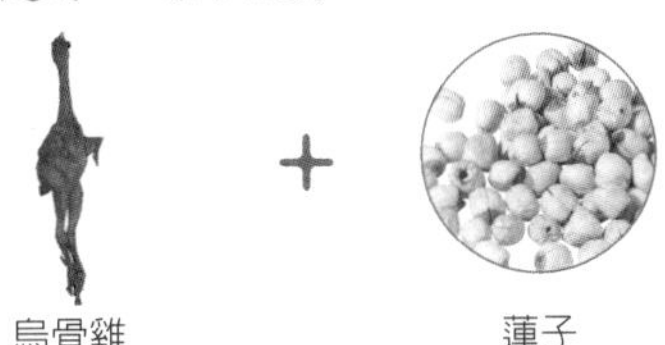

膳食功效

本道美食具有促進消化、清心寧神的功效，能消除疲勞、倦怠和緊張情緒，常食用消脂效果也十分明顯。

材料：

烏骨雞腿1隻、新鮮蓮子150克、白果30克、鹽5克。

做法：

1.雞腿洗淨、剁塊，汆燙後撈起，用清水沖淨。

2.盛入煮鍋加水至蓋過材料，以大火煮開轉小火煮20分鐘。

3.蓮子洗淨放入煮鍋中續煮15分鐘，再加入白果煮開，加鹽調味即可。

人參雪梨烏骨雞湯

強筋行氣，預防骨質疏鬆

膳食功效

人參與烏雞都是大補食品，二者搭配食用可活血補心，強筋行氣，預防骨質疏鬆，適合老年人食用。

材料：

烏骨雞300克、人參10克、黑棗5顆、雪梨1個、鹽5克。

做法：

1.雪梨洗淨，切塊去核；烏雞洗淨，剁成小塊，焯水；黑棗洗淨；人參洗淨，切大段。

2.鍋中加油燒熱，投入烏雞塊，爆炒後加適量清水，再加雪梨、黑棗、人參，一起以大火燉30分鐘，加鹽調味即可。

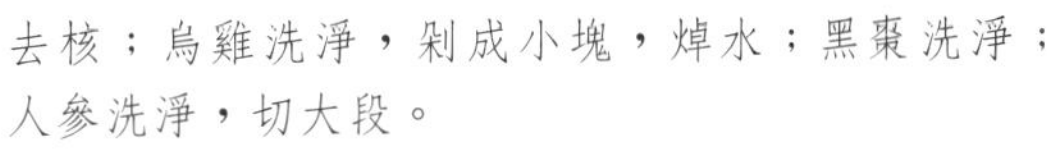

紅棗烏骨雞湯

安神補血，改善貧血

膳食功效

紅棗具有安神養氣的功效，同時富含鐵，烏雞與紅棗搭配可安神補血，改善貧血，適合經期女性食用。

材料：

烏骨雞半隻，紅棗20顆，綠茶10克，枸杞5克，香菜20克，鹽、香油各適量。

做法：

1.紅棗泡軟；雞洗淨、剁塊；綠茶用布袋裝好備用。

2.將剁好的雞塊放入鍋中，接著放入茶包、枸杞、紅棗，並加水至蓋過材料為止。

3.以大火煮沸後轉小火慢熬1小時，放鹽調味即熄火，食用前撒上香菜、淋入香油即可。

鴿肉

pigeon

益氣補血、補肝壯腎

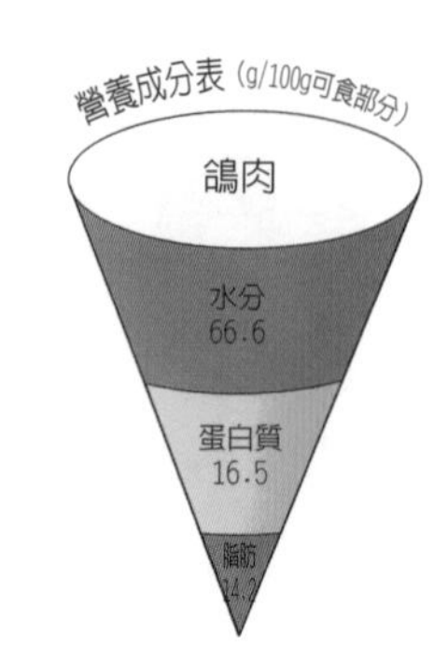

《本草綱目》中記載「鴿羽色眾多，唯白色入藥」，古語說「一鴿勝九雞」，古代醫學更是將鴿肉列為益氣補血、補肝壯腎的上品。鴿子營養價值較高，對老年人、體虛病弱者、手術病人、孕婦有極強的調補作用。貧血的人食用鴿肉後有助於恢復健康。鴿肉含可延緩細胞代謝的特殊物質，對於防止細胞衰老有一定作用，對毛髮早脫、少白頭等有一定的療效。鴿肝中含有的膽素，可預防動脈硬化。

保存方法

鴿肉易變質，購買後要立即放入冰箱保存。若是無法吃完，則最好煮熟保存。

烹飪妙招

鴿肉適合燉、蒸、烤、炸等多種烹飪方式，但以清蒸或煲湯能最大限度保留其營養。

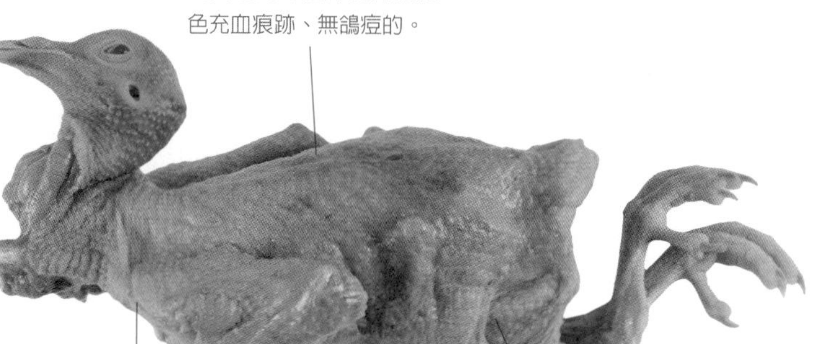

購買鴿肉時選擇皮膚無紅色充血痕跡、無鴿痘的。

購買鴿肉時選擇胸部肉較肥厚，且富有彈性，指壓後凹陷部位能立即恢復原位的。

購買鴿肉時選擇表皮和肌肉切面有光澤，無異味的。

栗子鴿肉煲

美食

▶ 氣血雙補，補虛養體

材料：

鴿肉300克，栗子100克，蔥、薑、料酒、醬油、白糖、精鹽各適量。

做法：

1.鴿子處理乾淨，切塊，加麵粉拌勻；蔥、薑分別切末。

2.鍋中放油燒熱，放入鴿肉塊煸炒，加入蔥薑末煸出香味。

3.向鍋中加入料酒、醬油、白糖、精鹽、栗子仁和適量清水，大火燒開，轉小火，燜至鴿肉熟爛即成。

功效：

栗子能為人體提供足夠的熱能，保障人體基本營養物質的供應，具有益氣健脾、厚補胃腸的功效。栗子與鴿肉搭配不僅可以補血補氣，還可補虛養體，適合病後體虛者食用。

蝸牛 snail

清熱解毒、消腫止痛、平喘理氣

蝸牛的肉質鮮美，是西餐中的著名食材，由於其飼養容易、成本低產量高，味道鮮美，受到人們喜愛，也是法國人十分鍾愛的食物之一。

蝸牛具有高蛋白、低脂肪的特點，且膽固醇含量幾乎爲零，還含有多種維生素和礦物質，具有清熱解毒、消腫止痛、平喘理氣的功效，適合治療瘧疾、壞血病、哮喘、尿頻等症。

養生妙方

將蝸牛肉洗淨後與鹽、胡椒、辣味汁、香料拌勻，醃製一段時間，然後放入洗淨的原殼中，用馬鈴薯泥封口後烤製。本方具有清熱解毒、消腫止痛的功效。

脾胃虛寒、腹瀉、胃痛者忌食蝸牛；蝸牛在烹飪時一定要熟透，且不能吃死掉或變質的蝸牛；蝸牛不適合與螃蟹同食。

蛇肉 snake meat

強壯神經、延年益壽

蛇肉中含有蛋白質、脂肪、鈣、鎂等營養成分，且膽固醇含量低，具有強壯神經、延年益壽的功效。蛇肉含有人體必需的八種胺基酸，尤其富含有增強腦細胞活力的穀胺酸和消除人體疲勞的天門冬胺酸；其含有的鈣、鎂易於被人體吸收利用，可有效預防心血管疾病和骨質疏鬆。

養生妙方

將蛇肉搭配雞絲、肉絲、筍絲、冬菇燴製成蛇羹。本方味道鮮美、易於消化，適合老人、體弱畏寒者食用。

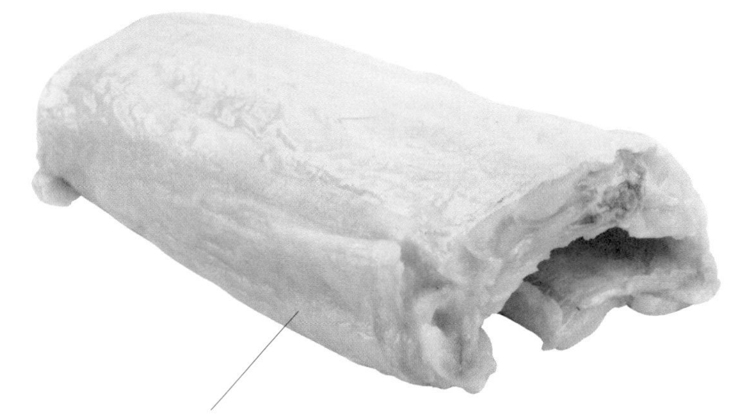

蛇肉一定要加工熟透才能安全食用，也不可生飲蛇血、生吞蛇膽，易引起急性胃腸炎和寄生蟲病；蛇肉宜用熱鍋冷油，否則易碎。

雉肉
pheasant

別名	野雞、山雞、雉雞、環頸雞
主要營養素	蛋白質、脂肪、鈣、磷、鐵
功效	補中益氣，補肝明目
主治	腹瀉、尿頻、糖尿病等症

食療小妙方

補肝腎
做法：雉肉250克、冬蟲夏草5克，二者加水煮食。
主治：腎虛型尿頻、氣短乏力

補肝明目
做法：雉肉250克、胡蘿蔔適量，加調料煮食。
主治：夜盲、肝虛所致的眼花

野鴨
widgeon

別名	綠頭鴨、野鶩、山鴨
主要營養素	蛋白質、脂肪、鈣、磷、鐵
功效	消食和胃，利水解毒
主治	水腫、食欲不振、病後體虛等症

食療小妙方

補氣+利水消腫
做法：野鴨1隻，處理乾淨，加入大蒜5頭，煮至鴨熟爛，不加鹽，分次食用。
主治：慢性腎炎水腫

補腎益精+益肺止咳
做法：野鴨1隻，處理乾淨，加入冬蟲夏草5克、適量調料，蒸2小時後食用。
主治：神疲乏力、腰膝痠軟

鵪鶉
quail

別名	鶉鳥、宛鶉、奔鶉
主要營養素	蛋白質、脂肪、礦物質、維生素
功效	補中益氣，清利濕熱
主治	食欲不振、年老體虛等症

食療小妙方

補養五臟+補中益氣
做法：鵪鶉洗淨，加入少量植物油和鹽，蒸熟，早晚食用，連食5日。
主治：小兒疳積、體虛

健脾益氣+增加食欲
做法：鵪鶉1隻、黨參10克、山藥30克，三者加水煮熟，喝湯吃肉。
主治：消化不良、食欲不振

鹿肉

venison

主要營養素 蛋白質、脂肪、礦物質和醣

功效 補益五臟，調理血脈

主治 體虛瘦弱、四肢發冷、產後無乳等症

食療小妙方

溫補腎陽

做法：適量鹿肉和核桃仁，加入鹽，煮湯食用。

主治：腎陽虛、陽痿、畏寒

調補氣血

做法：鹿肉200克，洗淨切成塊，加入3碗水，加入調料，煮熟食用。

主治：產後無乳

蠶蛹

silkworm chrysalis

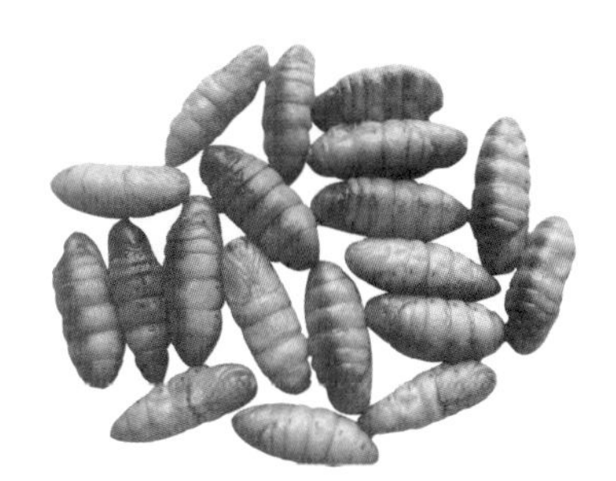

主要營養素 蛋白質、不飽和脂肪酸及維生素

功效 益脾補虛，除煩止渴

主治 脾虛氣弱、營養不良、消瘦乏力、虛煩發熱等症

食療小妙方

益脾補虛

做法：蠶蛹90克，烘焙乾燥，研成細末。每次服30克，溫開水送服。

主治：小兒疳積、久患肺癆、肌肉消瘦

除煩止渴

做法：蠶蛹60克，用水和米酒煎湯取汁服。

主治：消渴口乾、煩熱

野豬肉

boar

主要營養素 蛋白質、脂肪、礦物質及維生素

功效 補虛，止血

主治 體虛瘦弱、便血、痔瘡出血等症

食療小妙方

益氣補血

做法：野豬肉200克，洗淨切塊，加入黨參15克、當歸10克和調料，煮熟後去藥，喝湯吃肉。

主治：氣血兩虛

補虛止血

做法：野豬肉適量、槐花15克，加水、調料煮熟，吃肉喝湯。

主治：便血

蛋類&乳製品 eggs&milk

食物中最理想的優質蛋白質

雞蛋是病人和嬰幼兒不可或缺的營養保健食品。

鴨蛋中鐵和鈣含量豐富，有益骨骼發育，預防貧血。

皮蛋蛋體晶瑩，口感香滑不膩，清涼爽口。

鹹鴨蛋具有清肺降火的功效，食用可以治療小兒積食等症。

鵪鶉蛋易入味，除煎、炒、做湯外，也常用來做罐頭。

鴿蛋口感細嫩爽滑，營養豐富，易於消化。

鵝蛋營養豐富，具有健腦益智、補中益氣的功效。

牛奶是鈣質的最佳食物來源，可有效預防佝僂症、骨質疏鬆。

優酪乳能增加腸道益生菌，保持腸道健康，促進排便順暢。

雞蛋

egg

不可或缺的營養保健食品

自古以來，雞蛋就是病人和嬰幼兒不可或缺的營養保健食品。雞蛋含有人體必需的胺基酸，蛋白質價值也是所有食品中的最高者。維生素方面，除維生素C外，基本齊備。雞蛋所含的維生素A能強健黏膜，保護視力；所含的維生素B群是醣類和脂肪新陳代謝不可欠缺的維生素，同時也是身體和腦部的活力來源。此外，雞蛋還富含可防氧化、促進血液循環的維生素E以及具有抗壓作用的維生素B_5。

飲食禁忌

動脈硬化、高血脂症（尤其是高膽固醇血症）、肝硬化等症患者忌食。

保存方法

讓蛋尾的圓滑處朝上放置能長時間保存。冰箱冷藏可保存20天左右，室溫可保存3～4天。

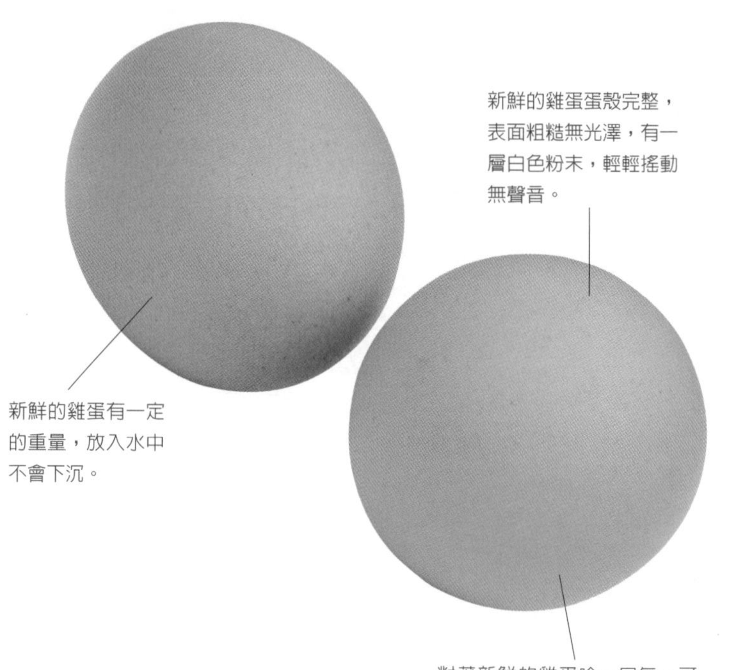

新鮮的雞蛋蛋殼完整，表面粗糙無光澤，有一層白色粉末，輕輕搖動無聲音。

新鮮的雞蛋有一定的重量，放入水中不會下沉。

對著新鮮的雞蛋哈一口氣，可聞到淡淡的生石灰味道。

正常成人每天可吃一顆雞蛋

雞蛋的營養價值較高，蛋黃中含有豐富的維生素和礦物質，並且種類齊全，蛋黃中含有具有降低血膽固醇作用的卵磷脂。但是，蛋黃中膽固醇的含量較高，因此不能多吃，正常成人每天可吃一顆雞蛋。

雞蛋中除了維生素C外，基本包括所有的維生素，因此在食用雞蛋時可適量搭配富含維生素C的食材，例如蕃茄、苦瓜、柑橘類水果等，對於肌膚、毛髮、指甲的健康有很大幫助。

針對症狀

肌膚鬆弛 ▶ 番茄炒蛋P159

記憶減退 ▶ 雞蛋炒蝦仁P159

免疫力差 ▶ 紫菜蛋花湯P159

感　冒　　骨質疏鬆

美食

番茄炒蛋

強健肌膚，讓肌膚富有彈性

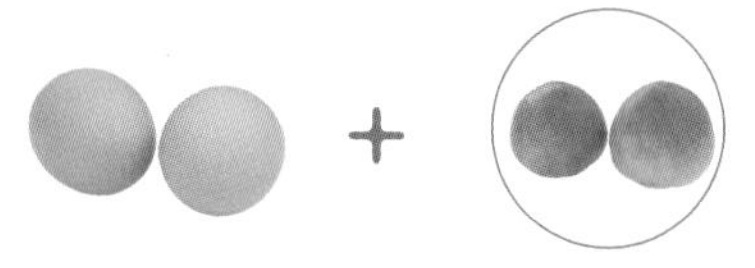

雞蛋　　蕃茄

膳食功效

蕃茄含有豐富的維生素C，與缺乏維生素C的雞蛋搭配可強健肌膚，讓肌膚富有彈性。

材料：

雞蛋3顆、蕃茄1顆，蔥、雞精、白砂糖、鹽各適量。

做法：

1.蔥洗淨，切段；蕃茄洗淨，切丁。

2.雞蛋打開放入碗中，打勻，放入少許的鹽。

3.鍋內放入適量的油，油熱時，加蔥爆鍋，倒入雞蛋液炒至半熟。

4.加入蕃茄丁及兩大匙水炒至水分收乾，加鹽、白砂糖、雞精，攪拌均勻即可裝盤。

雞蛋炒蝦仁

健腦益智，防止老化

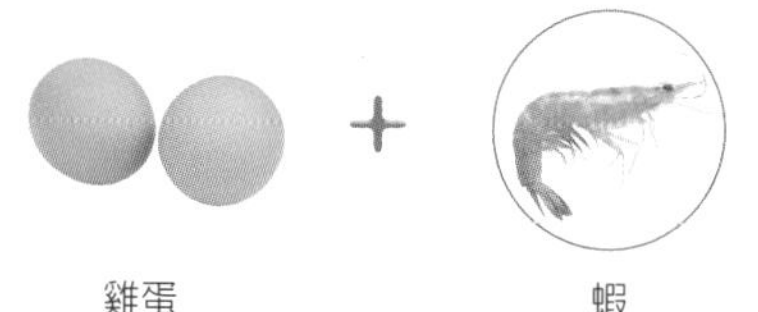

雞蛋　　蝦

膳食功效

蝦和雞蛋中都富含可以營養大腦的卵磷脂，二者搭配可健腦益智，防止老化，增強記憶力。

材料：

雞蛋2顆，蝦仁300克，豌豆、鹽、雞精、蔥花、澱粉、料酒、醬油各適量。

做法：

1.雞蛋打散與鹽一起攪勻。

2.蝦仁洗淨，與鹽、料酒、澱粉拌勻。

3.油鍋燒熱，放入蛋液，待蛋液凝固時再翻炒，炒至嫩黃時鏟出備用。

4.油鍋繼續加熱，放入蝦仁、豌豆快速翻炒數下，加入蔥花。炒至八成熟時，放入炒好的雞蛋，翻炒均勻即可。

紫菜蛋花湯

強身健體，增強免疫力

雞蛋　　紫菜

膳食功效

紫菜中富含碘、鈣、鐵等礦物質，有益骨骼和皮膚的健康，與雞蛋同食可強身健體，增強免疫力。

材料：

雞蛋1顆，紫菜2張，蝦米、蔥花、香油、鹽各適量。

做法：

1.將雞蛋打散；將紫菜洗淨撕碎。

2.鍋中加水燒熱，放入撕碎的紫菜，待紫菜熟後淋入雞蛋，注意雞蛋要適當攪動，以免蛋液形成塊而不起花。

3.等到蛋花浮起，加鹽、蔥花、蝦米，攪拌均勻，最後淋入香油即可。

鴨蛋

duck egg

大補虛勞，滋陰清肺

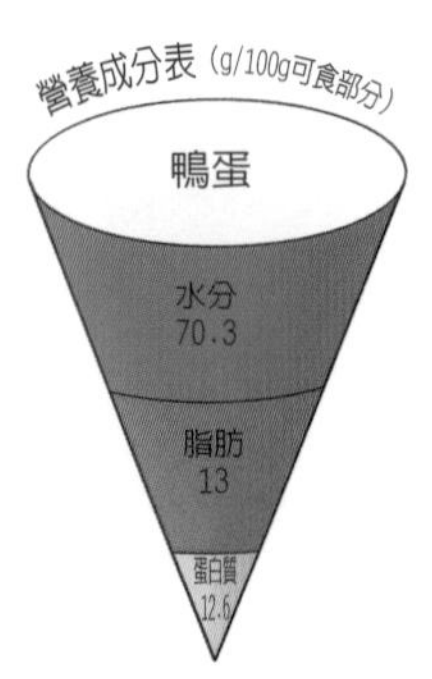

鴨蛋與雞蛋營養相當，是人們經常食用的蛋類食品之一，餐桌上常見的鹹鴨蛋和皮蛋就是由鴨蛋製作的。

鴨蛋含有蛋白質、脂肪、醣類、葉酸、維生素A、維生素B_1等營養成分，具有大補虛勞、滋陰清肺的功效。鴨蛋含有多種礦物質，特別是鐵和鈣的含量極爲豐富，這些礦物質有益骨骼發育還可預防貧血；鴨蛋中含有較多的維生素B_2，經常食用，能促進生長，保持頭髮、指甲、皮膚的健康。

飲食禁忌

鴨蛋的脂肪和膽固醇含量相對較高，中老年人多食久食容易加重和加速心血管系統的硬化和衰老。

烹飪妙招

鴨子體內的病菌能夠滲入到正在形成的鴨蛋內。因此鴨蛋在開水中至少煮15分鐘才可食用。

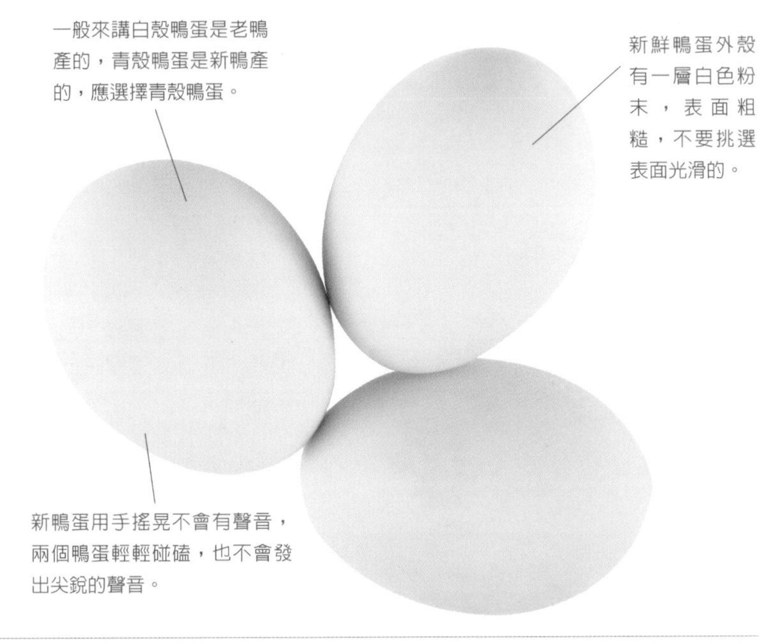

一般來講白殼鴨蛋是老鴨產的，青殼鴨蛋是新鴨產的，應選擇青殼鴨蛋。
新鮮鴨蛋外殼有一層白色粉末，表面粗糙，不要挑選表面光滑的。
新鴨蛋用手搖晃不會有聲音，兩個鴨蛋輕輕碰磕，也不會發出尖銳的聲音。

鹹蛋肥腸

美食

▶ 清肺止咳，改善燥熱咳嗽

材料：

鴨蛋若干個，豬大腸300克，鹽、雞精、料酒、花椒各適量。

做法：

1.豬大腸洗淨，用溫水洗去血汙，瀝乾，用鹽、雞精、料酒醃製十幾分鐘。

2.鴨蛋先用鹽醃幾天，放沸水中煮熟，剝皮，取出蛋黃。

3.將蛋黃塞入豬大腸，切成片，然後放蒸籠中蒸熟。

4.油鍋置上燒熱，放入花椒爆香，撈出花椒，放入蒸好的蛋、腸，稍微煎炸即成。

功效：

本道美食具有清肺止咳的功效，適合治療肺熱咳嗽、咽喉疼痛等症。此外，由於豬大腸具有潤腸通便的功效，常食還可改善便秘。

皮蛋

preserved egg

清熱去火、涼腸止瀉

皮蛋是用石灰等原料醃製而成的鴨蛋製品，其蛋殼易剝不沾黏，蛋體晶瑩，口感香滑不膩，清涼爽口，深受人們喜愛。皮蛋瘦肉粥、皮蛋豆腐是人們餐桌上經常見到的菜肴。

皮蛋較鮮蛋含有更多的礦物質，但脂肪和總熱量較鮮蛋略有下降。蛋黃中的蛋白質在製作過程中分解成胺基酸，因此營養豐富，具有清熱去火、涼腸止瀉等功效。

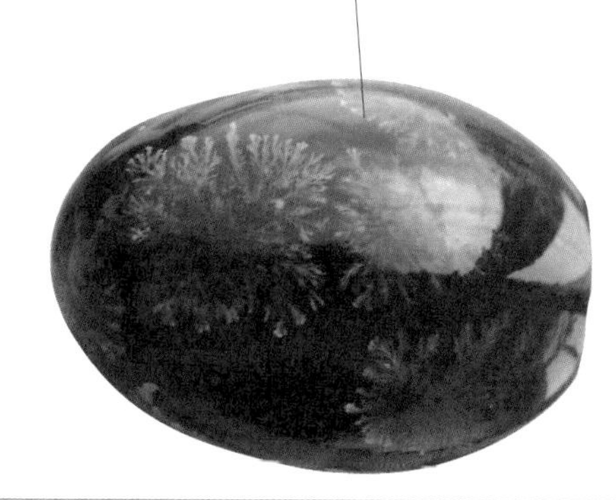

購買皮蛋時選擇包裝無發黴、蛋殼完整，殼色呈青缸色者；輕輕搖動皮蛋應沒有水響聲或撞擊聲；在燈光下看大部分呈黑色或深褐色，小部分呈黃色或淺紅色。

養生妙方

皮蛋剝好切丁，豆腐切塊。將適量的鹽、糖、雞精、香油、醋、醬油、蔥末調勻成調味料。皮蛋放盤中央，擺上豆腐，淋調味料即可。本方嫩而爽口，營養豐富。

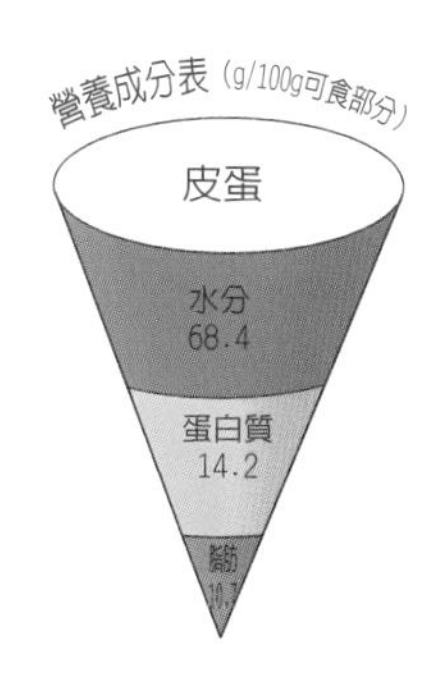

鹹鴨蛋

Salted duck egg

口味獨特、營養豐富、老少皆宜

鹹鴨蛋由新鮮鴨蛋經過醃製而成，是一種口味獨特、營養豐富、老少皆宜的食物。鹹鴨蛋富含蛋白質、人體所需的各種胺基酸、脂肪、鈣、磷、鐵等營養成分，鈣、鐵等礦物質的含量尤爲豐富，可以促進骨骼發育，還能有效預防缺鐵性貧血。

中醫認爲，鹹鴨蛋具有清肺降火的功效，食用可以治療瀉痢、小兒積食等症。

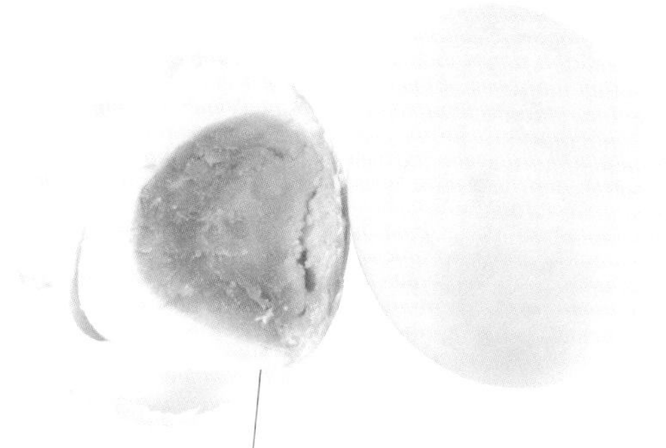

購買鹹鴨蛋時選擇外殼呈青色、圓潤光滑、乾淨無裂縫者；輕搖蛋體有輕微的顫動感；剝開蛋殼蛋白潔白，蛋黃呈黃色，並有油脂。

養生妙方

先將食鹽溶於開水中，冷卻後倒入壇中，將鴨蛋逐個放進鹽水中，密封壇口，置於陰涼通風處，25天左右即可開壇取蛋煮食。本方香味濃郁，清肺降火。

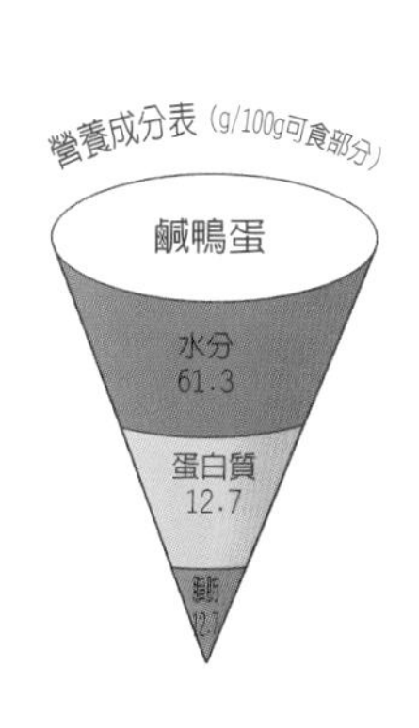

鵪鶉蛋

quail egg

美膚護膚的「卵中佳品」

鵪鶉蛋又名鶉鳥蛋，其有「動物中的人參」之稱，故常被用來作爲滋補食療之品。鵪鶉蛋含有蛋白質、脂肪、維生素B_1、維生素B_2、維生素E、鈣、鉀、磷等營養成分，具有補益氣血、強身益腦、潤澤肌膚的功效，適合治療貧血、神經衰弱、營養不良等症，對有貧血、月經不調的女性，其滋補作用尤爲顯著。

鵪鶉蛋烹飪時更易入味，除煎、炒、做湯外，也常用來做罐頭。

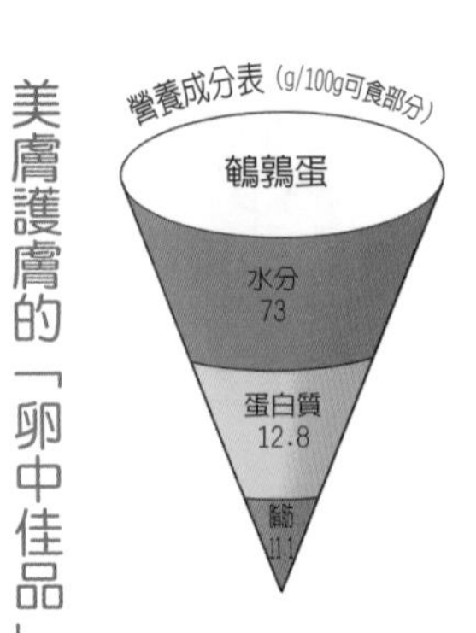

飲食禁忌

鵪鶉蛋的膽固醇含量偏高，心腦血管疾病患者及老年人盡量少吃。

保存方法

鵪鶉蛋保存時不要清洗，常溫下（20℃）能放置4～5天，從冰箱中取出後盡快食用，不可久置或再次冷藏。

鵪鶉蛋外形近似圓形，一般5～10克，外殼呈灰白色，有紅褐色和紫褐色的斑紋。

將鵪鶉蛋放在放到冷水中，新鮮的會下沉，陳蛋則會上浮。

新鮮的鵪鶉蛋表面顏色鮮明，輕輕搖動不會有聲音，有水聲的一般是陳蛋。

人參鵪鶉蛋

美食

▶ 滋補養身，補中益氣

材料：

鵪鶉蛋12個，人參7克，黃精10克，鹽、白糖、麻油、高湯、醬油各適量。

做法：

1.將人參煨軟、切段後蒸2次，收取濾液，再將黃精煎2遍，取其濃縮液與人參液調勻。

2.鵪鶉蛋煮熟去殼，一半與黃精、鹽醃漬15分鐘；另一半用麻油炸成金黃色備用。另用小碗把高湯、白糖、醬油調成汁。

3.將鵪鶉蛋和調好的汁一起下鍋翻炒，最後連同湯汁一同起鍋，再加入醃漬好的另一半鵪鶉蛋即可。

功效：

鵪鶉蛋具有補益氣血的功效，搭配人參等中藥可滋補養身，補中益氣，尤其適合體質虛弱或病後體虛的人食用。

鴿蛋 pigeon egg

女性滋陰之佳品

鴿蛋的口感細嫩爽滑，營養豐富，易於消化。鴿蛋含大量優質蛋白及少量脂肪，長期食用可增強皮膚彈性，促進血液循環，清熱解毒，因此是女性滋陰的佳品。鴿蛋與鴿肉營養成分相當，值得一提的是，它的維生素B_2含量是雞蛋的二倍之多。鴿蛋中還含有多種胺基酸和人體必需的各類維生素，長期食用，可增強免疫力，防病強身。

養生妙方

在油鍋內加料酒、雞湯和鹽煮沸，放入泡發燕窩燙1分鐘後撈出，將若干顆煮熟去殼的鴿蛋擺在燕窩四周，熟火腿絲放上面，加入湯煮沸即可。本方可補脾益胃，補腎生血。

營養成分表 (g/100g可食部分)

鴿蛋	
水分	81.7
蛋白質	9.5
脂肪	6.4

鴿蛋外形勻稱，表面光潔、白裏透粉。鴿蛋在陽光下呈透明狀，而鵪鶉蛋則完全沒有光澤。此外，鴿蛋比鵪鶉蛋略大。

鵝蛋 goose egg

健腦益智、易於消化

鵝蛋的營養豐富，含有蛋白質、脂肪及多種維生素和礦物質，具有健腦益智、補中益氣的功效，適合老年人、兒童、體虛及貧血者食用。鵝蛋中富含人體所必需的各種胺基酸，所富含的蛋白質屬於完全蛋白質，易於消化吸收；蛋黃中也富含大量對人體腦部發育有很大好處的卵磷脂。鵝蛋口感較粗糙，草腥味較重，食味不及雞鴨蛋鮮美。

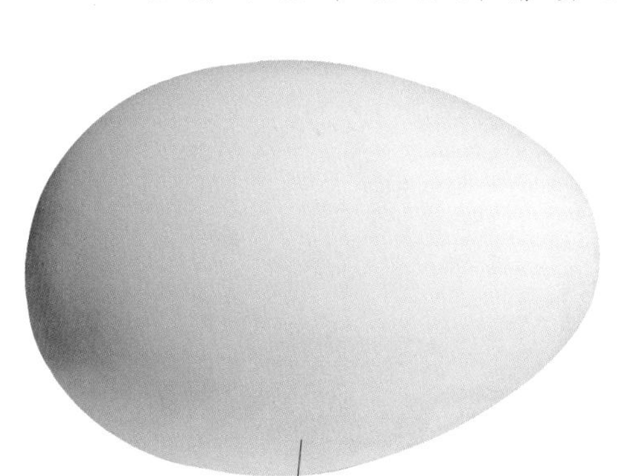

鵝蛋呈橢圓形，個體較雞蛋和鴨蛋稍大，購買鵝蛋時應選擇顏色呈白色，表面較光滑，上下均勻者，外形越接近橢圓越好。

養生妙方

新鮮鵝蛋1個，在頂端鑽一小孔，塞入花椒1粒，以濕紙封口，隔水蒸熟食用。每日1個。連服7～10日為1個療程。本方可降血壓。

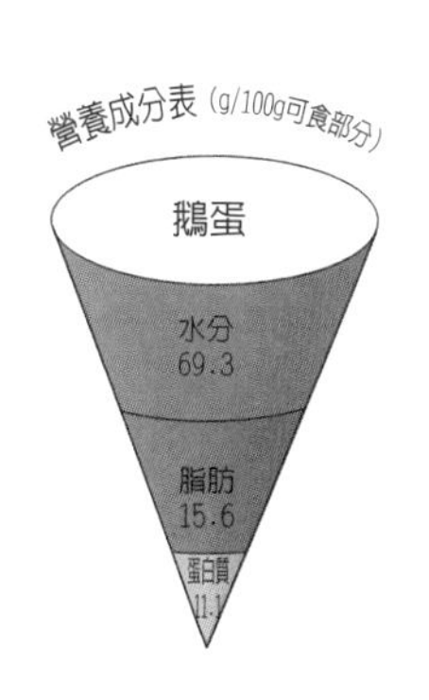

牛奶
milk

強健骨骼，鈣質的最佳食物來源

牛奶中的主成分是水分，不過卻含有利用率最高的鈣質、必需胺基酸組成的優質蛋白質、易消化的乳化脂肪、維生素B_2、礦物質磷和少許鐵。牛奶最大的特性爲含有豐富鈣質。鈣是強化骨骼不可缺少的營養素，可有效預防佝僂症、骨質疏鬆。因此，牛奶是鈣質的最佳食物來源。此外，牛奶所含的磷可促進幼兒大腦發育，所含的維生素B_2可提高視力，所含的乳清可消除臉部皺紋。

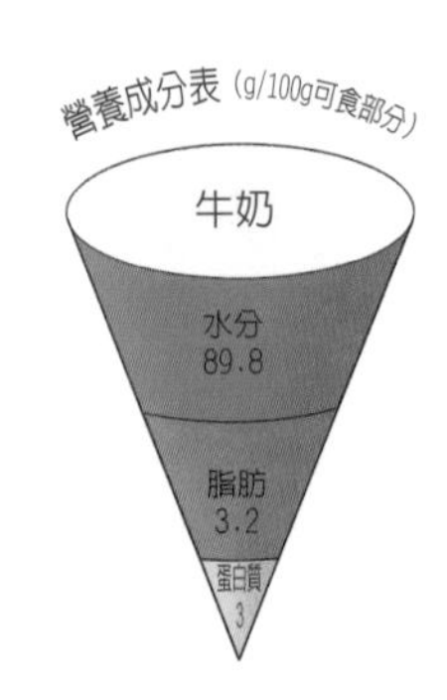

飲食禁忌

乳糖不耐症患者應首選優酪乳、奶酪、低乳糖奶等，不要空腹飲用鮮牛奶，可在餐後1～2小時飲用。

保存方法

在飲用前看好保存日期，開封後的牛奶最好在兩天內飲用完畢。

新鮮牛奶聞起來應有乳香味而不應有酸味、腥味、腐臭味等異常氣味。

新鮮牛奶色澤應潔白或白中微黃，不得呈深黃或其他顏色；奶液均勻，而不應在瓶底出現沉澱物質。

新鮮牛奶品嘗起來不應有苦味、澀味等異味。

每日飲用300毫升牛奶，保證鈣攝取量

由於飲食習慣、生活環境等因素的限制，國人每日對於牛奶的攝取遠遠小於西方國家。據調查結果顯示，國人每日的鈣攝入量要遠遠低於膳食參考攝取量。因此建議有條件者可每日攝取300毫升牛奶或其他相當量的奶製品，這就相當於攝取300毫克鈣質，再加上其他食物中的鈣質，基本能滿足人體對鈣的需求。兒童和老年人，更應注意每天喝些牛奶或奶製品。

針對症狀

老年癡呆 ▶ 牛奶燉花生P165
失　眠 ▶ 牛奶紅棗粥P165
骨質疏鬆 ▶ 花生醬蛋塔P165
疲　勞　　便　秘

美食

牛奶燉花生

健腦益智，改善老年癡呆

牛奶　　花生

膳食功效

花生含有豐富的卵磷脂，可營養大腦，預防記憶力減退。花生和牛奶同食可健腦益智，改善老年癡呆。

材料：

牛奶1500毫升、花生100克、枸杞20克、銀耳10克、紅棗2顆、冰糖適量。

做法：

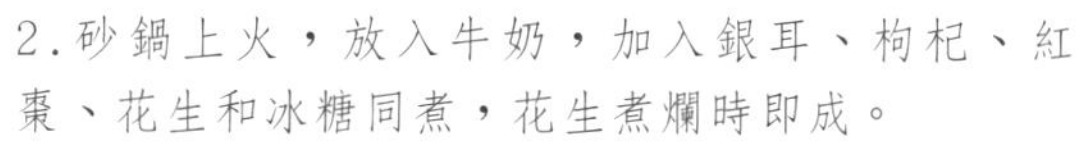

1.將銀耳、枸杞、花生分別洗淨。

2.砂鍋上火，放入牛奶，加入銀耳、枸杞、紅棗、花生和冰糖同煮，花生煮爛時即成。

牛奶紅棗粥

滋陰補血，促進睡眠

牛奶　　紅棗

膳食功效

紅棗是補中益氣、養血安神的佳品。牛奶與紅棗同食可滋陰補血，促進睡眠。

材料：

紅棗20顆、白米100克、鮮牛奶150毫升、砂糖適量。

做法：

1.將白米、紅棗分別洗淨，泡發1小時。

2.起鍋入水，將紅棗和白米同煮，先用大火煮沸，再改用小火續熬1個小時左右。

3.鮮牛奶另起鍋加熱，煮沸即離火，再將煮沸的牛奶緩緩調入之前煮好的紅棗白米粥裏，加入砂糖拌勻，待煮沸後適當攪拌，即可熄火。

花生醬蛋塔

防止老化，預防骨質疏鬆

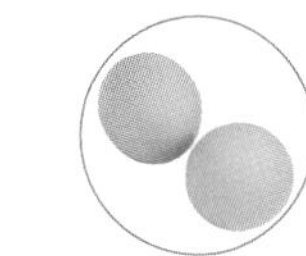

牛奶　　雞蛋

膳食功效

雞蛋富含的維生素B群是身體和腦部的活力來源，與富含鈣質的牛奶同食可防止老化，預防骨質疏鬆。

材料：

牛奶1杯半，雞蛋2個，花生醬1/3杯，白糖、植物油各適量。

做法：

1.將牛奶與花生醬混合，攪拌均勻；將雞蛋打入碗中，打散攪勻。

2.將適量白糖和打散的雞蛋液倒入牛奶花生醬中，攪拌均勻。

3.將小蒸杯內層塗一層油，倒入牛奶蛋液花生醬。

4.將小蒸杯放入鍋中，蒸20分鐘即成。

花樣乳飲

milk drink

衛生可靠、新鮮自然、營養不流失

所謂花樣乳飲，就是將新鮮蔬果榨成果汁，添加牛奶所得到的營養飲品，近年來越來越受到大眾喜愛。牛奶中富含多種營養成分，而唯獨缺乏維生素C，新鮮蔬果正彌補了這一缺陷。花樣乳飲兼具了牛奶和各式蔬果的營養價值，瘦身養顏、排毒清腸、增強免疫力的功效尤爲突出。此外，自製花樣乳飲不僅可以依照個人愛好調味，最大的好處是衛生可靠、新鮮自然、營養不流失。

飲食禁忌

攪打蔬果時，可先放冰塊，不但可減少榨汁過程中產生的氣泡，還能防止營養成分發生氧化。

保存方法

為了保留果汁中的營養素不被氧化，製成的蔬果汁最好在兩小時內飲用完。

蔬菜和水果存放太久，營養價值會大打折扣，應選用新鮮的材料榨汁。

水果皮上常塗有蠟或附著防腐劑、殘餘農藥，為安全起見應去皮使用。

蔬果在清洗乾淨後，應該將其表面的水氣徹底去除，這樣才能保持蔬果的新鮮度。

膳食纖維——人體不可缺少的營養成分

膳食纖維指食物中不被人體消化吸收的營養成分。雖然不能被消化吸收，但其對人體卻有著重要的生理作用，是維持人體健康必不可少的營養成分。膳食纖維可以促進腸胃蠕動，降低血液中總膽固醇的含量，降低飯後血糖，具備預防和改善便秘、高血脂症、糖尿病等症的作用。

膳食纖維在蔬菜、水果和薯類中含量尤為豐富，如芹菜、菠菜、韭菜、鳳梨、草莓、蕃薯和馬鈴薯等。

針對症狀

皮膚粗糙　高血壓
肥胖　糖尿病
便秘　高血脂症
眼睛乾澀　體質虛脫

美食

酪梨水蜜桃汁

排除宿便，清體減肥

牛奶

水蜜桃

膳食功效

此飲具有潤澤肌膚、通便利尿的功效，對排出體內毒素有一定幫助，可排除宿便，清體減肥。

材料：

酪梨100克、水蜜桃150克、檸檬50克，牛奶適量。

做法：

1.將酪梨和水蜜桃洗淨，去皮、核。

2.檸檬洗淨去皮、核，切成小片。

3.將酪梨、水蜜桃、檸檬放入榨汁機內榨汁。

4.將果汁倒入果汁機中，加入牛奶，攪勻即可。

木瓜牛奶蜜汁

解脾和胃，護肝排毒

牛奶

木瓜

膳食功效

木瓜所含的齊墩果酸可護肝、抗炎抑菌，牛奶與之同食能解脾和胃、平肝舒筋，有效排出肝臟內的毒素。

材料：

木瓜200克、牛奶200毫升、蜂蜜5毫升。

做法：

1.先將木瓜洗淨並去皮、籽，切成小塊。

2.將切成小塊的木瓜與牛奶、蜂蜜放入果汁機榨汁，攪勻即可。

芒果茭白筍牛奶

利尿止渴，清熱排毒

牛奶

茭白筍

膳食功效

茭白筍的營養價值高，有祛暑、止渴、利尿的功效，此飲具有促進胃腸蠕動，利大小便的功效。

材料：

芒果150克、茭白筍100克、檸檬30克、鮮奶200毫升、蜂蜜10克。

做法：

1.將芒果洗乾淨，去掉外皮、去籽，取果肉。

2.茭白筍洗乾淨備用。

3.檸檬去掉皮，切成小塊。

4.把芒果、茭白筍、鮮奶、檸檬、蜂蜜放入果汁機內，打碎攪勻即可。

美食

木瓜香蕉牛奶

安神助眠，美體瘦身

牛奶

香蕉

膳食功效

香蕉有助於改善睡眠，具有鎮靜的作用，和牛奶榨汁同飲能助消化、解便秘，美白皮膚。

材料：

木瓜300克、香蕉200克、牛奶250毫升。

做法：

1.將木瓜洗淨，去皮、籽，切成小塊。

2.香蕉剝皮，切成小塊。

3.把木瓜、香蕉、牛奶置果汁機內攪拌約半分鐘即可。

蕃茄牛奶蜜

防癌抗老，強健體魄

牛奶

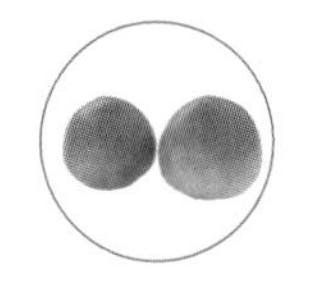
蕃茄

膳食功效

蕃茄富含維生素C和番茄紅素，具有抗氧化功能，和牛奶榨汁同飲可防癌抗老，強健體魄。

材料：

蕃茄200克、牛奶90毫升、蜂蜜30毫升、冰塊適量。

做法：

1.蕃茄洗淨，去蒂後切成塊。

2.再將冰塊、蕃茄及其他材料放入果汁機，高速攪拌40秒即可。

草莓柳橙蜜汁

美白消脂，潤膚豐胸

牛奶

草莓

膳食功效

草莓具有利尿消腫、改善便秘的功效，和牛奶榨汁同飲可美白消脂，潤膚豐胸，是纖體佳品之一。

材料：

草莓60克、柳橙60克、鮮奶90毫升、蜂蜜30克、碎冰60克。

做法：

1.草莓洗淨，去蒂，切成塊。

2.柳橙洗淨，對切壓汁。

3.把碎冰以外的材料放入果汁機內，高速攪拌30秒。

4.倒出果汁加入碎冰即可。

美食

鳳柳蛋蜜奶

解暑止渴，利尿消炎

牛奶　　鳳梨

膳食功效

鮮奶與鳳梨、柳橙、檸檬、蛋黃多種營養豐富的食材榨汁同飲可解暑止渴、利尿消炎。

材料：

鳳梨100克、柳橙80克、檸檬15克、鮮奶90毫升、蛋黃1個。

做法：

1.鳳梨去皮切塊，壓成汁。

2.柳橙、檸檬洗淨，壓汁。

3.將鳳梨汁、柳橙汁、檸檬汁及其他材料都倒入手搖杯中，蓋緊蓋子搖動10～20下後，再倒入杯中即可。

芒果哈密牛奶

舒適雙眼，減肥健身

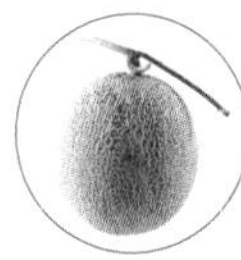

牛奶　　哈密瓜

膳食功效

這道飲品富含維生素A和膳食纖維，可以舒緩眼部疲勞、改善視力，還可減肥健身。

材料：

芒果100克、哈密瓜200克、牛奶200毫升。

做法：

1.將芒果去外皮，切成可放入果汁機大小的塊，備用。

2.將哈密瓜去掉皮和籽，切碎，備用。

3.將芒果、哈密瓜、牛奶都放入果汁機內攪打成汁即可。

葡萄哈密牛奶

補充體力，促進代謝

牛奶　　葡萄

膳食功效

這道飲品中含有豐富的醣類，可以迅速補充體力、促進新陳代謝，對消除疲勞很有效。

材料：

葡萄50克、哈密瓜60克、牛奶200毫升。

做法：

1.將葡萄洗乾淨，去掉外皮、去籽，備用。

2.將哈密瓜洗乾淨，去掉外皮，切成小塊。

3.將所有材料放入果汁機內攪打成汁即可。

紅棗黃豆牛奶

補血養血，潤澤肌膚

牛奶　　紅棗

膳食功效

紅棗含有人體不可或缺的鐵、維生素B群，和牛奶榨汁同飲可補血養血，潤澤肌膚。

材料：

紅棗15克、鮮奶240毫升、黃豆粉15克、冰糖20克、蠶豆50克。

做法：

1.將紅棗用溫開水泡軟。

2.蠶豆用開水煮過，剝掉外皮，切成小丁。

3.將所有材料倒入果汁機內攪打2分鐘即可。

南瓜柳橙牛奶

改善肝功，增強體質

牛奶　　南瓜

膳食功效

南瓜含有豐富的微量元素及果膠，均可以改善肝功能，和牛奶榨汁同飲可有效提高免疫力。

材料：

南瓜100克、柳橙80克、牛奶100毫升。

做法：

1.將南瓜洗乾淨，去掉外皮，入鍋中蒸熟。

2.柳橙去掉外皮，切成大小適合的塊。

3.最後將南瓜、柳橙、牛奶倒入果汁機內攪勻、打碎即可。

奇異果桑葚奶

補充營養，緩解衰老

牛奶　　奇異果

膳食功效

奇異果富含維生素C，和牛奶榨汁同飲可潤澤肌膚、延緩衰老，但桑葚性寒，脾胃虛寒者不宜多食。

材料：

桑葚80克、奇異果50克、牛奶150毫升。

做法：

1.將桑葚用鹽水浸泡、清洗乾淨。

2.奇異果洗乾淨，去掉外皮，切成大小適合的塊。

3.將桑葚、奇異果一起放入果汁機內，加入牛奶，攪拌均勻即可。

美食

芝麻香蕉牛奶

潤膚解毒，潤腸通便

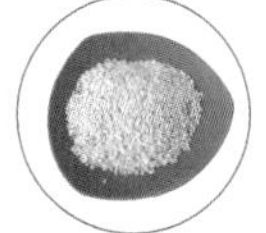

牛奶　　芝麻

膳食功效

芝麻含有抗老化的維生素E，可以使皮膚、指甲更健康，和牛奶榨汁同飲可潤膚解毒，潤腸通便。

材料：

芝麻醬20克、香蕉100克、鮮奶240毫升。

做法：

1.將香蕉去掉外皮，切成小段，放入果汁機內。

2.再倒入芝麻醬及鮮奶，一起攪拌即可。

蘋果牛奶

嫩膚美白，改善貧血

牛奶　　蘋果

膳食功效

此飲能嫩膚美白、改善貧血、消除疲勞。若用無核、較乾的葡萄乾攪拌，效果更佳。

材料：

蘋果150克、鮮奶200毫升、葡萄乾30克。

做法：

1.將蘋果洗淨，去皮、核，切小塊，放入果汁機裏。

2.再將葡萄乾、鮮奶一起放入，攪勻即可。

楊桃牛奶香蕉蜜

美白肌膚，消除皺紋

牛奶　　楊桃

膳食功效

此飲能美白肌膚，消除皺紋，改善乾性或油性肌膚。榨汁前，應用軟毛刷先將楊桃刷洗乾淨。

材料：

楊桃80克、牛奶200毫升、香蕉100克、檸檬30克、冰糖10克。

做法：

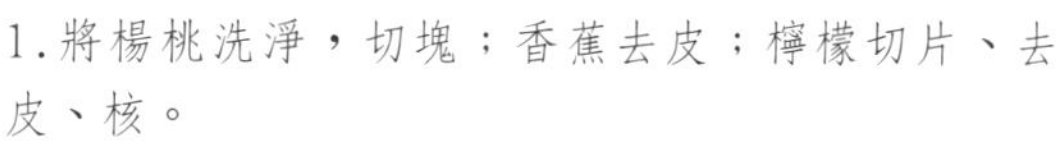

1.將楊桃洗淨，切塊；香蕉去皮；檸檬切片、去皮、核。

2.將楊桃、香蕉、檸檬、牛奶放入果汁機中，攪打均勻。

3.最後在果汁中加入少許冰糖調味即可。

優酪乳

yoghourt

延年益壽，整腸通便

營養成分表（g/100g可食部分）

優酪乳	
水分	84.7
脂肪	2.7
蛋白質	2.5

優酪乳是由牛奶與乳酸桿菌、保加利亞菌等乳酸菌發酵而成，所含有的鈣質和蛋白質在人體內的吸收率比牛奶更高。優酪乳能增加腸道益生菌，抑制惡性菌的繁殖，利用這一功效，可將腸內多餘的物質排出體外，讓腸道保持在健康狀態。因此，常喝優酪乳可促進排便順暢，從而防止老化，保持肌膚呈現年輕狀。

此外，優酪乳中的維生素A能強健黏膜，預防癌症；所含的維生素B_2能強健肌膚、毛髮和指甲；所含的鈣能強健骨骼和牙齒。

飲食禁忌

胃腸道疾病術後患者、牛奶過敏者禁食優酪乳。

保存方法

購買時應檢查優酪乳的生產日期和保存期限，放入冰箱冷藏室保存，並在期限內飲用完。

選購優酪乳時盡量選擇產品品質較好、知名度較高和生產規模較大的企業生產的優酪乳。

選購優酪乳時認真看清標籤，注意區分優酪乳的種類，一般以無糖或微糖較適宜。

新鮮的優酪乳無酒精發酵的味道、黴味等不良氣味。

自己動手做果味優酪乳更健康

超市裏琳琅滿目的果味優酪乳是很多女性的首選，但其實想要喝到健康而又營養的優酪乳，自己動手做才最安全。市售的果味優酪乳多是將果料、果醬、果漿等經過多道加工而成，維生素、膳食纖維損失較多，含糖量也較高，而其中的添加劑更是對人體有害無益。

自製果味優酪乳便可以避免以上問題，準備榨汁機、新鮮水果、優酪乳就可以製作出一杯健康而又安全的果味優酪乳了。

針對症狀

皮膚粗糙　精神恍惚
肥　胖　動脈硬化
便　秘　疲　勞
毛髮乾枯　免疫力差

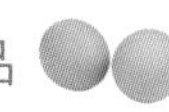

美食

養顏優酪乳蘆薈湯

滋潤皮膚，消除皺紋

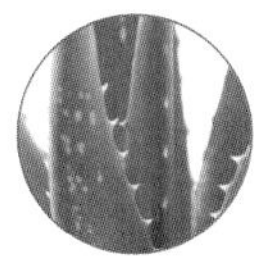

優酪乳　　蘆薈

膳食功效

蘆薈歷來屬於美容養顏的佳品，和優酪乳同食可美白祛斑，保持肌膚水潤有光澤，消除皺紋。

材料：

優酪乳3000毫升、蘆薈100克、芒果一個、鹽少量。

做法：

1.將蘆薈去葉，洗淨，切成小粒，在鹽水中浸泡一會。

2.將泡好的蘆薈在沸水裏焯熟，撈出沖涼。

3.將芒果切成丁。

4.將蘆薈、芒果放在碗內，混入優酪乳，攪拌均勻即可。

山藥蘋果優酪乳

消脂豐胸，延緩衰老

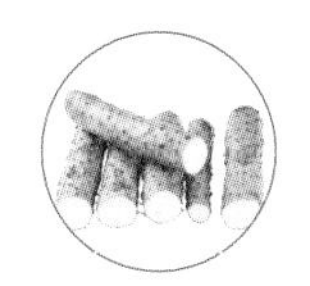

優酪乳　　山藥

膳食功效

山藥具有滋養壯身等作用，脂肪含量低，即使多吃也不會發胖，和優酪乳同食可消脂豐胸，延緩衰老。

材料：

蘋果200克、新鮮山藥200克、優酪乳150毫升、冰糖15克。

做法：

1.將山藥洗乾淨，削皮，切成小塊。

2.蘋果洗乾淨，去皮，切成小塊。

3.將準備好的材料放入果汁機內，倒入優酪乳、冰糖攪打均勻即可。

胡蘿蔔優酪乳

預防便秘，清空宿便

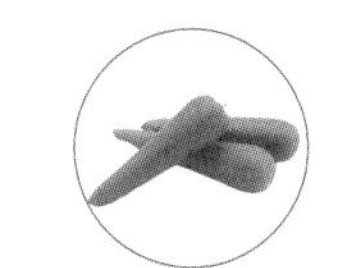

優酪乳　　胡蘿蔔

膳食功效

胡蘿蔔有潤腸通便、養顏補血的功效，和優酪乳同食更可促進腸道蠕動，預防便秘，清空宿便。

材料：

胡蘿蔔200克、優酪乳120毫升、檸檬30克、冰糖10克。

做法：

1.將胡蘿蔔洗淨，去掉外皮，切成大小合適的塊。

2.檸檬切成小片。

3.將所有的材料倒入果汁機內攪拌均勻即可。

美食

火龍果降壓果汁

清熱涼血，補體解毒

優酪乳

火龍果

膳食功效

火龍果可以清熱涼血、降低血壓和膽固醇，和優酪乳同食可通便利尿，還可預防動脈硬化。

材料：

火龍果200克、檸檬30克、優酪乳200毫升。

做法：

1.火龍果去皮，切成小塊備用。

2.檸檬洗淨，連皮切成小塊。

3.將所有材料倒入果汁機內打成果汁即可。

紅豆優酪乳

健胃生津，祛濕益氣

優酪乳

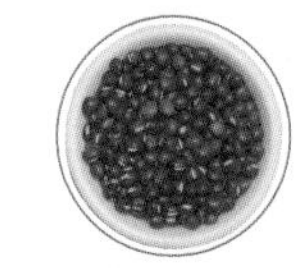

紅豆

膳食功效

紅豆能促進心臟活化，還可補血、增強抵抗力、舒緩經痛，和優酪乳同食可健胃生津，祛濕益氣。

材料：

紅豆20克、香蕉10克、蜂蜜10毫升、優酪乳200毫升。

做法：

1.將紅豆洗淨，入鍋中煮熟、煮軟備用。

2.香蕉去皮，切成小段。

3.再將所有材料放入果汁機內攪打成汁即可。

木瓜柳橙優酪乳

死皮消失，光彩煥發

優酪乳

柳橙

膳食功效

柳橙富含維生素C，與優酪乳同食可促進皮膚新陳代謝，使皮膚保持光滑細膩，防止斑點生成。

材料：

木瓜100克、柳橙50克、檸檬30克、優酪乳120毫升。

做法：

1.將木瓜去皮、去籽，切小塊。

2.柳橙切半，榨汁。

3.檸檬切塊，榨汁。

4.將木瓜、柳橙汁、檸檬汁、優酪乳放入果汁機裏打勻即可。

奶油

cream

熱量較高，維生素A含量豐富

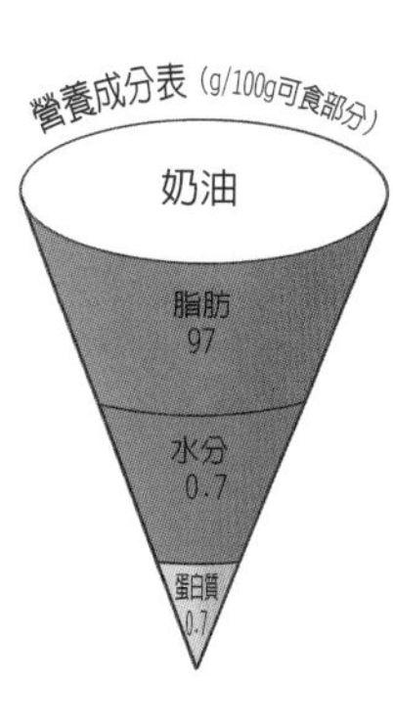

奶油以全脂鮮奶爲原料，是從全脂奶中分離得到的。分離的過程中，因脂肪的比重不同，密度低的脂肪球浮在上層而成爲奶油。

鮮奶油的脂肪含量是牛奶的二十倍多，熱量較高，且蛋白質、乳糖和鈣、磷等礦物質含量也較牛奶低很多，但維生素A和維生素D的含量很高，適合維生素A缺乏者食用。鮮奶油的用途廣泛，可以製作冰淇淋、裝飾蛋糕、烹飪濃湯，以及沖泡咖啡和茶等等。

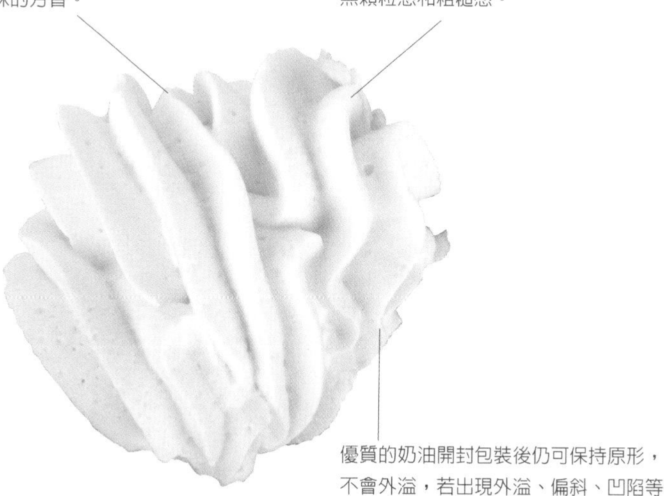

優質的奶油呈淡黃色，表面光滑，具有特殊的芳香。

優質的奶油放入口中即可融化，無顆粒感和粗糙感。

優質的奶油開封包裝後仍可保持原形，不會外溢，若出現外溢、偏斜、凹陷等現象則為劣質奶油。

飲食禁忌

肥胖者和孕婦盡量少食；高血壓、冠心病、糖尿病、動脈硬化等症患者忌食。

保存方法

將奶油用紙仔細包好，放入密封盒中，放在冰箱中以2℃～4℃冷藏，可保存6個月。

果味山藥泥

美食

▶ 預防肥胖，促進消化

材料：

山藥300克，鮮奶油、果醬各適量。

做法：

1.將山藥洗淨，去皮，切成三角形的塊狀。

2.將山藥放入蒸鍋內蒸20分鐘左右。

3.將山藥取出，放入大碗中，用勺子按壓，使之成為山藥泥。

4.將山藥泥平鋪進盤子中，在表面塗抹適量的奶油和果醬即可。

功效：

山藥中含有一種物質叫做黏蛋白，黏蛋白不僅可以促進蛋白質的消化吸收，具有補脾益胃的功效，同時還可減少皮下脂肪的沉積，非常適合肥胖者食用。奶油和山藥搭配食用可以有效避免脂肪在體內沉積，預防肥胖，同時還可促進消化。

奶酪

cheese

濃縮牛奶全部的營養

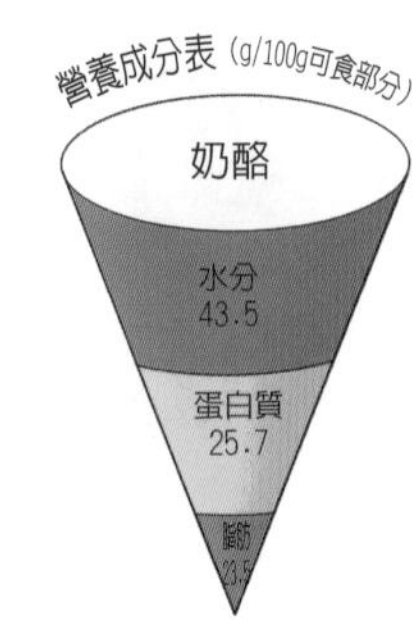
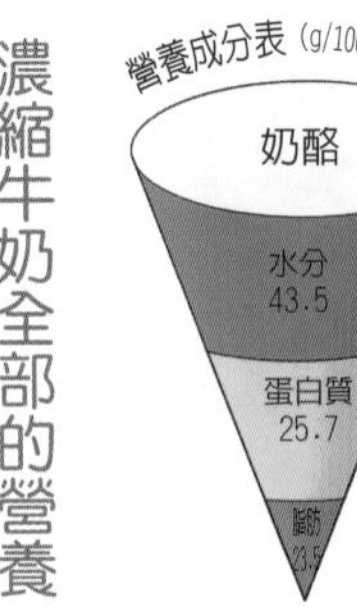

奶酪是經牛奶濃縮發酵形成的一種乳製品。由於都是經牛奶發酵而來，奶酪性質與優酪乳相近，都含具有整腸功效的乳酸菌。奶酪不僅濃縮了牛奶所富含的蛋白質、脂肪、維生素、鈣和磷等人體所需的營養素，而且經由獨特的發酵過程，其營養的吸收率可高達九〇%以上。

奶酪中的脂肪和熱量都相對較多，但膽固醇含量較低，有利於心腦血管健康。吃含有奶酪的食物能大大增加牙齒表層鈣的含量，可抑制齲齒。

飲食禁忌

奶酪不宜多食，容易造成腸胃負擔。

保存方法

將奶酪用原包裝紙或錫箔紙、蠟紙包好，或放入塑料盒，然後放入冰箱中以5℃～10℃冷藏。

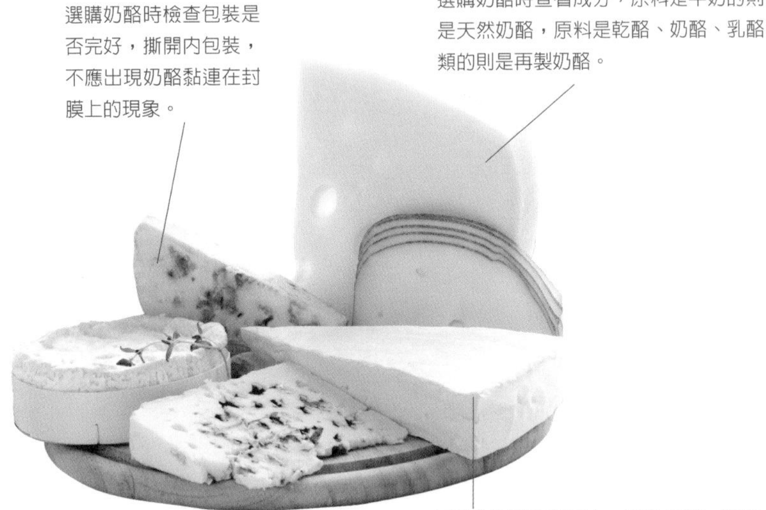

選購奶酪時檢查包裝是否完好，撕開內包裝，不應出現奶酪黏連在封膜上的現象。

選購奶酪時查看成分，原料是牛奶的則是天然奶酪，原料是乾酪、奶酪、乳酪類的則是再製奶酪。

優質的奶酪軟硬適中，不黏不碎，沒有怪味。

美食 香酥麵包

▶ 味美香甜，提高免疫力

材料：

高筋麵粉400克，雞蛋8個，奶油200克，奶油100克，奶酪100克，白糖、奶粉、酵母、果醬、瓜子仁、鹽各適量。

做法：

1.將麵粉、白糖、雞蛋、奶粉、酵母、鹽、奶油、奶酪混合均勻，揉成團，蓋上保鮮膜發酵半小時。

2.奶油放入麵團揉均勻，再蓋上保鮮膜發酵45分鐘。

3.麵團搓成長條，摘成小團，分別擀成長條，包果醬、瓜子仁，再將麵團製成喜歡的形狀。

4.生坯放入盤中醒40分鐘。烤箱調至180℃，預熱20分鐘；在生坯上刷層蛋黃，烤20分鐘。

功效：

本道美食富含豐富的維生素B群和鈣質，具有提高免疫力、增強活力、保護眼睛、保健皮膚等多種功效。

羊奶 goat's milk

增強體質的奶中之王

羊奶素有「奶中之王」的美譽，營養價值極高。早產、體弱、易患病的幼兒，因自身抗病能力弱，可透過進食羊奶的方法強健體魄。羊奶中的上皮細胞生長因子對皮膚細胞有修復作用，可防止臉部色斑的形成。羊奶的脂肪球體積小，易吸收，不會在體內形成脂肪堆積，愛美的女性在攝取充足營養的同時不用擔心會發胖。

養生妙方

把荸薺洗淨，切碎，絞取汁液待用。羊奶放入奶鍋內燒沸，加入白糖和荸薺汁液即成。每日2次，每次飲200毫升。本方可解熱毒，利熱濕。

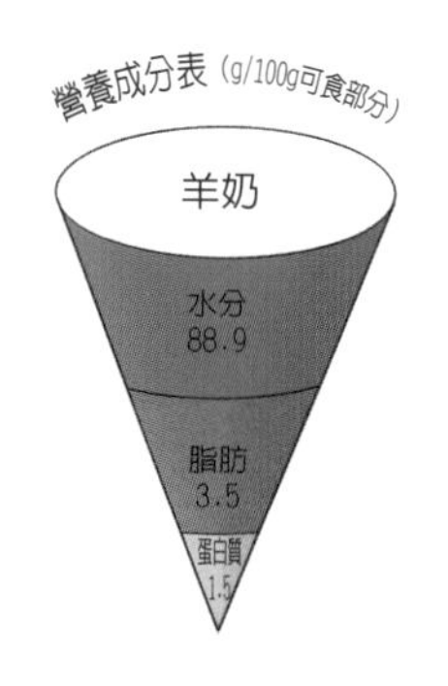

中醫認為羊奶味甘，性微溫，具有益胃潤燥、滋養補虛的功效，適宜過敏症、胃腸疾病、支氣管炎症患者飲用。

馬奶 mare's milk

強身健體，延緩衰老

因國人飲食習慣與地區性的差異，一般人不會飲用馬奶也無法輕易取得，但其實馬奶中含蛋白質、磷、鈣、醣類、鉀、維生素A、維生素C、菸鹼酸、肌醇及礦物質等多種成分。這些營養成分對調節人體生理功能，提高免疫力及防治疾病有顯著的作用。此外，多喝還可預防高膽固醇血症、動脈硬化。

中醫認為馬奶性味甘涼，具有補虛強身、潤燥美膚等功效，適合體質虛弱、氣血失衡、營養不良者以及病後產後調養之人食用。

養生妙方

在初夏時節將新鮮馬奶灌進馬皮縫製的囊中，不停搖動，然後放入酒酵母，置於溫暖處讓其發酵，待到噴散酒香並呈現半透明狀液體時即可飲用，本方有驅寒、舒筋、活血、健胃之功效。

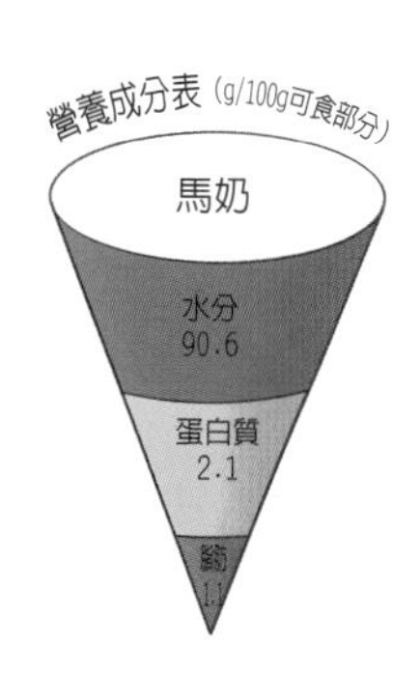

熟食類 cooked food

風味獨特，營養豐富，刺激食欲

臘肉香味持久，是人們冬天時非常喜歡的食物。

香腸肉質肥瘦相間，風味獨特，香味誘人。

香腸肉質細膩、口感鮮嫩、食用方便、攜帶簡單、保存期限長。

午餐肉常用做三明治、熱麵、火鍋食材，食用簡單。

肉鬆營養豐富、容易消化、味香可口，適合兒童和老人食用。

培根常採取煎和烤製作成三明治、濃湯、燒烤等美食。

叉燒肉具有強身健體、滋陰潤燥、補腎養血的功效。

醬牛肉鮮味濃厚，口感豐厚，常被切成片狀當作下酒菜來食用。

烤鴨不僅吃後唇齒留香，還有高營養價值。

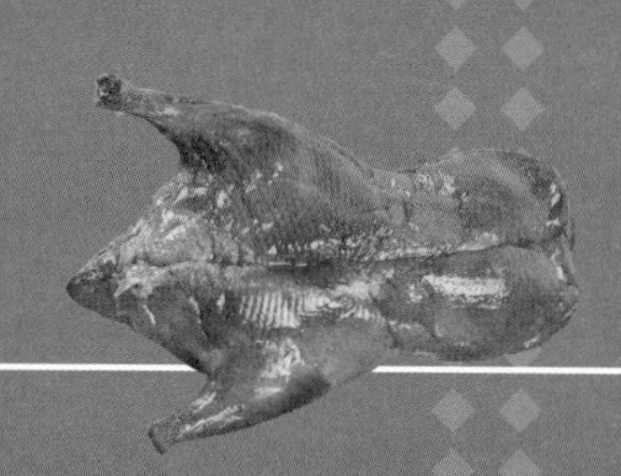

臘肉

preserved ham

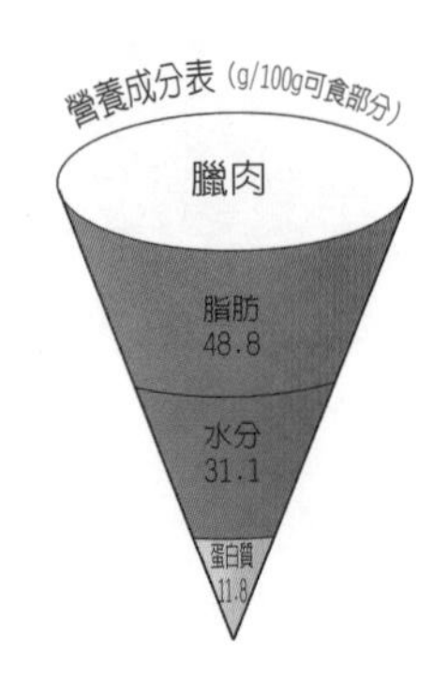

風味獨特，不宜多食

臘肉是指肉類經過醃製、烘烤等工藝製作而成的肉製品。由於製作過程添加了各種香料，使臘肉的風味獨特。臘肉防腐能力強，能存放較長時間而保持肉質不變，且香味持久，因此是人們冬天時非常喜歡的食物。臘肉含有脂肪、蛋白質、醣類、磷、鉀、鈉等營養成分，有開胃祛寒的功效，非常適合寒性體質者食用。

臘肉中脂肪和膽固醇的含量很高，由於經過醃製，含鹽量也很高，不適宜食用過多。

飲食禁忌

臘肉脂肪含量豐富，膽固醇含量也頗高，高血脂症、心臟病、高血壓的等心腦血管疾病患者忌食。

保存方法

將臘肉清洗乾淨，用保鮮膜包好，放入冰箱冷藏可長久保存。

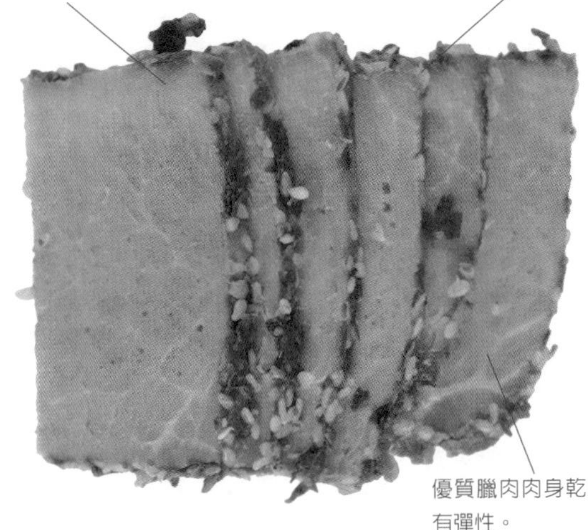

優質臘肉呈鮮紅色或暗紅色，脂肪呈乳白色；劣質臘肉則顏色灰暗，脂肪明顯呈黃色。

優質臘肉色澤鮮明；變質臘肉無光，表面有黴點、黴斑，揩抹後仍有黴跡。

優質臘肉肉身乾爽、結實，富有彈性。

臘肉粉絲湯

美食

▶ 開胃驅寒，改善手腳冰冷

材料：

臘肉50克，粉絲50克，蔥段、薑片、高湯、鹽、植物油各適量。

做法：

1.臘肉切片備用；粉絲浸水至軟，瀝乾。

2.將植物油倒入鍋中，燒至六分熱，倒入蔥段和薑片爆鍋，然後放入臘肉煸炒，待臘肉炒香後倒入高湯和粉絲。

3.粉絲熟軟後放入鹽調味，燒沸後盛入湯碗即可食用。

功效：

本道美食具有開胃驅寒的功效，非常適合寒冷的冬天食用，可以很快暖和身體，改善手腳冰冷的症狀。喜歡吃辣的讀者可在湯中加上少許的辣椒油，不僅口感麻辣辛香，還能增加其驅寒的功效。

香腸
sausage

開胃助食，促進食欲

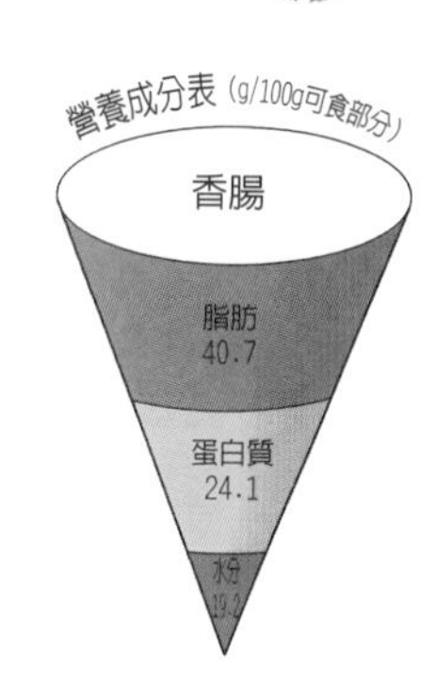

香腸是將鮮肉絞成肉餡後製成的一種圓柱形肉製品，由於香腸經多種香料醃製，且肉質肥瘦相間，因此風味獨特，香味誘人，具有開胃助食、促進食欲的功效，是人們餐桌上常見的食物。香腸既可以直接作爲熟食食用，也可以作爲食材與其他食物搭配烹飪。

由於香腸經過醃製這道工藝，因此香腸的含鹽量很高，不適宜多食。

優質的香腸肉色鮮明：黃色的是變質，過白的是加入過多白硝，太紅是亞硝酸鈉過多。
優質的香腸味香可口，變質香腸則有酸味或臭味。
優質的香腸摸起來乾爽、不發黏。

飲食禁忌

兒童、孕婦、老年人以及高血壓、動脈硬化、高血脂症患者應少食或不食。

保存方法

將香腸用塑膠袋裝好放入冰箱冷藏或冷凍，但香腸不宜久存，黴變香腸易引發起食物中毒。

羅宋湯

美食

▶ 營養豐富，滋補開胃

材料：

香腸1根，胡蘿蔔、馬鈴薯、蕃茄各2個，洋蔥、牛肉、番茄醬、胡椒粉、奶油、澱粉、植物油各適量。

做法：

1.香腸、蕃茄、洋蔥、胡蘿蔔、馬鈴薯分別切塊。

2.牛肉切碎，放入開水中燜煮2小時。

3.油鍋燒熱，放入奶油燒熱，加入馬鈴薯煸炒至熟，放香腸炒香，再放蕃茄、洋蔥、胡蘿蔔、番茄醬炒熟，鏟出放入牛肉湯裏，小火熬半小時。

4.澱粉放熱油鍋中炒至顏色微黃，加入湯裏攪勻，牛肉湯繼續加熱20分鐘，撒上胡椒粉即可。

功效：

本道美食富含蛋白質、維生素C、維生素A、鈣、磷等多種營養成分，營養豐富，滋補開胃，味道也酸甜可口，美味誘人。

火腿

ham sausage

易於吸收，飽腹感強

火腿是指以畜禽肉爲主要原料，經過鹽漬、煙燻、發酵和乾燥種種程序，並添加鹽、香辛料等調味品及防腐劑製作而成的肉製品。由於火腿口感鮮嫩、食用方便、攜帶簡單、保存期限長等特點，而深受人們的喜愛。

火腿含有蛋白質、脂肪、醣類及各種礦物質和維生素等，易於吸收，飽腹感強，既可直接食用，也可和其他食材搭配烹飪多種佳肴。

飲食禁忌

孕婦、兒童、老年人及體質虛弱者盡量少食。火腿含一定量對人體有害的防腐劑和添加劑，不適合長期食用。

保存方法

火腿應放入冰箱冷藏，並在保存期限內盡快食用完畢。

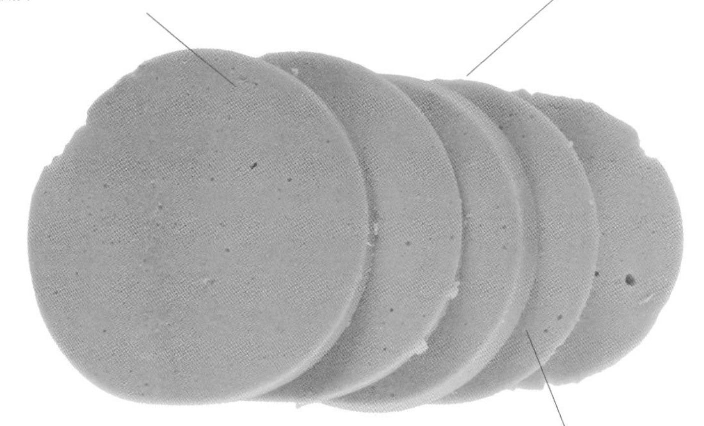

購買火腿時應挑選正規廠家生產的產品，包裝標示完整，無破損。

優質火腿呈粉色，組織致密而結實，切面平整，無組織鬆軟甚至黏糊。

優質火腿具有火腿特有的香味，無腐敗氣味或酸味。

香辣板條

美食

▶ 嫩滑爽口，促進食欲

材料：

板條400克，火腿、黃瓜、紅辣椒各適量，鹽、雞精、醋、芝麻、蒜各適量。

做法：

1.黃瓜、火腿洗淨切絲；辣椒去籽去蒂並洗淨切塊；板條煮熟後放入清水中過涼；蒜洗淨搗成泥。

2.油鍋置上燒熱，放入辣椒爆香，鏟出辣椒備用。

3.將泡好的板條放入盤中，加入辣椒油、蒜泥、醋、鹽、雞精拌勻，放入辣椒、黃瓜、火腿，撒上芝麻即可。

功效：

香滑可口的板條，搭配香味獨特的火腿、減肥消脂的黃瓜、促進食欲的紅辣椒一同食用，色香味俱全，營養豐富。

午餐肉

luncheon meat

肉質細膩，風味清香

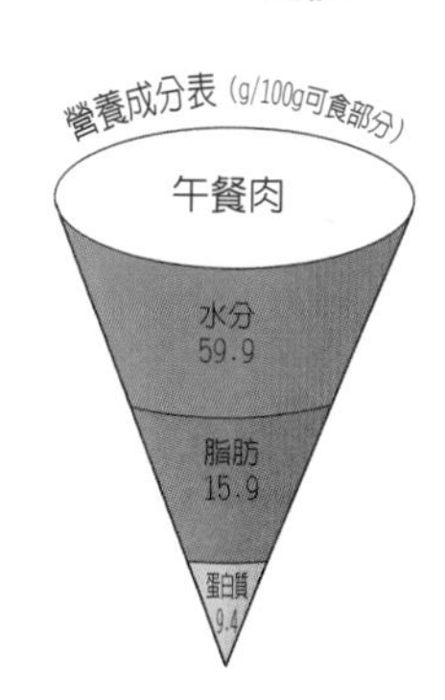

午餐肉是指以豬肉或牛肉、雞肉爲主要原料，加入澱粉、防腐劑、香辛料等加工而製成的一種罐裝壓縮肉製品。午餐肉肉質細膩，風味清香，口感鮮嫩，食用簡單、方便攜帶。

午餐肉含有蛋白質、脂肪、醣類、菸鹼酸、維生素B_1、維生素B_2、鉀、鈣、鈉等營養成分。午餐肉在製作過程中添加了少量防腐劑，過多食用對身體無益，應適量食用。

優質午餐肉呈粉紅色，顏色不會過於發白，也不會過於發紅。

優質午餐肉切面平整，吃起來口感細膩，無顆粒感和粗糙感。

優質午餐肉具有獨有的肉香味，無酸味和腐敗味。

飲食禁忌

兒童、老人、孕婦、高血壓患者、肥胖者不宜多食。

保存方法

放入冰箱冷藏即可，但午餐肉罐頭開封後盡量一次吃完。

紅油三味

美食

▶ 麻辣鮮香，暖體驅寒

材料：

鴨血500克，鱔魚片、午餐肉、百葉各150克，脆皮花生、乾辣椒、花椒、鹽、麻椒、火鍋料、食用油、熟芝麻各適量。

做法：

1.將鴨血切成塊，入沸水汆燙後撈出；午餐肉切片；乾辣椒切段；百葉切片。

2.火鍋料用水化開，放入鍋內燒沸熬味；下鹽，放入鴨血、鱔魚片、午餐肉、百葉共煮，略熟後即可斷火，盛入小盆中。

3.將適量油倒入鍋中，燒至六分熱，放入乾辣椒炸至呈棕紅色，下花椒、麻椒爆香，淋在盆內，撒上熟芝麻和脆皮花生即可。

功效：

本道美食不僅味道麻辣辛香，還具有暖體驅寒、補血養肝、清熱解毒等多重功效，非常適合寒性體質者食用。

肉鬆
crushed dried pork

容易消化，適合兒童和老人食用

肉鬆是指以豬肉或魚肉、雞肉等肉類爲主要原料，經過燒煮、去油、收湯濃縮、乾燥脫水等步驟製成的一種絮狀肉製品，經常被用來當做麵包、涼菜、餡料的搭配食材。

肉鬆含有蛋白質、脂肪、醣類、菸鹼酸、維生素E、磷、鉀、鈣等營養成分，具有營養豐富、容易消化、味香可口、攜帶方便、易於貯藏等特點，尤其適合兒童和老人食用。

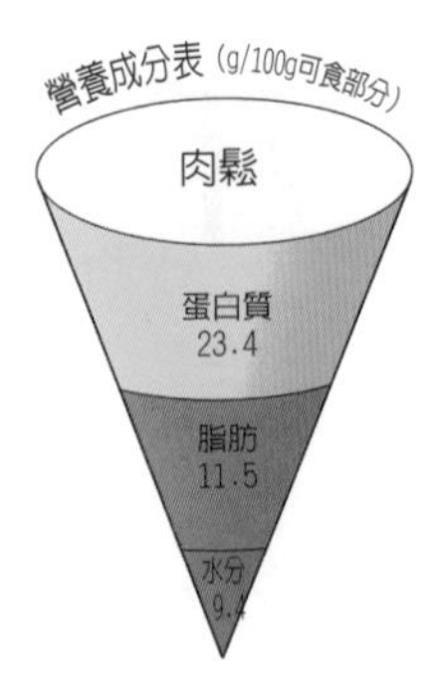

烹飪妙招

製作肉鬆時最好選擇豬後腿肉，但一定要是純瘦的，且肥肉和筋膜要去除乾淨。

保存方法

肉鬆的吸水性很強，短期保存時裝進防潮紙或夾鍊袋內密封，長期保存時可用玻璃瓶和鐵罐密封。

優質肉鬆顏色金黃，色澤鮮豔，無黴斑。

優質肉鬆香味濃郁，口感鹹中帶甜，入口即化，咀嚼時沒有粗糙感。

優質肉鬆蓬鬆長絨，富有彈性，無組織結塊、硬渣。

美味豬肉鬆

美食

▶ 促進消化，強身健體

材料：

豬瘦肉1000克，青椒、紅椒各1個，醬油、糖、茴香、八角、薑片、料酒各適量。

做法：

1.青椒、紅椒切丁；豬肉切小塊，入沸水焯一下。

2.另燒開半鍋水，將豬肉倒入鍋中同時放入醬油、糖、茴香、八角、薑片、料酒燉煮至肉塊熟爛。

3.將肉塊撈出，放入紗布中擠去水分。

4.將炒鍋燒熱，不放油，直接將肉倒入鍋中，一邊炒，一邊用鍋鏟壓，直至肉完全鬆散，接著轉小火，至肉成末狀，撒上點青椒丁、紅椒丁，盛出冷卻即可。

功效：

本道美食以豬瘦肉為原料，因此富含蛋白質、維生素B_2、鐵等營養成分，具有促進消化、強身健體的功效，對貧血、肌肉疲勞、畏寒等症都有改善效果。

培根 bacon

風味獨特，入口即化

培根，又稱煙燻肉，是指以豬胸肉或豬肉其他部位的肉爲主要原料，經過燻製等工藝過程加工而成的一種肉製品。培根常常被切成薄片，主要採取煎和烤兩種烹飪方式製作成三明治、濃湯、燒烤等美食。由於風味獨特，入口即化，受到很多人喜愛。

培根含有蛋白質、脂肪、醣類、菸鹼酸、維生素E、鉀、磷等營養成分，但同時由於醃製而含有較多鹽分和亞硝酸鹽，應避免長期過多食用。

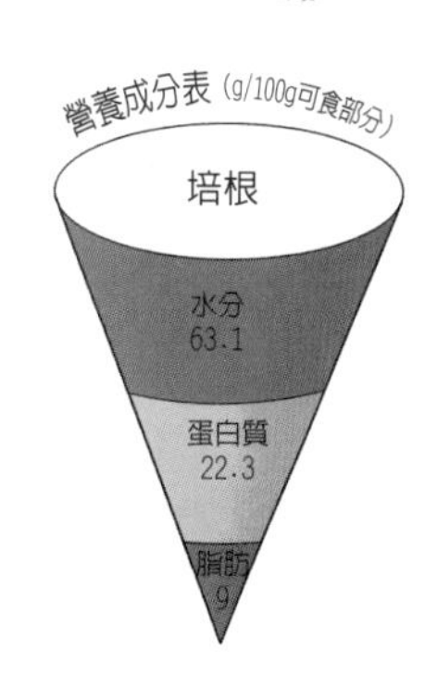

烹飪妙招

培根本身含有一定量的油脂，因此煎培根時可以不放油，培根內的油會溢出來。

保存方法

將買回來的培根拆開包裝，2～3片包進保鮮膜中，放入冰箱冷凍保存，方便每次食用。

優質培根肉質肉質細膩，肥瘦相間，有光澤。
優質培根瘦肉部分呈健康豬肉的粉紅色，脂肪部分呈白色。
優質培根乾爽不黏手，有肉香味，無酸味和腐敗味。

培根蛋炒飯

美食

▶ 美味可口，增強體質

材料：

米飯1碗，培根2片，雞蛋2顆，蔥花、鹽、醬油、植物油各適量。

做法：

1.雞蛋打散，炒熟，倒入米飯炒出香味，盛出備用。

2.培根放入鍋中小火煎至兩面金黃，切成小片備用。

3.在鍋中放入適量植物油，將蔥花爆香，放入切好的培根，再倒入米飯翻炒均勻。

4. 加入少許鹽和醬油，翻炒均勻即可。

功效：

本道美食含有蛋白質、維生素、葉酸、膳食纖維等營養成分，可以增強機體免疫力。

叉燒肉

barbecued pork

強身健體、補腎養血

叉燒肉是指將經過醃製的豬里脊肉插在特製的叉子上，放入爐內烤製而成的一種肉製品，是廣東地區的特色美食。叉燒肉既可直接切開食用，也可作爲食材製作美食，由叉燒肉烹飪而成的叉燒飯、叉燒包等都是廣受歡迎的美食。

叉燒肉富含蛋白質、不飽和脂肪酸、鐵以及可以促進鐵吸收的半胱胺酸，具有強身健體、滋陰潤燥、補腎養血的功效，可以改善貧血等症。由於膽固醇含量較高，不宜多食。

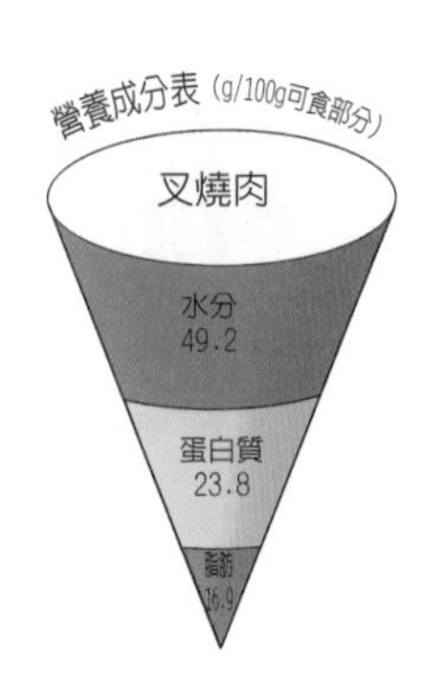

飲食禁忌

老年人、孕婦、肥胖者及高脂血症患者盡量少食。

烹飪妙招

家裏自製叉燒肉時最好選擇肥瘦相間的豬肉，這樣製作的叉燒肉柔嫩多汁，濃香誘人。

優質叉燒肉應富有光澤，肥瘦相間，肌肉結實緊繃，紋理細膩。

優質叉燒肉柔嫩多汁，色澤新鮮，呈醬紅色。

優質叉燒肉香味純正，吃起來甜而不膩。

叉燒炒蛋

美食

▶　調理貧血，改善營養不良

材料：

叉燒肉120克，雞蛋300克，韭黃40克，鹽、胡椒粉、植物油各適量。

做法：

1.叉燒切成薄而小的片；韭黃擇洗乾淨，切小段。
2.雞蛋打入碗內，加入鹽、胡椒粉，打散，攪拌均勻。
3.向雞蛋液中加入叉燒和韭黃，攪拌均勻。
4.炒鍋置火上，倒入植物油燒熱，再倒入裝有叉燒和韭黃的雞蛋液，翻炒，炒熟即可。

功效：

雞蛋富含易被人體吸收利用的蛋白質和必需胺基酸，與風味獨特、強身補血的叉燒肉搭配可調理貧血，改善營養不良。

醬牛肉

sauced beef

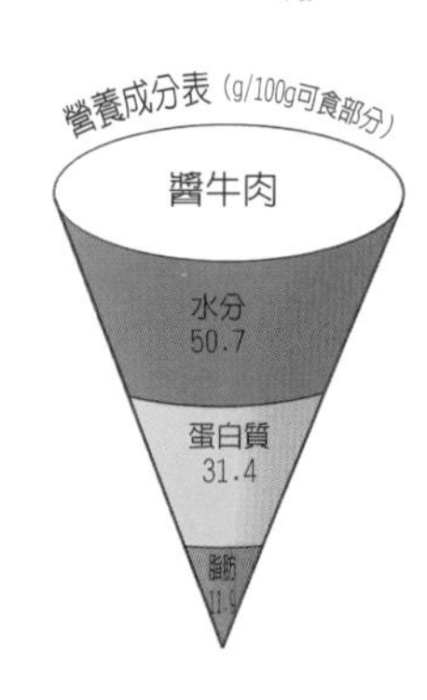

補中益氣、強健筋骨

醬牛肉是指以牛肉爲主要原料，經過多種調味料的醃製而製成的一種肉製品。醬牛肉保留了牛肉補中益氣、強健筋骨、滋養脾胃等多重功效，能提高人體抗病能力，適合筋骨痠軟、面黃目眩、氣短體虛以及貧血者食用。

醬牛肉鮮味濃厚，口感豐厚，經常被切成片狀當做下酒菜來食用。冬天食用醬牛肉還有暖胃驅寒的功效，是冬季進補的佳品之一。

飲食禁忌

老年人、兒童、消化能力弱者以及高脂血症患者盡量少食。

烹飪妙招

製作醬牛肉最好選擇牛腰窩或牛前腱，不要焯肉，以免肉質變緊，不易入味。

優質醬牛肉色澤醬紅，油潤光亮，肌肉中的少量牛筋色黃而透明。

優質醬牛肉肉質緊實，切片時保持完整不會鬆散，切面呈豆沙色。

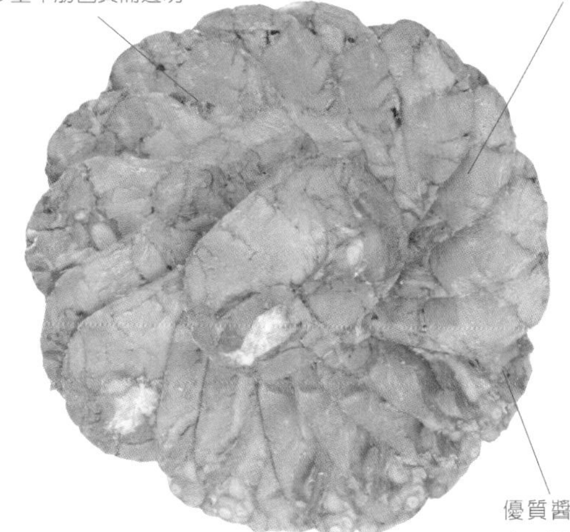

優質醬牛肉吃起來鹹淡適中，醬香濃郁，酥嫩爽口，不硬不柴。

家常醬牛肉

美食

▶ 鮮香味美，暖胃驅寒

材料：

牛肉500克，鹽、香油、八角、桂皮、薑、蔥、醬油、料酒、白糖、辣椒各適量。

做法：

1.牛肉洗淨，放入熱水中燙一下，撈出瀝乾，切塊。

2.水鍋置上燒熱，放入醬油、白糖、料酒、辣椒、八角、桂皮、蔥、牛肉等，大火燒開，改小火煮1個小時左右，直至能用筷子穿透牛肉。

3.撈出放涼，切片，淋上香油即可食用。

功效：

本道美食不僅鮮香味美，營養也非常豐富，含有蛋白質、脂肪、維生素B群、鐵、鋅等營養成分，可提高抗病能力，增強人體免疫力，冬季食用還可暖胃驅寒，改善手腳冰涼等症狀，適合體寒者食用。

烤鴨

roast duck

唇齒留香，老少皆宜

烤鴨是指以整隻鴨爲原料，添加各種辛香料烤製而成的美食，不僅吃後唇齒留香，還有較高的營養價值。

烤鴨的食用方法多種多樣，最常見的就是將剛烤熟的烤鴨切成薄片，皮肉俱全，然後蘸甜麵醬，加蔥白，包入餅皮食用。甜麵醬和蔥白特有的香味可消滅烤鴨的油膩感，使烤鴨吃起來味道醇厚、肉質細嫩、美味酥脆、肥而不膩。

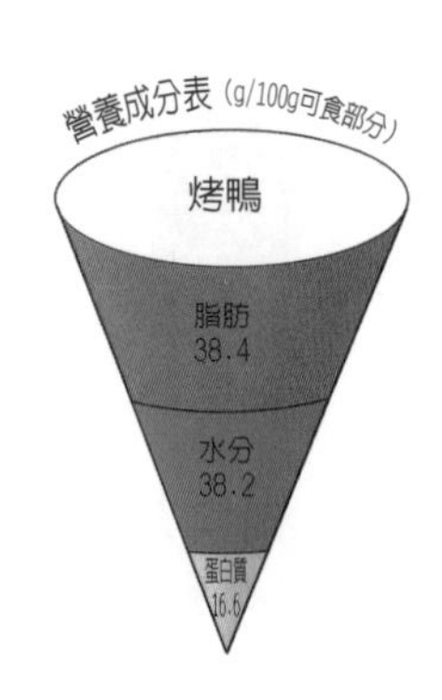

飲食禁忌

肥胖者以及動脈硬化、慢性腸炎患者應盡量少食。

保存方法

烤鴨不適合保存，放置時間長會影響其風味和口感，建議一次吃完。

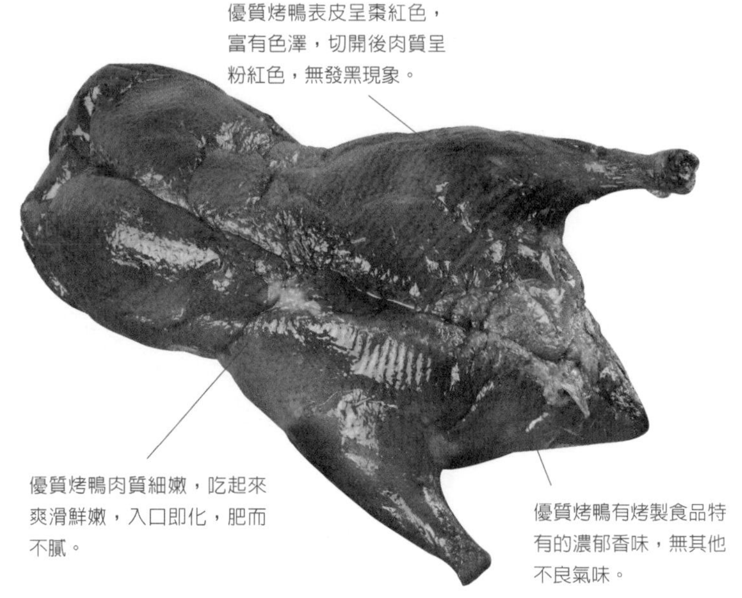

優質烤鴨表皮呈棗紅色，富有色澤，切開後肉質呈粉紅色，無發黑現象。
優質烤鴨肉質細嫩，吃起來爽滑鮮嫩，入口即化，肥而不膩。
優質烤鴨有烤製食品特有的濃郁香味，無其他不良氣味。

家常烤鴨

美食

▶ 軟化血管，降壓降脂

材料：

鴨1隻，麥芽糖水、鹽、醬油、料酒、桂皮、八角、花椒粉、薑片各適量。

做法：

1.將適量鹽、醬油、料酒、桂皮、八角、花椒粉、薑片混合均勻，倒入保鮮袋中。

2.將處理乾淨的鴨子放入保鮮袋，與調味料混合均勻，放入冰箱醃一晚。

3.取出鴨子自然風乾。用刷子將麥芽糖水塗在整個鴨身，注意塗抹均勻。

4.烤箱預熱到160℃，將鴨子放在鋪有錫紙的烤盤中，放入烤箱中下層烤製1小時，30分鐘時取出再刷一次糖水。1小時後將溫度調至200℃，再烤製15分鐘即可。

功效：

烤鴨富含的不飽和脂肪酸可以軟化血管，預防心腦血管疾病；所含的維生素B群能抗衰老；富含的菸鹼酸對心肌梗塞等心臟疾病患者有保護作用。

燒雞 carbonado

防止老化，消除疲勞

燒雞是指將整隻雞塗上飴糖油炸，然後用香料調配的滷水煮製而成的一種肉製品。燒雞含有蛋白質、不飽和脂肪酸、維生素A、維生素B群、菸鹼酸等營養成分。易於消化，可防止老化，消除疲勞。

燒雞肉鮮味美、肥而不膩、美味可口，是老少皆宜的食品，還有促進食欲的作用。

保存方法

將燒雞用保鮮袋裝好，最好密封，放入冰箱冷藏，在兩天內吃完，以免失去風味。

烹飪妙招

在炸雞時油溫適宜保持在七分熱左右，油溫高會導致雞變黑，油溫低雞不變色。

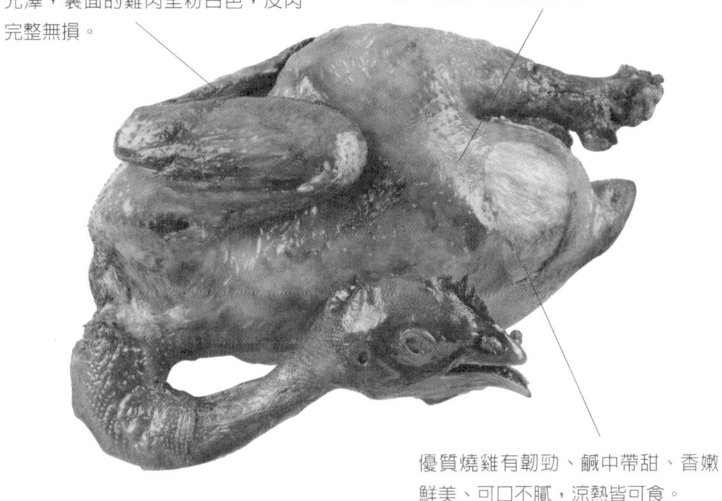

優質燒雞外表淺紅帶微黃，油亮有光澤，裏面的雞肉呈粉白色，皮肉完整無損。
優質燒雞骨肉容易分離，肉質細膩，雞骨無發黑變色現象。
優質燒雞有韌勁、鹹中帶甜、香嫩鮮美、可口不膩，涼熱皆可食。

家常燒雞

美食

▶ 刺激食欲，補中益氣

材料：

雞1隻，雞蛋2顆，鹽、雞精、澱粉、料酒、醬油、蔥、薑、花椒、八角、桂皮、植物油各適量。

做法：

1.雞宰殺並清理乾淨，放入水鍋煮至九成熟，剔除雞骨並保持雞身原形，放入深碗中。

2.在碗中加入鹽、雞精、料酒、醬油、蔥、薑、花椒、八角、桂皮及少許清湯，放入蒸籠大火蒸20分鐘，取出，除去蔥段、薑片，瀝去湯汁。

3.將雞蛋、澱粉及清水攪成糊狀倒入盤中，放入雞，再用剩下的蛋糊均勻地塗抹其身。

4.油鍋置上燒熱，放入雞煎炸至呈金黃色，涼涼切條裝盤，撒上香菜即可食用。

功效：

本道美食軟香鮮嫩，色味俱佳，是家庭聚會最佳的菜肴，既可促進食欲，又能補中益氣，強壯身體。

蔬果篇——肉類的最佳搭檔

蔬果名稱	主要營養素	主要功效	適用病症	美食索引
白菜	膳食纖維、維生素C、鈣、鉀	解渴利尿 通利腸胃	便秘、疲勞、高血壓、感冒	豬肉燉粉條 P.34 水煮白菜肥腸 P.49 白菜煲牛腩 P.74
菠菜	維生素A、維生素C、鈣、鐵	補血潤腸 滋陰平肝	便秘、貧血、感冒、動脈硬化、疲勞	肉絲炒菠菜 P.37 豬血菠菜湯 P.47 拌牛舌 P.69
白蘿蔔	維生素A、維生素C、維生素E、鈣	化痰清熱 下氣寬中	胃潰瘍、動脈硬化、水腫、宿醉、便秘	白果大腸煲 P.49 清燉蘿蔔牛肉 P.64 蘿蔔乾炒雞胗 P.115 鵝肉燉蘿蔔 P.138
冬瓜	膳食纖維、維生素A、維生素B_1、硒	利水消炎 除煩止渴	高血壓、糖尿病、高血脂症、肥胖、皮膚粗糙	川味羊排 P.91 冬瓜薏仁鴨 P.125 鵝肉冬瓜湯 P.138
黃瓜	維生素E、維生素B_1、鉀	消腫解毒 清熱利尿	水腫、中暑、失眠、食欲不振	泡椒鳳爪 P.117 香辣板條 P.182
金針菇	膳食纖維、維生素B_1、維生素B_2、維生素D	補肝益腸 益智防癌	濕疹、疲勞、記憶力減退、	酸辣肥牛 P.65 羊肉金針菇蒸餃 P.86

美食索引	主要營養素	主要功效	適用病症	蔬果名稱
苦瓜炒豬肝 P.45	維生素C、葉酸、鉀、磷	解毒明目 補氣益精	糖尿病、壞血病、動脈硬化	苦瓜
雙棗蓮藕燉排骨 P.39	膳食纖維、維生素C、鐵、鉀	散淤解渴 改善腸胃	便秘、動脈硬化、感冒、高血壓、疲勞	蓮藕
南瓜蒸肉 P.34 南瓜牛肉湯 P.64 南瓜柳橙牛奶 P.170	膳食纖維、維生素A、維生素C、維牛素E	補中益氣 降糖止渴	糖尿病、冰冷症、高血壓、動脈硬化、感冒	南瓜
青紅椒炒牛肉 P.63 黑胡椒牛排 P.66 青椒雞翅 P.107 涼拌鴨絲 P.126	維生素C、維生素P、維生素K、鉀	溫中散寒 開胃消食	動脈硬化、高血壓、便秘、感冒、疲勞	青椒
本耳炒腰花 P.43 無花果木耳豬腸湯 P.49 木耳炒雞肝 P.113 川味鴨血 P.133	膳食纖維、維生素K、鐵、鉀	溫肺止血 補氣清腸	動脈硬化、冠心病、貧血、腸癌	黑木耳
核桃炒腰花 P.43 枸杞核桃燉羊肉 P.86 核桃雞肝鴨片 P.113	膳食纖維、維生素E、維生素B_1、鈣	潤腸通便 延遲衰老	貧血、便秘、整腸、美膚、穩定精神、減緩衰老	核桃

蔬果名稱	主要營養素	主要功效	適用病症	美食索引
蓮子	維生素B_1、鈣、鉀、鎂	養心安神 益腎澀精	失眠、神經衰弱、遺精	蓮子百合煲肉 ➡P.37 豬肚燉蓮子 ➡P.41 白果蓮子烏雞湯 ➡P.151
海帶	膳食纖維、維生素A、碘、鈣、鐵	降糖降脂 延緩衰老	甲狀腺腫大、高血壓、高血脂症	海帶燒肉 ➡P.34
紫菜	膳食纖維、鈣、鐵、鎂、鉀、碘	清熱利水 補腎養心	甲狀腺腫大、貧血、水腫、免疫力差	紫菜蛋花湯 ➡P.159
山藥	維生素B_1、維生素C、鉀	健脾清腸 補肺益腎	便秘、糖尿病、疲勞、高血壓	山藥羊肉湯 ➡P.85 山藥燉鵝肉 ➡P.138 山藥蘋果優酪乳 ➡P.173 果味山藥泥 ➡P.175
枸杞	膳食纖維、維生素A、維生素C、維生素E、鉀	滋補肝腎 益精明目	視力疲勞、皮膚粗糙、脂肪肝、糖尿病	枸杞核桃燉羊肉 ➡P.86
馬鈴薯	膳食纖維、維生素C、鉀、鎂	和胃健中 解毒消腫	便秘、感冒、疲勞、高血壓	咖哩雞 ➡P.105 雞胗燉馬鈴薯 ➡P.115 粉絲雞爪 ➡P.117 鵝肉馬鈴薯湯 ➡P.137

美食索引	主要營養素	主要功效	適用病症	蔬果名稱
養心鴨子 P.126	膳食纖維、維生素A、維生素E、鉀	健腦養血 平肝利尿	記憶力減退、腦動脈阻塞、高血壓、腸道癌	金針花
板栗排骨湯 P.39 板栗燒鳳翅 P.108 栗子鴿肉煲 P.152	膳食纖維、維生素B_1、維生素B_2、維生素C	滋陰補腎 消除疲勞	高血壓、骨質疏鬆、疲勞	栗子
紅燒豬皮 P.56 雞翅香菇麵 P.108	膳食纖維、維生素D、維生素B_1、維生素B_2	補肝益腎 益智安神	動脈硬化、高血壓、肝硬化、糖尿病、肺結核、便秘	香菇
玉米排骨湯 P.39	蛋白質、鎂、鋅、鐵、鉀	益肺寧心 健脾開胃	水腫、黃疸、膽囊炎、膽結石、高血壓、糖尿病	玉米
花椰菜炒雞胗 P.115	維生素C、維生素A、維生素E	防癌抗癌 強身健體	免疫力差、肥胖、感冒	花椰菜
銀板小炒羊肉 P.86 椒鹽羊排 P.91 飄香雞火鍋 P.105 涼拌鴨腸 P.129 香辣田雞腿 P.149	維生素C、膳食纖維、維生素E、維生素P	溫中散寒 開胃消食	食欲不振、壞血病、動脈粥樣硬化、疲勞	辣椒

蔬果名稱	主要營養素	主要功效	適用病症	美食索引
蔥	維生素C、維生素A、鈣、鐵	發汗解表 解毒散凝	感冒、食欲不振、冰冷症、疲勞、眼睛疲勞	蔥爆牛肉 ➲P.64 麻辣鵝膀絲 ➲P.139
無花果	膳食纖維、維生素C、鈣、鉀	健胃整腸 解毒消腫	便秘、喉嚨疼痛、痔瘡、黃疸、宿醉	無花果木耳豬腸湯 ➲P.49 無花果煎雞肝 ➲P.113
芹菜	膳食纖維、鈣、磷、鉀、鐵	平肝涼血 利水消腫	高血壓、頭暈、黃疸、水腫、血管硬化、神經衰弱、頭痛腦漲	豬肝炒芹菜 ➲P.45 驢肉蒸餃 ➲P.145
黃豆	維生素B_1、鈣、鐵、膳食纖維	解熱潤肺 寬中下氣	動脈硬化、高血壓、高血脂症、脂肪肝、皮膚衰老	咖哩黃豆燉豬蹄 ➲P.55
洋蔥	維生素B_1、鉀	理氣和胃 發散風寒	動脈硬化、高血壓、食欲不振、疲勞、失眠	洋蔥羊肉麵 ➲P.88 黑胡椒牛排 ➲P.66
胡蘿蔔	維生素A、胡蘿蔔素、維生素B_1、鉀、膳食纖維	益肝明目 利膈寬腸	動脈硬化、感冒、貧血、冰冷症、眼睛疲勞	蔬菜羊肚湯 ➲P.89 羊肝蘿蔔粥 ➲P.95 胡蘿蔔優酪乳 ➲P.173

美食索引	主要營養素	主要功效	適用病症	蔬果名稱
蕃茄燉牛腩 ➲P.67 番茄炒蛋 ➲P.159 蕃茄牛奶蜜 ➲P.168	維生素C、 鉀、維生素E	健胃消食 涼血平肝	高血壓、動脈硬化、宿醉、便秘	蕃茄
法式煎鵝肝 ➲P.140 木瓜柳橙優酪乳 ➲P.174	膳食纖維、 維生素C、 維生素P、鉀	生津止渴 開胃下氣	動脈硬化、高血壓、便溏、腹瀉、咳嗽、高血脂症	橙子
蘋果牛奶 ➲P.171	醣類、 膳食纖維、 維生素C、鉀	生津潤肺 除煩解暑	動脈硬化、高血壓、心臟病、便秘、宿醉	蘋果
里脊蛋棗湯 ➲P.36 紅棗當歸雞腿 ➲P.109 紅棗燉兔肉 ➲P.147 紅棗烏雞湯 ➲P.151 牛奶紅棗粥 ➲P.165	醣類、 膳食纖維、 維生素C、 鐵、鈣、鉀	養胃止咳 益氣生津	心血管病、膽結石、貧血、高血壓	紅棗
草莓柳橙蜜汁 ➲P.168	膳食纖維、 維生素C、 維生素E、鉀	潤肺生津 利尿止渴	動脈硬化、高血壓、感冒、皮膚粗糙、焦慮	草莓
木瓜牛奶蜜汁 ➲P.167 木瓜香蕉牛奶 ➲P.168	維生素A、 維生素C、鈣	健脾消食 清熱祛風	腎炎、便秘、消化不良、乳汁不足	木瓜

疲勞　10種常見病症的肉類食療方案

身體容易疲勞的人，屬於虛弱體質、腸胃功能不佳、偏食的人。高血壓或糖尿病也會出現倦怠症狀，此時就要先找出原因。若只是單純的肉體疲勞，可能是燃燒脂肪的廢物或乳酸在體內而引起的。維生素 B_1 可分解這類乳酸，壓力引起的精神疲勞則以具有抗壓作用的維生素 C 較有效。

蜜汁肉

「材料」：

五花肉600克，大蒜6瓣，植物油2匙，醬油、料酒、白糖各適量。

「做法」：

1.五花肉切塊，沸水汆燙後清洗；
2.鍋中倒植物油燒熱，放五花肉，小火翻炒，瀝除油，放入大蒜翻炒。
3.鍋中加醬油、料酒、白糖和500毫升清水，大火煮沸，改小火煮半小時以上，湯汁熇乾即可。

蔥爆牛肉

「材料」：

牛里脊750克，蔥白120克，芝麻、薑末、蒜末、鹽、料酒、醬油、辣椒粉、油、米醋、芝麻油各適量。

「做法」：

1.牛肉切長條，蔥白切成滾刀片。
2.牛肉放碗中，加芝麻，蒜末、薑末、醬油、辣椒粉、料酒攪拌均勻，醃20分鐘。
3.鍋中放油，燒至八分熱時，放牛肉片、蔥白炒熟，放蒜末、米醋、鹽炒勻，淋芝麻油，即可裝盤。

孜然羊肉

「材料」：

羊腿肉500克，辣椒粉、孜然粉、薑粉、鹽、花雕酒、澱粉、植物油各適量。

「做法」：

1.羊肉切成肉片，用鹽、花雕酒、澱粉抓勻，醃製15分鐘。
2.開火，鍋中倒油，燒至五分熱，把醃製好的羊肉放入鍋中翻炒，待肉片變色即可盛出。
3.將鍋加熱，倒入適量的油，把辣椒粉、孜然粉、薑粉加進去，小火煸炒出香味。
4.把羊肉倒進去快速翻炒幾下，待鍋裏調料把羊肉裹勻即可裝盤。

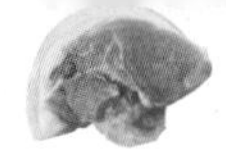

貧血

據調查，約有1/3的女性都患有缺鐵性貧血。一旦罹患貧血，臉色就會不佳，容易疲倦，稍微運動就會發生心悸、氣喘等症狀。富含鐵的動物肝臟和富含維生素B_1的豬肉可改善此症。

腐竹豬肝湯

「材料」：

豬肝100克，腐竹100克，香菇50克，鹽、麻油、胡椒粉、醋、薑絲、蒜苗各適量。

「做法」：

1.豬肝洗淨，切薄片；腐竹、香菇放水中浸泡。
2.將鹽、醋調成調味汁，將豬肝放入數分鐘。
3.將腐竹切段，湯鍋內加薑絲燒開，放入豬肝、腐竹、香菇。
4.煮熟後，加鹽、胡椒粉調味，撒上蒜苗增加色度，淋上麻油即可。

里脊蛋棗湯

「材料」：

豬里脊60克，大棗30克，雞蛋50克，薑、鹽各適量。

「做法」：

1.將豬里脊洗淨，切片；
2.鍋內放入適量清水和薑絲、大棗，煮沸數次；
3.放入豬里脊塊煮熟；
4.將雞蛋打在碗內，均勻打散，倒入鍋中，待開鍋後加鹽調味即可。

木耳炒雞肝

「材料」：

雞肝150克，黑木耳80克，薑絲、黃酒、鹽、植物油各適量。

「做法」：

1.將雞肝洗淨，切片；黑木耳用溫水泡發，洗淨，切成絲。
2.旺火起鍋下油，先放薑絲爆香，再放雞肝片炒勻，隨後放黑木耳絲、黃酒和鹽，翻炒5分鐘。
3.加少許水，蓋上鍋蓋，稍燜片刻調勻即可。

動脈硬化

血管會隨著年齡增加而逐漸老化，超過 20 歲就會開始出現動脈硬化。剛開始並沒有任何明顯症狀，而是以經年累月的方式逐步硬化。因此，日常飲食中我們應適量攝入不飽和脂肪酸、膳食纖維來對其進行有效預防。

宮保雞丁

「材料」：

雞脯肉300克，花生50克，鹽、醬油、濕澱粉、白糖、醋、高湯、花椒、乾紅辣椒、料酒、薑、蒜、蔥、植物油各適量。

「做法」：

1.雞丁加鹽、醬油、濕澱粉拌勻；花生炒熟；辣椒切段。
2.白糖、醋、醬油、高湯、濕澱粉製成芡汁。
3.將辣椒炒至棕紅，加雞丁，再加料酒、薑、蒜、蔥、花椒炒香。
4.倒芡汁，加花生炒勻即可。

鳳蝦釀雞翅

「材料」：

雞中翅10個，蝦10隻，鹽、料酒、糖、胡椒粉、辣椒醬、熟芝麻、油各適量。

「做法」：

1.將雞翅洗淨，剔骨，放適量鹽、料酒和糖醃30分鐘；蝦處理乾淨，剔去蝦頭，焯水撈出。
2.將燒好的蝦釀入雞翅中。
3.將適量油倒鍋中，燒熱後放釀好的雞翅稍煎，接著放入辣椒醬和適量水，撒胡椒粉，小火燜煮至湯汁變濃，裝盤，撒熟芝麻即可。

馬肉米粉

「材料」：

醬馬肉、馬骨湯、米粉、蔥花、花生油、辣椒醬、蒜末各適量。

「做法」：

1.將馬骨湯燒沸，將繞成小團的米粉放進煮沸的馬骨湯內焯一焯後拿出。
2.取一碗，裏面放進適量的馬骨湯，然後將汆燙好的米粉放進碗中。
3.將醬馬肉切成片，擺進碗中。
4.在米粉表面撒入撒上蔥花，淋上花生油，放少許辣椒醬和蒜末即可。

骨質疏鬆

骨骼每天會反覆執行形成與吸收的工作。負責形成骨骼的是骨芽細胞，負責吸收的是破骨細胞。隨著年齡的增加，骨芽細胞功能會減弱，讓骨質密度鬆弛易碎。為防止骨質疏鬆，應多攝入鈣、鎂、維生素D等營養素。

咖哩黃豆燉豬蹄

「材料」：

豬蹄1個，泡發黃豆1碗，咖哩、鹽、雞精各適量。

「做法」：

1.豬蹄剁塊洗淨。
2.砂鍋中倒適量清水，放入豬蹄，煮開，撇去浮沫。
3.加入黃豆和薑片，燉1小時。
4.用筷子戳一下豬蹄，若能戳破皮肉則表示熟爛。
5.加入咖哩、鹽，加蓋燉10分鐘，大火煮至湯汁濃稠。
6.最後調入少許雞精即可。

花生醬蛋塔

「材料」：

牛奶1杯半，雞蛋2個，花生醬1/3杯，白糖、植物油各適量。

「做法」：

1.將牛奶與花生醬混合，攪拌均勻；將雞蛋打入碗中，打散攪勻。
2.將適量白糖和打散的雞蛋液倒入牛奶花生醬中，攪拌均勻。
3.將小蒸杯內層塗一層油，倒入牛奶蛋液花生醬。
4.將小蒸杯放入鍋中，蒸20分鐘即成。

雞血豆腐湯

「材料」：

雞血150克，嫩豆腐250克，蔥、香油、醬油各適量。

「做法」：

1.將雞血蒸熟，放涼，切成丁，用清水漂洗淨；嫩豆腐同樣切成丁，放入開水鍋中稍滾，撈出瀝乾；將蔥洗淨，切成蔥花。
2.鍋置火上，加水燒開，倒入雞血、豆腐。
3.等到豆腐漂起，加入蔥花、醬油，再次燒開時放入香油，拌勻即成。

冰冷症

所謂冰冷症並不是單純指身體寒冷，而是以腰部以下或手腳畏寒為主要特徵，以青春期和更年期女性居多。本症與激素或自律神經失調有關，脾胃虛弱和貧血者也會出現此症。要增強體力就要積極攝取蛋白質以及促使糖轉化為能量的維生素B群。

銀板小炒羊肉

「材料」：

羊肉300克，辣椒數個，醋、鹽、料酒、蔥、雞精、薑、蒜、醬油、白糖、胡椒粉等各適量。

「做法」：

1.羊肉洗淨切絲，與鹽、雞精、料酒、醋等醃製。
2.蔥、蒜、薑洗淨切碎。
3.油鍋置上燒熱，下入蔥薑蒜爆香，然後放入羊肉大火翻炒數下，放入辣椒，然後放入醬油、白糖、胡椒粉、料酒炒勻，待菜熟即可熄火盛盤。

飄香雞火鍋

「材料」：

雞肉500克，紅椒3個，青椒1個，青筍、乾木耳各20克，薑、蔥、蒜、八角、小茴香、高湯、雞精、料酒、胡椒粉、油各適量。

「做法」：

1.青椒、紅椒切圈；青筍切條；雞肉切丁，汆燙。
2.鍋下油加熱；放木耳、青筍、薑、蒜、蔥、八角、小茴香和雞肉，炒香後加高湯，放雞精、料酒、胡椒粉、紅椒，燒沸後撇除浮沫，倒入火鍋盆，撒上青椒。

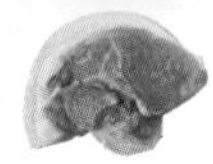

食欲不振

食欲不振是指進食的欲望降低。常見於脾胃虛弱的小孩和老人、工作壓力較大的上班族，可由腸胃疾病等身體原因引起。精神緊張、運動過量、抑鬱等因素也是最常見的誘因。具有香味、辣味、酸味的食物，可刺激胃酸分泌，增進食欲。

山藥羊肉湯

「材料」：

羊肉300克，山藥200克，蒜苗數棵，鹽、雞精、醬油、蔥、薑、料酒、枸杞各適量。

「做法」：

1.山藥去皮洗淨，切塊；蒜苗擇洗乾淨，切段；羊肉洗淨，切塊；枸杞泡發洗淨；蔥、薑洗淨切絲。
2.燉鍋置上燒開，加入調料和羊肉大火燒開，加入山藥，改小火燉1個小時，放入蒜苗繼續燉幾分鐘即可。

涼拌鴨絲

「材料」：

鴨1隻，青椒2個，鹽、雞精、料酒、香油、薑、米酒、植物油各適量。

「做法」：

1.青椒切段；鴨子處理乾淨，焯水瀝乾。
2.鍋倒入油燒熱，放薑爆香，放鴨肉煎炸至金黃，舀出多餘油，倒料酒、鹽、米酒、雞精及少許清水燒開，改小火燉煮至鴨肉入味。
3.將鴨肉取出，剔去骨頭，撕成細絲。
4.將青椒和肉絲放入盤中，淋入適量的香油即可。

鵝肉馬鈴薯湯

「材料」：

鵝肉500克，馬鈴薯200克，紅棗50克，枸杞50克，薑片、蔥段、香油、鹽、胡椒粉、料酒各適量。

「做法」：

1.鵝肉切塊，馬鈴薯去皮切塊。
2.鍋中加水煮沸，倒入鵝塊汆燙，撈起瀝乾。
3.鍋中燒清水，放薑片、紅棗、枸杞和鵝塊，加鹽、胡椒粉、料酒，大火燉爛後放馬鈴薯，小火燉半小時，放香油、蔥段即可。

眼睛疲勞

長時間注視螢幕、用眼過度會引起眼睛的疲勞疼痛。建議學生、電腦族等經常使用眼睛的人，每天合理攝取一定量的維生素A，除豬肝外，其他動物肝臟、魚類、海產品、奶油和雞蛋等動物性食物都富含維生素A，可搭配蔬果食用。

豬肝炒芹菜

「材料」：

芹菜100克，豬肝200克，薑、沙拉油、鹽、料酒各適量。

「做法」：

1.芹菜洗淨，切段；薑切絲。
2.豬肝洗淨，切成薄片，用精鹽醃製片刻。
3.開火，在鍋中倒入油，放入薑絲，煸炒出香味，然後放入豬肝。待豬肝變色後放入芹菜。
4.向鍋中加入鹽、料酒，翻炒至芹菜熟，即可裝盤。

羊肝蘿蔔粥

「材料」：

羊肝150克，胡蘿蔔100克，白米100克，蒜蓉、沙拉油、蔥花、鹽各適量。

「做法」：

1.羊肝和胡蘿蔔切丁，把肝片用紹酒、薑汁醃10分鐘。
2.蒜蓉熱油爆香後，向鍋中倒入肝片，大火略炒，盛起。
3.將白米用大火20分鐘熬成粥，然後加入胡蘿蔔，燜15～20分鐘，再加入肝片，並下鹽和蔥花調勻即成。

核桃雞肝鴨片

「材料」：

雞肝50克，鴨肉75克，核桃100克，蔥段、薑末、濕澱粉、植物油、黃酒各適量。

「做法」：

1.將鴨肉切片，用一半水澱粉拌勻；再將雞肝片好，用沸水煮至緊熟。
2.燒鍋放油，把鴨片、雞肝放入炸至熟，濾油撈出。
3.將鍋放置爐上，將蔥、薑、鴨片、雞肝放鍋中，加黃酒，用剩下的濕澱粉勾芡，加入核桃炒勻裝碟便成。

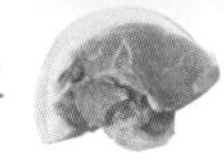

皮膚粗糙

皮膚以四星期為一個週期，剝離老廢細胞而產生新細胞。要促進新陳代謝就要攝取蛋白質、維生素C、維生素E等營養。除此之外，富含膠原蛋白的豬蹄、豬皮、牛蹄筋、雞翅、雞爪也可增加肌膚彈性，潤澤肌膚，改善皮膚粗糙。

紅燒豬皮

「材料」：

豬皮200克，泡發香菇100克，紅辣椒、鹽、雞精、醬油、白糖、料酒、澱粉、蔥段、薑末各適量。

「做法」：

1.豬皮洗淨，放涼水裏泡透，撈出切塊。
2.香菇洗淨切塊，紅辣椒去籽去蒂並洗淨切絲，澱粉勾兑成汁。
3.鍋放清水燒熱，加入豬皮，改小火燉，直至豬皮熟而湯汁入味。
4.油鍋燒熱，放蔥薑爆香，加豬皮翻炒數下，加入煮豬皮的清湯、鹽、雞精、醬油、白糖、料酒、香菇、辣椒絲等翻炒均勻。將出鍋時淋入芡汁，收汁後即可裝盤。

滷味雙寶

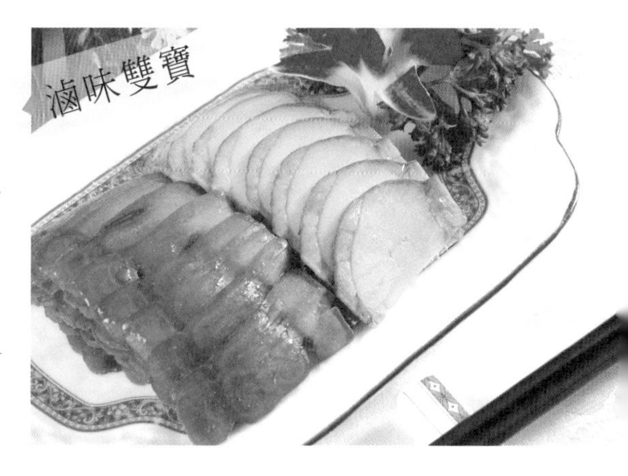

「材料」：

牛蹄筋300克，豬肉300克，桂圓、雞骨、香油、鹽、雞精、花椒、薑、蔥、八角、醬油、白糖各適量。

「做法」：

1.牛蹄筋入鍋泡發；豬肉、牛蹄筋洗淨切片，放入沸水中焯熟，撈出待用；薑、蔥洗淨切碎。
2.用雞骨、桂圓煲湯，在煲好的湯中加入鹽、雞精、八角、醬油、白糖，煮熟後淋香油，即做成滷汁。
3.將適量的油倒入鍋中，燒熱，放入花椒、蔥、薑爆香，接著放入豬肉、牛蹄筋煸炒一下，倒入滷汁煮開，再改小火煮20分鐘，撈出裝盤即可。

板栗燒鳳翅

「材料」：

雞翅500克，鮮栗子100克，大蔥、薑、鹽、料酒、冰糖、香油、花生油、高湯各適量。

「做法」：

1.將雞翅擇洗淨，剁成塊；板栗去皮；將冰糖炒製成糖色。
2.鍋內注油燒熱，加入板栗，炸至外酥時撈起；鍋內留少許油，放入雞翅、鹽、糖色、料酒、蔥、薑，煸炒；再放入板栗、高湯，煮入味，淋香油，裝盤即成。

失眠

每個人都會出現精神不濟、情緒不穩定的時候，原因雖然來自於壓力，不過嚴重的話就會出現失眠的症狀。富含鈣的牛奶可鎮定神經，緩和壓力；富含維生素C的水果和黃綠色蔬菜可形成副腎皮質激素生成人體所需的營養素，緩解失眠。

牛奶紅棗粥

「材料」：

紅棗20顆、白米100克、鮮牛奶150毫升、砂糖適量。

「做法」：

1.將白米、紅棗分別洗淨，泡發1小時。
2.起鍋入水，將紅棗和白米同煮，先用大火煮沸，再改用小火續熬1個小時左右。
3.鮮牛奶另起鍋加熱，煮沸即離火，再將煮沸的牛奶緩緩調入之前煮好的紅棗白米粥裏，加入砂糖拌勻，待煮沸後適當攪拌，即可熄火。

蓮子百合煲肉

「材料」：

豬里脊250克、蓮子30克、百合30克。

「做法」：

1.豬里脊洗淨，切片；將蓮子去心；百合洗淨。
2.將蓮子、百合、瘦豬肉放入鍋中，加適量水，置文火上煲熟，調味後即可食用。

驢肉蒸餃

「材料」：

驢肉500克、麵粉500克，芹菜200克，蔥、植物油、麻油、鹽各適量。

「做法」：

1.在裝麵粉的盆中加鹽，邊加開水邊攪拌，然後揉成麵團，醒30分鐘。
2.將驢肉洗淨切成肉餡；芹菜、蔥分別洗淨，切碎。
3.將驢肉、芹菜、蔥放一大碗中，加適量的麻油和植物油攪拌，即蒸餃肉餡。
4.將麵團分成等分小團，擀麵餅，包餃子。
5.將驢肉餃蒸15分鐘即可。

便秘

便秘多是由於腸壁肌肉收縮減緩、過度緊張造成的，要改善這類便秘就要促進腸的蠕動，積極攝取水分和膳食纖維。此外，富含乳酸菌的優酪乳具有整腸作用，豬血、雞血、鴨血等動物血有清腸排毒功效，同樣可改善便秘。

胡蘿蔔優酪乳

「材料」：

胡蘿蔔200克、優酪乳120毫升、檸檬30克、冰糖10克。

「做法」：

1.將胡蘿蔔洗乾淨，去掉外皮，切成大小合適的塊。
2.檸檬切成小片。
3.將所有的材料倒入果汁機內攪拌2分鐘即可。

豬血酸菜湯

「材料」：

酸菜100克，豬血200克，薑片、蔥花各少許，鹽適量。

「做法」：

1.將酸菜洗淨，切成絲，豬血洗淨，切成厚片。
2.在湯鍋內加水適量，將酸菜、豬血和薑片、蔥花都放入鍋內，用大火煮開。
3.加適量鹽調味即可。

川味鴨血

「材料」：

鴨血400克，黑木耳、鴨腸、毛肚各適量，蔥、鹽、雞精、花椒、八角、胡椒粉、紅椒各適量。

「做法」：

1.鴨血切丁，焯熟；木耳泡發切片；毛肚切片；鴨腸焯熟。
2.鍋中放油燒熱，放紅椒炸至紅色，下花椒爆香，製成辣椒油。
3.砂鍋倒水和火鍋料燒開，加所有材料共煮。煮至八分熟時倒入辣椒油，攪勻即可。